住房和城乡建设领域专业人员岗位培训考核系列用书

施工员考试大纲·习题集
（装饰装修）

江苏省建设教育协会　组织编写

中国建筑工业出版社

图书在版编目（CIP）数据

施工员考试大纲·习题集（装饰装修）/江苏省建设教育协会组织编写. —北京：中国建筑工业出版社，2014.9
住房和城乡建设领域专业人员岗位培训考核用书
ISBN 978-7-112-17274-0

Ⅰ.①施… Ⅱ.①江… Ⅲ.①建筑装饰-工程施工-岗位培训-自学参考资料 Ⅳ.①TU7

中国版本图书馆 CIP 数据核字（2014）第 217189 号

本书是《住房和城乡建设领域专业人员岗位培训考核系列用书》中的一本，供施工员（装饰装修）学习使用，可通过习题来巩固所学基础知识和管理实务知识。全书包括施工员（装饰装修）专业基础知识和专业管理实务的考试大纲，以及相应的练习题并提供参考答案，最后还提供了一套模拟试卷。本书既可作为施工员（装饰装修）岗位考试的指导用书，也可供职业院校师生和相关专业技术人员参考使用。

* * *

责任编辑：刘　江　岳建光　王华月
责任设计：董建平
责任校对：李美娜　赵　颖

住房和城乡建设领域专业人员岗位培训考核系列用书
施工员考试大纲·习题集
（装饰装修）
江苏省建设教育协会　组织编写

*

中国建筑工业出版社出版、发行（北京西郊百万庄）
各地新华书店、建筑书店经销
霸州市顺浩图文科技发展有限公司制版
北京市书林印刷有限公司印刷

*

开本：787×1092 毫米　1/16　印张：13½　字数：330 千字
2014 年 11 月第一版　2014 年 11 月第一次印刷
定价：36.00 元
ISBN 978-7-112-17274-0
（26039）

版权所有　翻印必究
如有印装质量问题，可寄本社退换
（邮政编码　100037）

住房和城乡建设领域专业人员岗位培训考核系列用书

编审委员会

主　任：杜学伦
副主任：章小刚　陈　曦　曹达双　漆贯学
　　　　金少军　高　枫　陈文志
委　员：王宇旻　成　宁　金孝权　郭清平
　　　　马　记　金广谦　陈从建　杨　志
　　　　魏傅燕　惠文荣　刘建忠　冯汉国
　　　　金　强　王　飞

出 版 说 明

为加强住房城乡建设领域人才队伍建设，住房和城乡建设部组织编制了住房城乡建设领域专业人员职业标准。实施新颁职业标准，有利于进一步完善建设领域生产一线岗位培训考核工作，不断提高建设从业人员队伍素质，更好地保障施工质量和安全生产。第一部职业标准——《建筑与市政工程施工现场专业人员职业标准》（以下简称《职业标准》），已于2012年1月1日实施，其余职业标准也在制定中，并将陆续发布实施。

为贯彻落实《职业标准》，受江苏省住房和城乡建设厅委托，江苏省建设教育协会组织了具有较高理论水平和丰富实践经验的专家和学者，以职业标准为指导，结合一线专业人员的岗位工作实际，按照综合性、实用性、科学性和前瞻性的要求，编写了这套《住房和城乡建设领域专业人员岗位培训考核系列用书》（以下简称《考核系列用书》）。

本套《考核系列用书》覆盖施工员、质量员、资料员、机械员、材料员、劳务员等《职业标准》涉及的岗位（其中，施工员、质量员分为土建施工、装饰装修、设备安装和市政工程四个子专业），并根据实际需求增加了试验员、城建档案管理员岗位；每个岗位结合其职业特点以及培训考核的要求，包括《专业基础知识》、《专业管理实务》和《考试大纲·习题集》三个分册。随着住房城乡建设领域专业人员职业标准的陆续发布实施和岗位的需求，本套《考核系列用书》还将不断补充和完善。

本套《考核系列用书》系统性、针对性较强，通俗易懂，图文并茂，深入浅出，配以考试大纲和习题集，力求做到易学、易懂、易记、易操作。既是相关岗位培训考核的指导用书，又是一线专业人员的实用手册；既可供建设单位、施工单位及相关高、中等职业院校教学培训使用，又可供相关专业技术人员自学参考使用。

本套《考核系列用书》在编写过程中，虽经多次推敲修改，但由于时间仓促，加之编者水平有限，如有疏漏之处，恳请广大读者批评指正（相关意见和建议请发送至JYXH05@163.com），以便我们认真加以修改，不断完善。

本书编写委员会

主　　编：杨　志
副 主 编：吴俊书　胡本国
编写人员：吴俊书　谭福庆　顾晓峰　徐秋生
　　　　　胡本国　黄　玥　黄翼波　黄建国
　　　　　唐　江　唐　剑　常　波　陈　胜
　　　　　刘国良　王　宏　刘晓琦　邓文俊
　　　　　何光辉　张淑华　杜磊堂

前 言

为贯彻落实住房城乡建设领域专业人员新颁职业标准，受江苏省住房和城乡建设厅委托，江苏省建设教育协会组织编写了《住房和城乡建设领域专业人员岗位培训考核系列用书》，本书为其中的一本。

施工员（装饰装修）培训考核用书包括《施工员专业基础知识（装饰装修）》、《施工员专业管理实务（装饰装修）》、《施工员考试大纲·习题集（装饰装修）》三本，反映了国家现行规范、规程、标准，并以建筑工程（装饰装修）施工技术操作规程和建筑工程（装饰装修）施工安全技术操作规程为主线，不仅涵盖了现场施工人员应掌握的通用知识、基础知识和岗位知识，还涉及新技术、新设备、新工艺、新材料等方面的知识。

本书为《施工员考试大纲·习题集（装饰装修）》分册。全书包括施工员（装饰装修）专业基础知识和专业管理实务的考试大纲以及相应的练习题，全面渗透装饰装修施工员必须掌握的知识点，通过教材和习题集的配合，满足学员兼顾考试和全面学习的需要，同时还提供参考答案和模拟试卷。

本书既可作为施工员（装饰装修）岗位培训考核的指导用书，也可供职业院校师生和相关专业技术人员参考使用。

目 录

第一部分 专业基础知识 ... 1

一、考试大纲 ... 2
- 第1章 工程识图 ... 2
- 第2章 建筑、装饰构造与建筑防火 ... 2
- 第3章 装饰施工测量放线 ... 3
- 第4章 装饰材料与施工机具 ... 3
- 第5章 建筑与装饰工程计价定额 ... 4
- 第6章 建设工程法律基础 ... 5
- 第7章 计算机知识 ... 6
- 第8章 岗位职责与职业道德 ... 6

二、习题 ... 8
- 第1章 工程识图 ... 8
- 第2章 建筑、装饰构造与建筑防火 ... 14
- 第3章 装饰施工测量放线 ... 20
- 第4章 装饰材料与施工机具 ... 25
- 第5章 建筑与装饰工程计价定额 ... 37
- 第6章 建设工程法律基础 ... 47
- 第7章 计算机知识 ... 55
- 第8章 岗位职责与职业道德 ... 58

参考答案 ... 65

第二部分 专业管理实务 ... 71

一、考试大纲 ... 72
- 第1章 吊顶工程 ... 72
- 第2章 轻质隔墙工程 ... 73
- 第3章 抹灰工程 ... 73
- 第4章 墙柱饰面工程 ... 74
- 第5章 裱糊、软硬包及涂饰工程 ... 75
- 第6章 楼地面工程 ... 75
- 第7章 细部工程 ... 76
- 第8章 防水工程 ... 77
- 第9章 幕墙工程 ... 78

  第 10 章 门窗工程 ······ 79
  第 11 章 建筑安装工程 ······ 79
  第 12 章 软装配饰工程 ······ 80
  第 13 章 施工项目管理概论 ······ 81
  第 14 章 施工项目质量管理 ······ 82
  第 15 章 施工项目进度管理 ······ 82
  第 16 章 施工项目成本管理 ······ 83
  第 17 章 施工项目安全管理与职业健康 ······ 83
 二、习题 ······ 85
  第 1 章 吊顶工程 ······ 85
  第 2 章 轻质隔墙工程 ······ 93
  第 3 章 抹灰工程 ······ 98
  第 4 章 墙柱饰面工程 ······ 103
  第 5 章 裱糊、软硬包及涂饰工程 ······ 107
  第 6 章 楼地面工程 ······ 109
  第 7 章 细部工程 ······ 119
  第 8 章 防水工程 ······ 125
  第 9 章 幕墙工程 ······ 130
  第 10 章 门窗工程 ······ 141
  第 11 章 建筑安装工程 ······ 148
  第 12 章 软装配饰工程 ······ 158
  第 13 章 施工项目管理概论 ······ 160
  第 14 章 施工项目质量管理 ······ 163
  第 15 章 施工项目进度管理 ······ 169
  第 16 章 施工项目成本管理 ······ 174
  第 17 章 施工项目安全管理与职业健康 ······ 179
 参考答案 ······ 185

第三部分 模拟试卷 ······ 193

第一部分

专业基础知识

一、考 试 大 纲

第1章 工程识图

1.1 投影与图样

(1) 了解投影原理；
(2) 熟悉轴侧、透视图的概念；
(3) 掌握图形的类别及平面、立面、剖面图、详图的概念。

1.2 制图的基本知识

(1) 了解图纸幅面及图纸编排顺序；
(2) 了解图层的概念；
(3) 熟悉图线、字体及定位轴线的基本概念；
(4) 熟悉常用图例画法；
(5) 掌握比例、尺寸标注、标高及常用制图符号的作用及概念。

1.3 建筑装饰识图

(1) 了解设计文件深度的概念；
(2) 熟悉建筑装饰相关的设计文件类别；
(3) 熟悉方案设计及施工图设计各种图纸的图纸深度要求；
(4) 掌握识读图纸的方法。

1.4 现场深化设计

(1) 了解深化设计的基础条件；
(2) 熟悉深化设计的主要内容。

第2章 建筑、装饰构造与建筑防火

2.1 建筑概述

(1) 了解建筑的分类；
(2) 熟悉各类建筑结构构造的基本知识；
(3) 掌握装修对结构的影响与对策。

2.2 建筑装饰构造

(1) 了解装饰构造的基本要求；
(2) 熟悉装饰构造对建筑的安全性、可行性、经济性的基本要求；
(3) 掌握装饰构造的基本类型及功能、美观要求。

2.3 建筑防火

(1) 了解建筑物的设计、施工的防火规范要求；
(2) 熟悉各类建筑物的防火、防烟的构造要求；
(3) 掌握室内装修防火对设计与施工的规范要求以及材料的防火性能选择。

第3章 装饰施工测量放线

3.1 测量放线的仪器、工具

(1) 熟悉各种放线工具名称和结构；
(2) 掌握各种放线工具的性能和使用方法。

3.2 室内装饰工程的测量放线

(1) 熟悉测量放线的目的以及对装饰工程的作用；
(2) 熟悉大空间放线注意的要点和放线方法；
(3) 掌握装饰放线的各种准备工作及安全防护；
(4) 掌握装饰测量放线基准点线的移交程序和复核；
(5) 装饰测量放线的要点和方法。

3.3 幕墙工程的测量放线

(1) 了解幕墙放线的环境要求和安全防护；
(2) 熟悉幕墙工程放线使用的材料和工具；
(3) 掌握幕墙放线基准点线的复核和移交；
(4) 掌握幕墙工程放线的要点和工艺流程。

第4章 装饰材料与施工机具

4.1 装饰材料概述

(1) 了解建筑装饰材料与建筑装饰装修工程的关系；
(2) 熟悉建筑装饰材料的选用要求。

4.2 无机胶凝材料、装饰砂浆与混凝土

(1) 了解无机胶凝材料的分类；

(2) 了解石灰的性能；
(3) 了解装饰混凝土的应用；
(4) 熟悉石膏的性能和常用石膏制品；
(5) 掌握水泥的性能、分类及应用；
(6) 掌握装饰砂浆的分类及应用。

4.3 常用装饰装修材料

(1) 了解木材的基本性质；
(2) 了解石材的分类及主要性能；
(3) 了解玻璃的基本性质；
(4) 了解建筑涂料的类别及基本性质；
(5) 熟悉常用陶瓷制品的分类及应用；
(6) 熟悉装饰玻璃的分类及应用；
(7) 熟悉金属装饰材料的分类及特性；
(8) 熟悉常用建筑涂料的特性及应用；
(9) 掌握人造板材、木竹地板的分类及应用；
(10) 掌握常用石材制品的类别及质量要求。

4.4 其他装饰装修材料

(1) 了解地毯的分类与应用；
(2) 熟悉吊顶罩面板材的分类；
(3) 熟悉常用胶粘剂的分类与性能；
(4) 熟悉常用塑料的分类；
(5) 熟悉壁纸、墙布的应用。

4.5 装饰施工机具

(1) 了解装饰施工机具的概念和分类；
(2) 熟悉装饰施工机具的规格、性能；
(3) 掌握装饰施工机具的主要用途；
(4) 掌握装饰施工机具的使用与维护要求。

第5章 建筑与装饰工程计价定额

5.1 建筑与装饰工程计价定额概述

(1) 了解建筑与装饰工程定额的产生和发展；
(2) 了解定额的概念；
(3) 熟悉建筑与装饰工程定额的分类、性质和作用。

5.2 建筑工程施工定额、预算定额及概算定额

(1) 了解施工定额、预算定额、概算定额的概念；
(2) 熟悉施工定额、预算定额、概算定额的区别；
(3) 掌握施工定额、预算定额、概算定额的作用、编制原则、组成及应用。

5.3 建筑与装饰工程概（预）算概述

(1) 熟悉建筑与装饰工程概（预）算的概念；
(2) 掌握建筑与装饰工程费用的构成。

5.4 建筑与装饰工程施工图预算的编制

(1) 熟悉施工图预算的概念和作用；
(2) 工程量计算规则及施工图预算审查；
(3) 建筑与装饰工程施工图预算的编制依据、方法和步骤。

5.5 工程量清单计价规范简介

(1) 了解工程量清单计价规范的概念；
(2) 熟悉建筑与装饰工程工程量清单。

第6章 建设工程法律基础

6.1 建设施工合同的履约管理

(1) 了解施工合同履约管理的意义和作用；
(2) 了解施工合同履约管理中存在的问题；
(3) 熟悉"黑白合同"的成因及表现形式。

6.2 建设工程履约过程中的证据管理

(1) 了解民事诉讼证据的概念、证明过程；
(2) 熟悉证据的特征、证据分类；
(3) 掌握证据的种类和收集。

6.3 建设工程变更与索赔

(1) 了解工程量概念、作用及性质；
(2) 熟悉工程量签证；
(3) 掌握工程索赔。

6.4 建设工程工期及索赔

(1) 了解建设工程的工期；

(2) 熟悉竣工日期的确定；
(3) 掌握建设工程停工的情形及法律规定；
(4) 掌握工期索赔。

6.5 建设工程质量

(1) 熟悉建设工程质量概述；
(2) 掌握建设工程质量纠纷的处理原则。

6.6 工程款纠纷

(1) 了解违约金、定金与工程款利息及工程款的优先受偿权；
(2) 了解工程款利息的计付标准；
(3) 熟悉工程竣工结算及其审核。

6.7 建筑施工企业常见的刑事风险

(1) 了解刑事责任风险；
(2) 熟悉建筑施工企业常见的刑事风险；
(3) 熟悉建筑施工企业刑事风险的防范。

6.8 建筑施工安全、质量及合同管理相关法律法规节选

熟悉有关施工安全、质量及合同管理管理相关法律法规。

第7章 计算机知识

7.1 计算机技术在建筑装饰行业中的应用

(1) 了解计算机技术在现代社会中各方面的应用；
(2) 熟悉计算机技术在建筑装饰行业中的应用。

7.2 建筑装饰行业中的常用软件

(1) 了解 AutoCAD、Microsoft Project 的基础使用方法和用途；
(2) 了解 BIM 技术的概念及作用；
(3) 了解 Microsoft Office 办公软件的常用组件和功能。

第8章 岗位职责与职业道德

8.1 职业道德的概述

(1) 了解职业道德的概念和特征；
(2) 熟悉职业道德的必要性和意义。

8.2 建设行业从业人员的职业道德

了解一般职业道德要求和个性化职业道德要求。

8.3 建设行业职业道德的核心内容

掌握建设行业职业道德的核心内容。

8.4 建设行业职业道德建设的现状、特点与措施

(1) 了解建设行业职业道德建设的现状、特点；
(2) 熟悉加强建设行业职业道德的措施。

8.5 装饰施工员职业道德和岗位职责

(1) 了解装饰施工员应具有的条件；
(2) 熟悉装饰施工员的职业道德标准；
(3) 掌握装饰施工员的岗位职责和工作程序。

二、习 题

第1章 工程识图

一、单项选择题

1. 投影分为中心投影和（   ）。
   A. 正投影　　　　B. 平行投影　　　　C. 透视投影　　　　D. 镜像投影
2. 立面图通常是用（   ）投影法绘制的。
   A. 轴侧　　　　　B. 集中　　　　　　C. 平行　　　　　　D. 透视
3. 透视投影图是根据（   ）绘制的。
   A. 斜投影法　　　B. 平行投影法　　　C. 中心投影法　　　D. 正投影法
4. 轴测投影图是利用（   ）绘制的。
   A. 斜投影法　　　B. 中心正投影　　　C. 平行投影法　　　D. 正投影法
5. 建筑图样类别通常有平面图、立面图、剖面图、（   ）和三维图形。
   A. 节点详图　　　B. 轴测图　　　　　C. 吊顶平面图　　　D. 家具平面图
6. 工程上应用最广的图示方法为（   ）。
   A. 轴测图　　　　B. 透视图　　　　　C. 示意图　　　　　D. 正投影图
7. A1图纸幅面是A3图纸幅面的（   ）。
   A. 2倍　　　　　B. 4倍　　　　　　C. 6倍　　　　　　D. 8倍
8. 设计变更通知单以（   ）幅面为主。
   A. A2　　　　　　B. A3　　　　　　　C. A4　　　　　　　D. A5
9. 剖面图中，没有剖切到但是在投射方向看到的部分用（   ）线型表示。
   A. 中粗　　　　　B. 点划　　　　　　C. 粗实　　　　　　D. 细实
10. 在一个工程设计中，每个专业所使用的图纸，不宜多于（   ）种幅面。
    A. 一　　　　　　B. 二　　　　　　　C. 三　　　　　　　D. 四
11. 关于图纸幅面尺寸，以下说法正确的是（   ）。
    A. A2图幅是A4图幅尺寸的一半　　　　B. A2比A1图幅尺寸大
    C. A3是A4图幅尺寸的二倍　　　　　　D. A3图幅尺寸的大小是594×400
12. 各楼层室内装饰装修设计图纸应按（   ）的顺序排列。
    A. 自下而上　　　B. 自上而下　　　　C. 从前到后　　　　D. 从左到右
13. 在制图规范里，线型"————"的用途为（   ）。
    A. 不需要画全的断开界线　　　　　　B. 中心线、对称线、定位轴线
    C. 表示被索引图样的范围　　　　　　D. 制图需要的引出线

14. 图纸标注中，拉丁字母、阿拉伯数字与罗马数字的字高应不小于（　　）mm。
   A. 2　　　　　B. 2.5　　　　　C. 3　　　　　D. 4
15. 建筑室内装饰设计图纸中，详图所用比例一般取（　　）。
   A. 1：1～1：10　　B. 1：50～1：100　　C. 1：100～1：200　　D. 1：200～1：500
16. 一个完整的尺寸所包含的四个基本要素是（　　）。
   A. 尺寸界线、尺寸线、数字和箭头　　　　B. 尺寸界线、尺寸线、尺寸起止符号和数字
   C. 尺寸界线、尺寸线、尺寸数字和单位　　D. 尺寸线、起止符号、箭头和尺寸数字
17. 图形上标注的尺寸数字表示（　　）。
   A. 物体的实际尺寸　　　　　　　　B. 画图的尺寸
   C. 随比例变化的尺寸　　　　　　　D. 图线的长度尺寸
18. 某一室内装饰设计图里的剖切符号，其剖切位置线在下方，表示（　　）。
   A. 从上向下方向的剖切投影　　　　B. 从下向上方向的剖切投影
   C. 剖切位置线并不能表示向哪个方向投射　　D. 从左向右方向的剖切投影
19. 横向定位轴线编号用阿拉伯数字，（　　）依次编号。
   A. 从右向左　　B. 从中间向两侧　　C. 从左至右　　D. 从前向后
20. 在某室内装饰设计剖面图中，图例 ▨ 表示（　　）。
   A. 钢筋混凝土　　B. 石膏板　　C. 混凝土　　D. 砂砾
21. 在某室内装饰设计吊顶平面图中，图例 S 通常表示（　　）。
   A. 消防自动喷淋头　B. 感烟探测器　C. 感温探测器　D. 顶装扬声器
22. 对于建筑装饰图纸，按不同设计阶段分为：概念设计图、（　　）、初步设计图、施工设计图、变更设计图、竣工图等。
   A. 手绘透视图　　B. 木制品下单图　　C. 方案设计图　　D. 电气布置图
23. 建筑装饰室内设计立面方案图中，应标注（　　）。
   A. 立面范围内的轴线和轴线编号，以及所有轴线间的尺寸
   B. 立面主要装饰装修材料和部品部件的名称
   C. 明确各立面上装修材料及部品、饰品的种类、名称、拼接图案、不同材料的分界线
   D. 楼梯的上下方向
24. 建筑装饰室内设计吊顶平面施工图中，不需标注（　　）。
   A. 主要吊顶造型部位的定位尺寸及间距、标高
   B. 吊顶装饰材料及不同的装饰造型
   C. 靠近地面的疏散指示标志
   D. 吊顶安装的灯具、空调风口、检修口
25. 以下选项中，识图方法错误的有（　　）。
   A. 以平面布置图、吊顶平面图这两张图为基础，分别对应其立面图，熟悉其主要造型及装饰材料
   B. 需要从整体（多张图纸）到局部（局部图纸）、从局部到整体看，找出其规律及联系
   C. 平面、立面图看完一到两遍后再看详图
   D. 开始看图时对于装饰造型或尺寸出现无法对应时，可先用铅笔标识出来不做处理。

待对相关的装饰材料进行下单加工时再设法解决

26. 建筑工程各个专业的图纸中，（　　）图纸是基础。
A. 平面布置　　B. 吊顶综合　　C. 建筑　　D. 结构

27. 在某张建筑装饰施工图中，有详图索引 $\frac{5}{3}$，其分母3的含义为（　　）。
A. 图纸的图幅为A3　　　　　　B. 详图所在图纸编号为3
C. 被索引的图纸编号为3　　　　D. 详图（节点）的编号为3

28. 总图中没有单位的尺寸（如标高，距离，坐标等），其单位是（　　）。
A. mm　　B. cm　　C. m　　D. km

29. 平面图中标注的楼地面标高为（　　）。
A. 相对标高且是建筑标高　　　　B. 相当标高且是结构标高
C. 绝对标高且是建筑标高　　　　D. 绝对标高且是结构标高

30. 楼梯平台上部及下部过道处的净高不应小于（　　）m。
A. 2　　B. 2.2　　C. 2.3　　D. 2.5

31. 外开门淋浴隔间的尺寸不应小于（　　）。
A. 900mm×1200mm　　　　B. 1000mm×1400mm
C. 1100mm×1400mm　　　　D. 1000mm×1200mm

32. 以下装饰材料产品加工（材料下单）时，不需要进行工艺深化的有（　　）。
A. 木饰面制品　　　　　　B. 大理石石材墙板
C. 墙纸　　　　　　　　　D. 复杂的不锈钢装饰线条

33. 以下工作中，应以装饰单位现场设计师为主导的工作有（　　）。
A. 绘制隐蔽图纸　　　　　B. 向质量员及施工班组进行图纸交底
C. 施工图图纸会审　　　　D. 绘制竣工图

34. 卫生间的轻质隔墙底部应做C20混凝土导墙，其高度不应小于（　　）。
A. 100mm　　B. 150mm　　C. 300mm　　D. 200mm

35. 剖立面图一般在（　　）情况下采用。
A. 内部形状简单、外部饰面材料的种类较多
B. 把墙体、梁板及饰面构造较复杂且需在同一立面图中表达
C. 绘制卫生间地面挡水坎部位　　D. 绘制复杂的吊顶构造

36. 各类设备、家具、灯具的索引符号，通常用（　　）形状表示。
A. 圆形　　B. 三角形　　C. 正六边形　　D. 矩形

二、多项选择题

1. 在建筑装饰工程图中，（　　）以米（m）为尺寸单位。
A. 平面图　　B. 剖面图　　C. 总平面图　　D. 标高　　E. 详图

2. 吊顶（顶棚）平面图通常用（　　）投影法绘制。
A. 平行　　B. 镜像　　C. 中心　　D. 轴侧　　E. 正

3. 正投影通常直观性较差，作为补充还有一些三维图作为补充，以下属于三维图形的有（　　）。

A. 剖面图　　　　B. 轴测图　　　　C. 正等测图　D. 节点详图　E. 透视图
4. 透视图的特点有（　　）。
   A. 与人观看的视角类似　　　　B. 直观性较差　　　C. 近大远小
   D. 只能反映两个方向的尺寸关系　　　E. 远近并无大小区别
5. 建筑装饰设计图纸的编排顺序，宜按照以下顺序排列（　　）。
   A. 吊顶平面图、平面布置图、立面图、详图
   B. 平面图、立面（剖面）图、详图
   C. 按设计（施工）说明、总平面图（室内装饰装修设计分段示意）、吊顶（顶棚）总平面图
   D. 墙体定位图、家具平面图、地面铺装图、吊顶平面图
   E. 装饰图纸、各配套专业图纸
6. 建筑装饰设计图纸中的云线通常可表示（　　）。
   A. 标注需要强调、变更或改动的区域　　B. 圈出需要绘制详图的图样范围
   C. 图形和图例的填充线　　　　　　　　D. 构造层次的断开界线
   E. 标注材料的范围
7. 计算机绘图中，图层的作用是（　　）。
   A. 利用图层可以对数据信息进行分类管理、共享或交换
   B. 方便控制实体数据的显示、编辑、检索或打印输出
   C. 相关图形元素数据的一种组织结构
   D. 可按设定的图纸幅面及比例打印
   E. 某一专业的设计信息可分类存放到相应的图层中
8. 建筑室内装饰设计图中，立面图的常用制图比例为（　　）。
   A. 1∶5　　　B. 1∶30　　　C. 1∶50　　　D. 1∶100　　　E. 1∶150
9. 关于尺寸起止符号，以下说法错误的是（　　）。
   A. 起止符号可用中粗斜短线绘制　　　B. 起止符号不可用黑色圆点绘制
   C. 起止符号有时可以用三角箭头表示　D. 起止符号通常用细实线绘制
   E. 起止符号不得与图样轮廓线接触
10. 关于尺寸标注，应该按以下原则进行排列布置（　　）。
    A. 尺寸宜标注在图样轮廓以外
    B. 互相平行的尺寸线，较小尺寸应离图样轮廓线较远
    C. 尺寸标注均应清晰，不宜与图线相交或重叠
    D. 尺寸标注均应清晰，不宜与文字及符号等相交或重叠
    E. 尺寸标注可以标注在图样轮廓内
11. 下列关于标高描述正确的是（　　）。
    A. 标高是用来标注建筑各部分竖向高程的一种符号
    B. 标高分绝对标高和相对标高，通常以米（m）为单位
    C. 建筑上一般把建筑室外地面的高程定为相对标高的基准点
    D. 绝对标高以我国青岛附近黄海海平面的平均高度为基准点
    E. 零点标高可标注为±0.000，正数标高数字一律不加正号

12. 索引符号根据用途的不同可分为（　　）。
    A. 立面索引符号　　　　　B. 图例索引符号　　　　　C. 详图索引符号
    D. 设备索引符号　　　　　E. 剖切索引符号

13. 关于建筑门扇图例的制图画法，下列说法正确的是（　　）。
    A. 门应进行编号，用D表示　　B. 平面图中门的开启弧线宜汇出
    C. 立面图中，开启线实线为外开　D. 立面图中，开启线虚线为内开
    E. 立面图中，开启线需实线为内开

14. 设计文件应该保证其设计质量及深度，满足（　　）及施工安装等要求。
    A. 深化设计　　B. 招投标　　C. 初步设计　　D. 概预算　　E. 材料采购制作

15. 建筑室内装饰方案设计平面图中，应标明（　　）。
    A. 所有房间的名称和各空间的细部尺寸
    B. 楼梯的上下方向
    C. 室内外地面设计标高和各楼层、平台等处的地面设计标高
    D. 轴线编号，并应与原建筑图纸一致
    E. 图纸名称和制图比例

16. 建筑装饰设计施工平面图主要表达以下几个方面的内容（　　）。
    A. 设施与家具安放位置及尺寸关系
    B. 装饰布局及结构及尺寸关系
    C. 不同地面材料的范围界线及定位尺寸、分格尺寸
    D. 建筑结构及尺寸
    E. 墙体构造及定位尺寸

17. 节点图应标明物体、构件或细部构造处的形状、构造、支撑或连接关系，并应（　　）。
    A. 标注该节点附近相关装饰材料的名称　　B. 根据需要标注施工做法
    C. 定位尺寸及标高　　D. 细部尺寸关系　　E. 根据需要标注具体技术要求

18. 以下哪三个选项所列的文件，通常集中了该套设计图纸文件最大的信息内容（　　）。
    A. 平面布置图　　　　B. 吊顶平面图　　　　C. 立面图
    D. 设计总说明　　　　E. 节点详图

19. 变更设计图，通常包括（　　）几方面内容。
    A. 变更立面图　　　　B. 变更位置　　　　C. 变更原因
    D. 施工单位变更理由　　E. 变更内容

20. 装饰施工单位的现场深化设计师，通常需绘制（　　）来协调装饰专业与相关机电安装专业的设备末端点位的排布问题。
    A. 综合立面布置图　　B. 设备管线综合图　　C. 剖面构造图
    D. 综合平面布置图　　E. 综合吊顶布置图

21. 建筑装饰工程的特点有（　　）。
    A. 装饰材料多　　　　　　　　B. 各装饰工艺的质量问题也不尽相同
    C. 装饰面层与基层连接方式多样化　D. 施工工艺与土建工程相似

E. 同一种装饰材料的表现方式迥异

22. 属于装饰工程现场深化设计师个人专业能力的要求有（　　）。
A. 必须具备基本的室内设计基础知识
B. 掌握通用的绘图软件 AutoCAD 及制图规范
C. 熟悉常用的设计标准、技术规范
D. 熟悉装饰材料的生产加工工艺
E. 对于常规的装饰施工工艺不一定非要了解

23. 室内装饰单位的深化设计工作开展，应该掌握施工现场很多基本数据，包括（　　）。
A. 幕墙安装高度　　B. 建筑各层层高　　C. 墙面、地面、顶面实际造型和尺寸
D. 排水支管坡度　　E. 风管等机电安装构件的实际高度

24. 室内装饰单位深化设计的主要内容有（　　）。
A. 补充装饰施工图连接构造节点覆盖面和深度不够的深化设计
B. 综合点位布置图的深化设计
C. 通过深化设计减少材料损耗，有利于项目成本控制
D. 防火门的设计深化
E. 对不符合设计规范及施工技术规范的深化设计

25. 综合点位排布的规律或设计原则有（　　）。
A. 点线呼应原则　　　　　　B. 直线排布　　　　　C. 居中原则
D. 对称布置　　　　　　　　E. 板块均分原则

26. 装饰单位现场深化设计师应该熟知的标准规范有（　　）。
A. 房屋建筑室内装饰装修制图标准　　B. 建设工程项目管理规范
C. 建筑装饰装修工程质量验收规范　　D. 建筑同层排水系统技术规程
E. 建筑内部装修设计防火规范

三、判断题（正确写 A，错误写 B）

1. 《房屋建筑室内装修设计制图标准》仅适用于计算机绘图，不适用于手工绘图方式。　　　　　　　　　　　　　　　　　　　　　　　　　　　　　（　　）
2. 所有投影线相互平行并垂直投影面的投影法称为正投影法。　　　（　　）
3. 我们通常所说的平面图也就是水平剖面图。　　　　　　　　　　（　　）
4. 在工程图中，图中可见轮廓线的线型为细实线。　　　　　　　　（　　）
5. 图纸签字栏的签字可以在绘图软件里复制，不需要在打印出来的图纸上手写签名。　　　　　　　　　　　　　　　　　　　　　　　　　　　　（　　）
6. 在图纸绘制时还应注意图线不得与文字、数字或符号重叠、混淆，不可避免时，应首先保证文字的清晰。　　　　　　　　　　　　　　　　　　　　（　　）
7. 剖面图剖切符号的编号数字可以写在剖切位置线的任意一边。　　（　　）
8. 图线可用作尺寸线，但不可以作为尺寸界线。　　　　　　　　　（　　）
9. 标高是以某一水平面为基准面（零点或水准原点），算至其他基准面（楼地面、吊顶或墙面某一特征点）的垂直高度。　　　　　　　　　　　　　　　（　　）

10. 建筑室内装饰装修设计的标高应标注该设计空间的相对标高，通常以本层的楼地面装饰完成面为±0.000。（   ）

11. 总平面图中所注的标高均为绝对标高，以 m 为单位。（   ）

12. 立面索引符号表示室内立面在平面上的位置及立面图所在页码，应在平面图上使用立面索引符号。（   ）

13. 定位轴线表示方法定位轴线用细单点长划线绘制，定位轴线应编号。（   ）

14. 竖向定位轴线编号用阿拉伯数字，从下至上顺序编写。（   ）

15. 现场深化设计时，如图纸没有表示定位轴线，一般要把建筑平面的轴线绘制出，并重新进行编号。（   ）

16. 平面图中表示楼梯时，如设置靠墙扶手或中间扶手时，可不用在图中进行表示。（   ）

17. 工程设计分为三个阶段：方案设计阶段、技术设计阶段和施工图设计阶段，对于较小的建筑工程，方案设计后，可直接进入施工图设计阶段。（   ）

18. 建筑装饰设计施工图的编排顺序为：封面、图纸目录、设计说明、图纸（平、立、剖面图及大样图、详图）。（   ）

19. 吊顶装饰平面施工图中，可用虚线表示活动家具所在的平面位置。（   ）

20. 立面装饰施工图中，没必要对立面的开关插座及其他设备设施进行标注或定位。（   ）

21. 竣工图纸和施工图的制图深度应一致，内容应能与工程实际情况相互对应，完整的记录施工情况。（   ）

22. 装饰深化设计已经成为装饰设计中不可或缺的一个环节，是确保装饰工程施工进度及施工质量的一项重要工作。（   ）

23. 绘制地面铺装平面图（地坪图）时，不可以用虚线表示活动家具或其他活动设备设施的位置。（   ）

24. 装饰深化设计师开展工作，必须要具备一些基本条件，如了解原装饰设计图纸的设计思路，熟悉项目的概况、特点。（   ）

第2章 建筑、装饰构造与建筑防火

一、单项选择题

1. 建筑物包括建筑物和（   ）。
   A. 构筑物   B. 厂房   C. 仓库   D. 交通设施

2. 建筑物根据其使用性质，通常分为生产性建筑和（   ）建筑两大类。
   A. 生活服务性   B. 商业性   C. 非生产性   D. 综合性

3. 《民用建筑设计通则》GB 50352—2005 规定，大于（   ）m 者为高层建筑。
   A. 18   B. 24   C. 28   D. 32

4. 普通建筑和构筑物的设计使用年限是（   ）。
   A. 40 年   B. 50 年   C. 60 年   D. 100 年

5. 不论是工业建筑还是民用建筑，通常由基础、（　　）、门窗、楼地面、楼梯、屋顶等六个主要部分组成。
    A. 墙体结构　　　　B. 钢筋混凝土结构　C. 框架结构　　　D. 主体结构
6. 基础：是房屋框架结构（　　）的承重构件。
    A. 基本　　　　　　B. 传递　　　　　　C. 下部　　　　　D. 最下部
7. 墙（或柱）是把屋盖、楼层的（　　）、外部荷载，以及把自重传递到基础上。
    A. 活荷载　　　　　B. 定荷载　　　　　C. 风荷载　　　　D. 雪荷载
8. 屋顶：是位于建筑物最顶上的（　　）围护构件。
    A. 防护　　　　　　B. 承重　　　　　　C. 防雨雪　　　　D. 防水
9. 门窗：门起（　　）房间作用，窗的主要作用是采光和通风。
    A. 开关　　　　　　B. 隔断　　　　　　C. 保温　　　　　D. 联系
10. 建筑结构是指形成一定空间及造型，并具有抵御人为和自然界施加于建筑物的各种作用力，使建筑物得以安全使用的（　　）。
    A. 框架　　　　　　B. 结构　　　　　　C. 架构　　　　　D. 骨架
11. 建筑结构的安全性、适应性和耐久性，总称为结构的（　　）。
    A. 抗震性　　　　　B. 坚固性　　　　　C. 可靠性　　　　D. 稳定性
12. 结构的极限状态分为：（　　）极限状态和正常使用极限状态。
    A. 非正常使用　　　B. 超设计使用　　　C. 承载力　　　　D. 地震力
13. 建筑结构超过承载力极限状态，结构构件即会（　　），或出现失衡等情形。结构设计必须对所有结构和构件进行承载力极限状态计算，施工时应严格保证施工质量，以满足结构的安全性。
    A. 变形　　　　　　B. 破坏　　　　　　C. 断裂　　　　　D. 坍塌
14. 结构中的构件往往是几种受力形式的组合，如梁承受弯曲与（　　），柱子受到压力与弯矩等。
    A. 剪力　　　　　　B. 剪切　　　　　　C 压力　　　　　　D. 拉力
15. 房屋结构的抗震设计主要研究（　　）的抗震构造，以满足建筑物的抗震要求。
    A. 民用建筑　　　　B. 工业建筑　　　　C 建筑物　　　　　D. 构筑物
16. 抗震设计的设防烈度为（　　）度。
    A. 4、5、6、7、8　　B. 6、7、8、9　　　C. 7、8、9、10　　D. 6、7、8、10
17. 南京的抗震设防烈度为（　　）度、苏州大部分地区为6度、宿迁为8度、上海大部分地区为7度、北京大部分地区为8度。
    A. 6　　　　　　　　B. 7　　　　　　　　C. 8　　　　　　　D. 9
18. 直接施加在结构上的各种力，习惯上称为（　　）。
    A. 压力　　　　　　B. 剪力　　　　　　C. 动荷载　　　　D. 荷载
19. 按荷载的作用方向还可分为（　　）和水平荷载。
    A. 垂直荷载　　　　B. 均布面荷载　　　C. 线荷载　　　　D. 集中荷载
20. 荷载按时间的变异性分为：永久荷载和（　　）。
    A. 恒载　　　　　　B. 动载　　　　　　C. 可变荷载　　　D. 雪载
21. 荷载按结构的反应分为：静态荷载，如结构自重、屋面和楼面的活荷载、雪荷载等；( )，如地震力、高空坠物冲击力等。
   A. 可变荷载   B. 动态荷载   C. 垂直荷载   D. 风荷载
22. 根据《建筑结构荷载规范》GB 50009—2012 的规定，民用建筑楼面均布活荷载的标准值最低为( )。
   A. 1.5kN/m²   B. 2.0kN/m²   C. 2.5kN/m²   D. 3.0kN/m²
23. 装修时( )自行改变原来的建筑使用功能。
   A. 可以   B. 不能   C. 应该   D. 应业主要求可以
24. 在装修施工中，不允许在原有承重结构构件上开洞凿孔，降低结构构件的承载能力。如果实在需要，应经过( )的书面确认方可施工。
   A. 建设单位   B. 监理单位   C. 原设计单位   D. 物业管理单位
25. 装修时，不得自行拆除任何( )在装修施工中，不允许在原有承重结构构件上开洞凿孔，降低结构构件的承载能力。
   A. 承重构件   B. 建筑构件   C. 附属设施   D. 二次结构
26. 装修施工时，( )在建筑内楼面上集中堆放大量建筑材料，如水泥、砂石、钢材等。
   A. 需要   B. 可以   C. 允许   D. 不允许
27. 在装修施工时，应注意建筑( )的维护，( )间的模板和杂物应该清除干净，( )的构造必须满足结构单元的自由变形，以防结构破坏。
   A. 沉降缝   B. 伸缩缝   C. 抗震缝   D. 变形缝
28. 常用建筑结构按照建筑结构的体型划分为：单层结构、多层结构、高层结构、( )等。
   A. 筒体结构   B. 桁架结构   C. 网架结构   D. 大跨度结构
29. 框架-剪力墙结构，是指在框架结构内设置适当抵抗水平剪切力墙体的结构，一般用于( )层的建筑。
   A. 10~20   B. 10~30   C. 15~30   D. 20~50
30. 筒体结构是抵抗水平荷载最有效的结构体系，通常用于超高层建筑( )中。筒体结构可分为框架-核心筒结构、筒中筒结构和多筒结构。
   A. 10 层到 30 层   B. 20 层到 40 层   C. 30 层到 50 层   D. 35 层到 60 层
31. 网架是由许多杆件按照一定规律组成的网状结构。可分为( )网架和曲面网架。
   A. 球面   B. 钢管   C. 平板   D. 拱形
32. 钢结构建筑的最大优点是( )，钢结构建筑的自重只相当于同样钢筋混凝土建筑自重的三分之一。
   A. 耐腐蚀   B. 耐火   C. 自重轻   D. 抗震性好
33. 《钢结构设计规范》GB 50017—2003 提出了对承重结构钢材的质量要求，包括 5 个力学性能指标和碳、硫、磷的含量要求。5 个力学性能指标是指抗拉强度、( )伸长率、冷弯试验（性能）和冲击韧性。
   A. 抗压强度   B. 屈服强度   C. 抗折强度   D. 抗弯强度
34. 承重结构用钢材主要包括碳素结构钢中的低碳钢和( )两类，包括 Q235、

Q345、Q390、Q420 四种。
　　A. 高碳钢　　　　B. 高锰钢　　　　C. 碳锰合金钢　　D. 低合金高强度结构钢
35. 钢结构的连接方式最常用的有两种：焊缝连接和（　　）。
　　A. 电弧焊连接　　B. 氩弧焊连接　　C. 铆钉连接　　　D. 螺栓连接
36. 建筑装饰构造是实现（　　）目标、满足建筑物使用功能、美观要求及保护主体结构在各种环境因素下的稳定性和耐久性的重要保证。
　　A. 建筑设计　　　B. 结构设计　　　C. 机电设计　　　D. 装饰设计
37. 民用建筑（非高层建筑）的耐火等级分为一、二、三、四级，分别以（　　）及围护构件的燃烧性能、耐火极限来划分的。
　　A. 建筑结构类型　B. 建筑用途　　　C. 主要承重构件　D. 建筑区域
38. 防火分区是指在建筑内部采用（　　）、耐火楼板及其他防火分隔设施（防火门或窗、防火卷帘、防火水幕等）分隔而成，能在一定时间内防止火灾向同一建筑的其余部分蔓延的局部空间。
　　A. 防火卷帘　　　B. 挡烟垂壁　　　C. 防火隔离带　　D. 防火墙
39. 高层建筑内应采用防火墙等划分防火分区，二类建筑的每个防火分区允许最大建筑面积为：（　　）m²。
　　A. 500　　　　　B. 1000　　　　　C. 1500　　　　　D. 2000
40. 安装在金属龙骨上燃烧性能达到 B_1 级的纸面石膏板、矿棉石膏板，可作（　　）级装修材料使用。
　　A. B2　　　　　 B. B3　　　　　　C. A　　　　　　 D. A1
41. 建筑内部的配电箱、接线盒、电器、开关、插座及其他电气装置等不应直接安装在低于（　　）级的装修材料上。
　　A. A　　　　　　B. B1　　　　　　C. B2　　　　　　D. B3

二、多项选择题

1. 公共建筑按其功能特征可分为：（　　）。
　　A. 生活服务性建筑　　　B. 菜场建筑　　　C. 科研建筑
　　D. 非生产性建筑　　　　E. 宗教建筑
2. 工业与民用建筑，通常由基础、（　　）、楼梯（或电梯）、屋顶等六个主要部分组成。
　　A. 墙体结构　B. 主体结构　C. 门窗　　D. 楼地面　E. 框架结构
3. 建筑幕墙是指由（　　）与（　　）组成的悬挂在建筑（　　）、不承担主体结构荷载与作用的建筑外围护、（　　）结构。
　　A. 铝框　　　B. 主体结构上　C. 装饰　　D. 金属构件　E. 各种板材
4. 建筑物还有一些附属的构件和配件，如（　　）等。
　　A. 阳台　　　B. 雨篷　　　C. 台阶　　　D. 散水　　　E. 勒脚
5. 结构在规定的时间内（即设计年限），在规定的条件下（正常设计、正常施工、正常使用及正常维修）必须保证完成预定的功能，这些功能包括：（　　）。
　　A. 装饰性　　B. 安全性　　C. 适用性　　D. 耐久性　　E. 抗震性

17

6. 结构杆件的基本受力形式可以分为：（   ）。
   A. 拉伸   B. 压缩   C. 弯曲   D. 剪切   E. 扭转
7. 按《建筑抗震设计规范》GB 50011—2011，抗震设防要做到（   ）。
   A. 小震不坏   B. 中震不坏   C. 中震可修   D. 大震不倒   E. 大震可修
8. 荷载按作用面可分为：（   ）。
   A. 垂直荷载   B. 水平荷载   C. 均布面荷载   D. 线荷载   E. 集中荷载
9. 荷载按结构的反应分为（   ）等。
   A. 静态荷载   B. 垂直荷载   C. 活荷载   D. 动态荷载   E. 水平荷载
10. 常用建筑结构按主要材料的不同可分为：混凝土结构、（   ）等。
    A. 砌体结构   B. 钢结构   C. 木结构   D. 塑料结构   E. 薄膜充气结构等
11. 常用建筑结构按照结构形式可分为：（   ）、桁架结构、拱式结构、网架结构、空间薄壁结构、钢索结构等。
    A. 混合（墙体）结构   B. 框架结构   C. 剪力墙结构
    D. 框架剪力墙结构   E. 筒体结构
12. 用（   ）等热轧型钢和钢板组成的，以及用冷弯薄壁型钢制成的承重构件或承重结构统称为钢结构。
    A. 高锰钢   B. 工字钢   C. 槽钢   D. 角钢   E. H 型钢
13. 钢结构应用的注意点：需采取（   ）措施。
    A. 防水   B. 防失稳   C. 防脆断   D. 防腐   E. 防火
14. 常用的热轧型钢有：（   ）钢管、H 型钢和部分 T 形钢。
    A. 等边角钢   B. 不等边角钢   C. 普通槽钢   D. 普通工字钢
15. 装饰构造选择的原则有（   ）。
    A. 防水性   B. 功能性   C. 安全性   D. 可行性   E. 经济性
16. 饰面构造即覆盖式构造，是覆盖在建筑物构件的外表面起保护和美化构件并满足建筑物有关使用功能要求的构造。饰面构造还可以分为三类（   ）。
    A. 挂钩类   B. 罩面类   C. 石材类   D. 涂刷类   E. 贴面类
17. 装饰装修材料按照其燃烧性能，可分为：（   ）。
    A. 不燃性   B. 难燃性   C. 可燃性   D. 易燃性   E. 阻燃性
18. 建筑内部装修工程的防火施工与验收，按照装修材料种类分为（   ）及其他材料几类。这几类装修材料中，需对其 B1、B2 级材料（其中木质材料为 B1 级）需进行进场见证取样，并对其现场进行阻燃处理所使用的阻燃剂及防火涂料进行进场见证取样。
    A. 墙纸材料   B. 纺织织物   C. 木质材料
    D. 高分子合成材料、复合材料   E. 软装材料

三、判断题（正确写 A，错误写 B）

1. 生产性建筑包括工业建筑（厂房、锅炉房、仓库等）、农业建筑（温室、粮仓等）、非生产性建筑统称为民用建筑。（   ）
2. 《民用建筑设计通则》GB 50352—2005 规定，除住宅建筑之外的民用建筑高度不

大于12m者为单层和多层建筑，大于24m者为高层建筑（不包括建筑高度大于24m的单层公共建筑）。建筑高度大于50m的民用建筑为超高层建筑。（ ）

3. 普通建筑和构筑物的设计使用年限为60年。（ ）

4. 房屋建筑按结构构造建成后，在外界荷载作用下，由屋顶、楼层，通过板、梁、柱和墙传到基础，再传给地基。（ ）

5. 建筑物的耐久性：建筑结构在正常使用过程中，应保持良好的工作性能。（ ）

6. 按《建筑抗震设计规范》GB 50011—2011规定，抗震设防要做到"小震不坏、中震可修、大震不倒"。（ ）

7. 装修时不能自行改变原来的建筑使用功能。如需要改变时，应该取得现场深化设计人员的认可。（ ）

8. 装修施工时，不允许在建筑内楼面上集中堆放大量建筑材料，如水泥、砂石、钢材等，以免引起结构的破坏。（ ）

9. 装修时，不得自行拆除任何承重构件，可拆除二次结构体系；不能自行做夹层或增加楼层。（ ）

10. 在装修施工时，应注意建筑变形缝的维护，变形缝间的模板和杂物应该清除干净，变形缝的构造必须满足结构单元的自由变形，以防结构破坏。（ ）

11. 钢筋混凝土结构，其优点是合理发挥了钢筋和混凝土两种材料的力学特性，承载力较高。主要缺点是：自重较大、抗裂性能差、施工复杂、工期较长。（ ）

12. 钢结构有如下的特点：强度高重量轻；质地均匀、各向同性；施工质量好、工期短；密闭性好；用螺栓连接的钢结构，易拆卸，适用于移动结构。（ ）

13. 《钢结构工程施工质量验收规范》GB/T 50205—2001的规定，对焊缝质量应进行检查和验收。焊接人员必须持有电工证方可进行焊接作业。（ ）

14. 在选择或设计何种装饰构造时，如立面装饰需要考虑美观及装饰效果，需弥补墙体本身某些方面的不足，不必考虑环境的温度和湿度对装饰设计构造的影响。（ ）

15. 装饰构造应考虑在不同环境、条件下，应选用合理可靠的构造做法。装饰的环保性能与安全性能往往是息息相关的，也可以把环保问题说成是一种隐形的安全问题。（ ）

16. 吊顶构造为悬吊结构，内部隐藏大量管道设备或安装有各种设备末端，其构造通常需要满足吊杆的牢固、饰面板的安全牢固、防坠落、隔声、吸声、排布各种管线和设备末端、检修的要求。（ ）

17. 建筑防火及消防安全工作方针是："预防为主、防消结合"。（ ）

18. 民用建筑（非高层建筑）的耐火等级分为A、B1、B2、B3四级，分别以主要承重构件及围护构件的燃烧性能、耐火极限来划分的。（ ）

19. 防烟分区通常用挡烟垂壁来作为分隔构件，挡烟垂壁是指用不燃材料制成，从顶棚下垂不小于800mm的固定或活动的挡烟设施。（ ）

20. 装修材料的燃烧性能等级，应按《建筑材料及制品燃烧性能分级》GB 50222—1995的规定，由专业检测机构检测确定。B2级装修材料可不进行检测。（ ）

21. 防火门的表面加装贴面材料或其他装修时，不得减小门框和门的规格尺寸，不得降低防火门的耐火性能，所用贴面材料的燃烧性能等级不应低于B2级。（ ）

第3章 装饰施工测量放线

一、单项选择题

1. 施工测量放线准备工作范围不包括（　　）。
   A. 图纸准备　　　　B. 工具准备　　　　C. 人员准备　　　　D. 材料准备
2. 图纸深化时，绘制综合天花布置图不包含（　　）专业。
   A. 通风空调　　　　B. 弱电　　　　　　C. 电梯　　　　　　D. 消防
3. 施工放线时，测量放线人员不包括（　　）。
   A. 施工员　　　　　B. 班组长　　　　　C. 放线技工　　　　D. 监理
4. 装饰放线前期，不参与移交基准点（线）单位有（　　）。
   A. 业主　　　　　　B. 监理　　　　　　C. 施工方　　　　　D. 质监部
5. 装饰放线时，基准点（线）不包括（　　）。
   A. 主控线　　　　　B. 轴线　　　　　　C. 正负 0.000 线　　D. 吊顶标高线
6. 激光投线仪的用途不包括（　　）。
   A. 投线　　　　　　B. 平整度检测　　　C. 垂直度检测　　　D. 对角线检测
7. 装饰放线时，通常使用水准仪型号有（　　）。
   A. DS05　　　　　　B. DS1　　　　　　C. DS3　　　　　　 D. DS10
8. 装饰放线时，由于实际空间限制，在设定标吊顶高时，需满足（　　）。
   A. 装饰效果　　　　B. 图纸条件　　　　C. 使用功能　　　　D. 施工方便
9. 在装饰放线时，组织放线验线主要负责人是（　　）。
   A. 项目经理　　　　B. 施工员　　　　　C. 辅助放线员　　　D. 监理
10. 在楼梯区域放线时，同心圆旋转楼梯踏步之间误差需控制在（　　）mm。
    A. 1　　　　　　　B. 2　　　　　　　C. 3　　　　　　　 D. 4
11. 装饰放线时，我们通常使用规格为（　　）米卷尺。
    A. 2　　　　　　　B. 3　　　　　　　C. 15　　　　　　　D. 7.5
12. 装饰放线中，通常的完成面线不包括（　　）。
    A. 地面完成面　　　B. 墙面完成面　　　C. 顶面完成面　　　D. 1m 线
13. 装饰放线时，基准点线移交不包括（　　）。
    A. 主控线　　　　　B. 轴线　　　　　　C. 正负 0.000 线　　D. 地面完成面线
14. 装饰放线中，以下哪些属于墙面基层完成面线（　　）。
    A. 吊顶标高线　　　B. 石材钢架线　　　C. 排版分割线　　　D. 细部结构线
15. 通常放线时，以下属于放线准备工作之一（　　）。
    A. 安全防护　　　　B. 资金准备　　　　C. 设备准备　　　　D. 材料准备
16. 在装饰施工中，遇到机场、高铁站等大空间放线时常使用的测量仪器为（　　）。
    A. 全站仪　　　　　B. 投线仪　　　　　C. 经纬仪　　　　　D. 水准仪
17. 在装饰放线前期，下面哪些基准点（线）不需要书面移交（　　）。
    A. 主控线　　　　　B. 中轴线　　　　　C. 基准点　　　　　D. 吊顶标高线

18. 在装饰施工中,以下不属于影响顶面标高的因素是（　　）。
    A. 实际空间高度　　B. 设备安装高度　　C. 吊顶面层材料品牌　　D. 设计图纸文件
19. 装饰施工中,影响地面完成面标高的因素不包含（　　）。
    A. 地面材料品种规格　　　　　　　　B. 地下管线规格
    C. 地下管线材料品牌　　　　　　　　D. 地下设备结构功能
20. 在装饰施工中,绘制综合点位深化布置图由（　　）完成。
    A. 深化设计师　　B. 方案设计师　　C. 项目经理　　D. 家具深化设计师
21. 装饰放线过程中,理论尺寸和实际尺寸误差消化的位置选择在（　　）。
    A. 电梯井　　B. 卫生间　　C. 消防走廊　　D. 普通房间
22. 在施工测量放线时,经纬仪在投点放线测量时,仪器的检验校对时间是（　　）。
    A. 每次测量前　　B. 1个月　　C. 3个月　　D. 6个月
23. 在装饰放线时,使用DS3型号经纬仪,测量过程中每千米往返精度误差为（　　）mm。
    A. 1　　B. 3　　C. 5　　D. 0.5
24. 水准仪的精确测量功能包括（　　）。
    A. 待定点的高程　　　　　　　　　　B. 测量两点间的高差
    C. 垂直度高程　　　　　　　　　　　D. 两点间的水平距离
25. 经纬仪的精确测量功能包括（　　）。
    A. 任意夹角测量　　B. 待定点高差测量　　C. 竖直角测量　　D. 水平夹角测量
26. 在建筑装饰施工工程中,常用的经纬仪有（　　）。
    A. DJ2　　B. DJ07　　C. DJ1　　D. DJ5
27. 在放线时,产品化中的模数化是以（　　）为依据。
    A. 放线的尺寸　　B. 被选材料的规格　　C. 图纸设计方案　　D. 施工的方便性
28. 在测量放线前,根据设计图纸,主要由（　　）负责建筑空间数据采集。
    A. 项目经理　　B. 施工员　　C. 深化设计　　D. 辅助放线员
29. 在建筑装饰施工中,相对标高是以建筑物的首层室内主要区域空间的（　　）为零点,用±0.000表示。
    A. 地下室地面　　B. 电梯厅基础地面　　C. 基础地面　　D. 预设完成地面
30. 在放线过程中,把1M水准线通过水准仪引向各个面,主要传递1M线的（　　）。
    A. 方向　　B. 高程　　C. 距离　　D. 角度
31. 一把标注为30m的钢卷尺,实际是30.005m,每量一整尺会有5mm误差,此误差称为（　　）。
    A. 系统误差　　B. 偶然误差　　C. 中误差　　C. 相对误差
32. 当民用建筑物宽度大于15m时,还应该在房屋内部（　　）和楼梯间布置观测点。
    A. 横轴线上　　B. 纵轴线上　　C. 横墙上　　D. 纵墙上
33. 在建筑施工中,水准点埋设深度至少要在冻土线以下（　　）确保稳定性。
    A. 0.2m　　B. 0.3m　　C. 0.5m　　D. 0.6m
34. 经纬仪望远镜视准轴检验校正的目的是（　　）。

A. 使视准轴平行水平轴　　　　　　　B. 使视准轴垂直于水平轴
C. 使视准轴垂直于水准管轴　　　　　D. 使视准轴平行于竖轴

35. 在实际操作过程中，中误差一般不应大于（　　）。
A. 2mm　　　　B. 3mm　　　　C. 4mm　　　　D. 5mm

36. 测量工作的主要任务是：（　　）、角度测量和距离测量，这三项也称为测量的三项基本工作。
A. 地形测量　　B. 工程测量　　C. 控制测量　　D. 高程测量

37. 在大自然生活中，水准面有无数个，通过平均海水面的那一个称为（　　）。
A. 大地水准面　B. 水准面　　　C. 海平面　　　D. 水平面

38. 在各种工程测量中，测量误差按其性质可分为（　　）和系统误差。
A. 偶然误差　　B. 中误差　　　C. 粗差　　　　D. 平均误差

39. 在施工测量过程中，以下不能作为评定测量精度的选项是（　　）。
A. 相对误差　　B. 最或是误差　C. 允许误差　　D. 中误差

40. 幕墙放线控制点原理中，常使用水平仪和长度尺确定（　　）。
A. 等高线　　　B. 垂直线　　　C. 空间交叉点　D. 顶面控制线

41. 幕墙放线控制点原理中，常使用激光经纬仪、铅垂仪确定（　　）。
A. 等高线　　　B. 垂直线　　　C. 空间交叉点　D. 顶面控制线

42. 幕墙放线控制点原理中，常使用激光经纬仪校核（　　）。
A. 等高线　　　B. 垂直线　　　C. 空间交叉点　D. 进出位线

43. 测量放线时在风力不大于（　　）的情况下进行。
A. 5级　　　　B. 2级　　　　C. 4级　　　　D. 3级

44. 现场测量的基本工作程序（　　）。

A. 熟悉建筑结构与幕墙设计图→整个工程进行分区、分面→确定基准测量轴线→确定关键点→放线→测量→记录原始数据→更换测量层次（或立面）→重复以上步骤→处理数据→测量成果分析

B. 熟悉建筑结构与幕墙设计图→整个工程进行分区、分面→确定基准测量层→确定关键点→确定基准测量轴线→放线→测量→记录原始数据→更换测量层次（或立面）→重复以上步骤→处理数据→测量成果分析

C. 熟悉建筑结构与幕墙设计图→整个工程进行分区、分面→确定基准测量层→确定基准测量轴线→确定关键点→放线→测量→记录原始数据→更换测量层次（或立面）→重复以上步骤→处理数据→测量成果分析

D. 熟悉建筑结构与幕墙设计图→整个工程进行分区、分面→确定基准测量层→确定基准测量轴线→确定关键点→放线→测量→记录原始数据→更换测量层次（或立面）→重复以上步骤→测量成果分析→处理数据

45. 为保证不受其他因素影响，上、下钢线每（　　）层一个固定支点，水平钢线每（　　）m一个固定支点。
A. 2　15　　　B. 1　10　　　C. 3　15　　　D. 2　10

46. 测量放线时应控制和分配好误差，不使误差积累；根据总包提供的预沉降值，逐层消化在（　　）中。

A. 地基回填土面层以下 B. 顶面檐口凹槽
C. 伸缩缝 D. 墙面分仓缝

47. 对由横梁与竖框组成的幕墙，幕墙施工放线的一般原则是：（ ）。
A. 一般先弹出竖框的锚固点，然后确定竖框的位置。待横梁弹到竖框上，方可进行竖框通长布置
B. 一般先弹出竖框的位置，然后确定竖框的锚固点。待横梁弹到竖框上，方可进行竖框通长布置
C. 一般先弹出竖框的锚固点，然后确定竖框的位置。待竖框通长布置完毕，横梁再弹到竖框上
D. 一般先弹出竖框的位置，然后确定竖框的锚固点。待竖框通长布置完毕，横梁再弹到竖框上

48. 幕墙放线阶段进行水平分割，每次分割须复检：按原来的分割方式复尺，按相反方向复尺，并按总长、分长复核闭合差，误差大于（ ）须重新分割。
A. 2mm B. 2cm C. 3mm D. 1cm

二、多项选择题

1. 在装饰施工中，放线过程中常用的仪器工具有（ ）。
A. 激光投线仪 B. 卷尺 C. 水准仪 D. 卡尺 E. 经纬仪

2. 在装饰施工中，参与放线人员包括（ ）。
A. 施工员 B. 班组长 C. 监理 D. 放线技工 E. 辅助放线员

3. 在做基准点线移交时，哪些基准点（线）需要做书面移交（ ）。
A. 主控线 B. 中轴线 C. 基准点 D. 吊顶标高线 E. 1m线

4. 在开展测量放线工作时，哪些是需要首先应确定的线（ ）。
A. 主控线 B. 轴线 C. 1m线 D. 地面完成面线 E. 正负0.000线

5. 在局部区域空间放线时，首先应完成（ ）放线工作。
A. 顶面完成面线 B. 墙面完成面线 C. 门窗完成面线
D. 地面基层面线 E. 门窗洞中线

6. 在放线时，墙面基层完成面线通常包括（ ）。
A. 湿作业基层 B. 软硬包基层 C. 木饰面基层
D. 石材钢架基层 E. 乳胶漆基层

7. 在装饰放线中，通常的细部放线包括（ ）。
A. 木饰面门套结构 B. 木饰面与石材交接 C. 造型背景墙面
D. 排版分割线 E. 造型装饰柱

8. 在装饰放线前，通常参与基准线（点）移交的单位有（ ）。
A. 业主 B. 总包 C. 监理 D. 施工方 E. 建设方

9. 经纬仪在使用过程可以测量（ ）。
A. 两个方向的水平夹角 B. 竖直角 C. 两点间水平距离
D. 角度坐标 E. 高差

10. 激光投线仪使用功能包括（ ）。

A. 放线　　B. 检测平整度　　C. 检测垂直度　　D. 检测距离　　E. 检测方正度

11. 水准仪具备的测量功能有（　　）。
A. 两点间的高差　　　　B. 待定点的高程　　　　C. 两点间的水平距离
D. 水平夹角　　　　　　E. 已知点的高程

12. 在装饰放线排版时，我们通常以（　　）为原则。
A. 居中　　B. 通缝　　C. 节材　　D. 设备安装　　E. 工艺优化

13. 在装饰施工中，放线对装饰施工的作用包括（　　）。
A. 控制工艺结构　　　　B. 把控产品质量　　　　C. 提高施工效率
D. 控制施工成本　　　　E. 工序先后管理

14. 在放线时，放线的辅助工具材料有（　　）。
A. 墨斗　　B. 自喷漆　　C. 硬质模版字牌　　D. 铅笔　　E. 红黑记号笔

15. 在装饰放线时，放线过程中应该注意的要点有（　　）。
A. 测量仪器校验　　　　B. 基准点（线）移交　　C. 基准点线复核
D. 机电点位的控制　　　E. 图纸审阅

16. 水准仪是测量高程、建筑标高用的主要仪器。水准仪主要由（　　）几部分构成。
A. 望远镜　　B. 水准器　　C. 照准部　　D. 基座　　E. 刻度盘

17. 经纬仪的安置主要包括（　　）几项内容。
A. 初平　　B. 定平　　C. 精平　　D. 对中　　E. 复核

18. 在装饰施工中，内墙饰面砖粘贴和排版的技术要求有（　　）。
A. 粘贴前饰面砖应浸水 2h 以上，晾干表面水分
B. 每面墙不宜有两列（行）以上非整砖
C. 非整砖宽度不宜小于整砖的 1/4
D. 结合层砂浆采用 1∶3 水泥砂浆
E. 在墙面突出物处，不得用非整砖拼凑粘贴

19. 幕墙放线控制点原理中，激光经纬仪可用于（　　）。
A. 确定等高线　　　　　B. 确定垂直线　　　　　C. 校核空间交叉点
D. 确定顶面控制线　　　E. 确定水平线

20. 幕墙施工时，建筑物外轮廓测量的结果对（　　）的安装质量起着决定性作用。
A. 预埋件　　B. 顶面控　　C. 连接件　　D. 转接件　　E. 竖框定位

21. 幕墙放线现场测量的器具材料包括（　　）。
A. 冲击钻、电焊机　　　B. 经纬仪、水准仪　　　C. 对讲机、墨斗
D. 角钢、化学螺栓　　　E. 钢丝线、鱼线

三、判断题（正确写 A，错误写 B）

1. 在放线过程中，放线工作由班组长管理，施工员不需要参加。　　（　　）
2. 在装饰放线时，放线仪器和工具，直接从仪器库领取并可使用。　　（　　）
3. 在装饰放线时，施工实际空间尺寸与图纸理论尺寸不相符时，可以在任何部位消化误差。　　（　　）
4. 在装饰施工中，在同一项目，在度量卷尺的选择上可以根据自己的喜爱，不需要

统一品牌和规格。（　　）

5. 在测量放线时，卷尺在使用过程中刻度脱落、不清楚，或有锈迹时要重新校验或更换，以保证准确性。（　　）

6. 在装饰放线时，测量放线前应认真阅读施工图纸、设计答疑等相关的施工信息文件，明确设计要求。（　　）

7. 在装饰施工中，根据施工进度的计划，合理安排测量放线工作，穿插进行。（　　）

8. 在装饰施工中，移交基准点（线）时，不需要书面手续。（　　）

9. 在施工放线时，不需要考虑装饰工程产品化。（　　）

10. 在装饰施工中，施工员必须对1米装饰线进行复核。（　　）

11. 在装饰放线时，放线只需要在地面上放出控制线即可。（　　）

12. 在每个步骤的放线开始前，都要对红外线投射仪进行校验。（　　）

13. 放线前，不一定要进行顶面综合布点图的绘制。（　　）

14. 卫生间等有贴砖或石材要求的区间，需先在电脑上排版，然后根据排版图弹出分格线。（　　）

15. 在装饰施工中，同一个项目，测量放线的人员需要固定。（　　）

16. 在装饰施工中，施工员要对放线工作进行复核、较正。（　　）

17. 在装饰施工中，综合布点图要让有关安装单位签字，以保证按图施工。（　　）

18. 在开关插座等点位放线定位时，必须考虑实际装饰材料排版模数，以保证装饰效果。（　　）

19. 在装饰施工中，遇到贵重材料定制，应联合专业厂家共同参与放线工作。（　　）

20. 在同一区域放线，出现多种材料交接收口时，必须做到联合下单。（　　）

21. 在装饰施工放线时，我们根据基准点线引出横纵控制线和1m线后，可以马上废除原始移交的基准点线。（　　）

22. 在装饰施工中，遇到机场、高铁站等大空间放线时，因为东、西、南、北跨距长，我们可以分成小区域进行放线，不需要考虑放多条通长控制线。（　　）

23. 幕墙放线在进行水平分割时，每次分割须复检：按原来的分割方式复尺，按逆时针方向复尺，并按总长、分长复核闭合差，误差大于2mm须重新分割。（　　）

24. 幕墙放线在进行水平分割时，每次分割须复检：按原来的分割方式复尺，按相反方向复尺，并按总长、分长复核闭合差，误差大于2mm须重新分割。（　　）

第4章　装饰材料与施工机具

一、单项选择题

1. 无机凝胶材料按硬化条件的不同分为气硬性和水硬性凝胶材料两大类，水硬性凝胶材料既能在空气中硬化，又能很好的在水中硬化，保持并继续发展其强度，如（　　）。
A. 石灰　　　B. 石膏　　　C. 各种水泥　　　D. 水玻璃

2. 在混合砂浆中掺入适当比例的石膏，其目的是（　　）。
A. 提高砂浆强度　　　　　　B. 改善砂浆的和易性

C. 降低成本 D. 增加粘性

3. 水泥的凝结时间分初凝和终凝。这个指标对施工有着重要的意义。普通硅酸盐水泥、矿渣硅酸盐水泥、火山灰质硅酸盐水泥、粉煤灰硅酸盐水泥和复合硅酸盐水泥的初凝时间不小于（　　），终凝时间不大于（　　）。

A. 30min，500min B. 40min，600min
C. 45min，600min D. 50min，650min

4. 超过（　　）个月的水泥，即为过期水泥，使用时必须重新确定其强度等级。
A. 一 B. 二 C. 三 D. 六

5. 装饰砂浆用于墙面喷涂、弹涂或墙面抹灰装饰，主要品种有（　　）。
A. 彩色砂浆 B. 水泥石灰类砂浆
C. 混合类砂浆 D. 聚合物水泥砂浆

6. 顶棚罩面板和墙面使用石膏能起到（　　），可以调节室内空气的相对湿度。
A. 保护作用 B. 呼吸作用 C. 隔热作用 D. 防水作用

7. 装饰装修材料中，能起到较好的保温、隔热和隔声作用的材料是（　　）。
A. 石膏板 B. 墙纸 C. 木地板 D. 地砖

8. 从2002年7月1日起强制实施的《室内装饰装修材料有害物质限量标准》GB 18580—2001～GB 18588—2001和GB 6566—2001，规定了10项材料中有害物质的限量，以下（　　）不是标准中规定的。
A. 人造木质板材 B. 溶剂型木器涂料
C. 内墙涂料 D. 塑料扣件

9. 下列哪一个不是木材所具备的性质（　　）。
A. 孔隙率大 B. 体积密度小 C. 导热性能好 D. 吸湿性强

10. 木材为多孔材料，密度较小，平均密度为（　　）。
A. 1650kg/m³ B. 1550kg/m³ C. 1500kg/m³ D. 1600kg/m³

11. 木材由潮湿状态被干燥至纤维饱和点以下时，细胞壁内的吸附水开始（　　），木材体积开始（　　）；反之，干燥的木材（　　）后，体积将发生（　　）。
A. 吸湿　膨胀　蒸发　收缩 B. 蒸发　膨胀　吸湿　收缩
C. 蒸发　收缩　吸湿　膨胀 D. 吸湿　收缩　蒸发　膨胀

12. （　　）不是木材的人工干燥方法。
A. 浸材法 B. 自然干燥 C. 蒸材法 D. 热炕法

13. 实木木材与人造板材相比，有（　　）的差异。
A. 幅面大 B. 变形小 C. 表面光洁 D. 存在各向异性

14. 微薄木贴面板：又称饰面胶合板或装饰单板贴面胶合板，它是将阔叶树木材（柚木、胡桃木、柳桉等）经过切片机切出（　　）的薄片，再经过蒸煮、化学软化及复合加工工艺而制成的一种高档的内墙细木装饰材料，它以胶合板为基材（底衬材），经过胶粘加压形成人造板材。
A. 0.1～0.4mm B. 0.2～0.5mm C. 0.2～0.4mm D. 0.1～0.5mm

15. 根据体积密度不同，纤维板分为硬质纤维板、半硬质纤维板和软质纤维板。其中半硬质纤维板的体积密度为（　　）。

A. 300～700kg/m³ B. 400～800kg/m³
C. 400～700kg/m³ D. 300～800kg/m³

16. 经常被用作室内的壁板、门板、家具及复合地板的纤维板是（　　）。
A. 硬质纤维板　　B. 半硬质纤维板　　C. 软质纤维板　　D. 超软质纤维板

17. 按用途不同分类，B类刨花板可用于（　　）。
A. 家庭装饰　　　B. 家具　　　　　　C. 橱具　　　　　D. 非结构类建筑

18. 由于全国气候的差异，为防止因含水率过高使板面发生脱胶、隆起和裂缝等质量问题而影响到装饰效果，选择应满足（　　）的要求。
A. Ⅰ类：含水率10%，包括包头、兰州以西的西北地区和西藏自治区
B. Ⅱ类：含水率12%，包括徐州、郑州、西安及其以北的华北地区和东北地区
C. Ⅲ类：含水率17%，包括徐州、郑州、西安以南的中南、华南和西南地区
D. Ⅳ类：含水率17%，包括广州、南宁以南的岭南地区

19. 条木地板的宽度一般不大于（　　），板厚为（　　），拼缝处加工成企口或错口，端头接缝要相互错开。
A. 115mm，15～25mm B. 120mm，20～30mm
C. 115mm，20～30mm D. 120mm，25～35mm

20. 拼木地板又叫拼花木地板，分单层和双层的两种，它们的面层都是硬木拼花层，以下（　　）不是常见的拼花形式。
A. 米子格式　　B. 正方格式　　C. 斜方格式（席纹式）　　D. 人字形

21. 拼木地板所用的木材经远红外线干燥，其含水率不超过（　　）。
A. 10% B. 12% C. 14% D. 16%

22. 在使用功能方面，有较高的弹性、隔热、隔声性能的是（　　）。
A. 复合木地板　　B. 软木地板　　C. 拼木底板　　D. 条木地板

23. 强化复合地板按地板基材不包括（　　）。
A. 高密度板　　B. 中密度板　　C. 低密度板　　D. 刨花板

24. （　　）不属于实木复合木地板。
A. 三层复合实木地板　　　　　B. 多层复合实木地板
C. 细木工板实木复合地板　　　D. 叠压式复合木地板

25. 天然石材表现密度的大小与其矿物组成和孔隙率有关。密实度较好的天然大理石、花岗石等，其表现密度约为（　　）。
A. 小于1800kg/m³ B. 2550～3100kg/m³
C. 大于1800kg/m³ D. 大于3100kg/m³

26. 下列哪类石材的耐水性能（K）可以用于重要建筑（　　）。
A. K=0.2 B. K=0.4 C. K=0.6 D. K=0.8

27. 选购天然花岗石材时最好不用（　　）的，含放射性元素极少或不含放射性元素的花岗石多为灰色的或灰白色的，也可以选用人造花岗石材。
A. 黑色 B. 青色 C. 紫色 D. 红色

28. 花岗岩具有放射性，国家标准中规定（　　）可用于装饰装修工程，生产、销售、使用范围不受限制，可在任何场合应用。

A. A类　　　　B. B类　　　　C. C类　　　　D. D类

29. 下列哪一类石材不属于水泥型人造石材（　　）。
    A. 人造大理石　　B. 人造玉石　　C. 水磨石　　D. 人造艺术石

30. 在坯体表面施釉并经过高温焙烧后，釉层与坯体表面之间发生相互作用，在坯体表面形成一层玻璃质，我们称之为釉料，具有（　　）的特点。
    A. 降低了陶瓷制品的艺术性和物理力学性能
    B. 对釉层下面的图案、画面等具有透视和保护的作用
    C. 防止原料中有毒元素溶出，掩盖坯体中不良的颜色及某些缺陷
    D. 使坯体表面变得平整、光亮、不透气、不吸水

31. 生产陶瓷制品的原材料主要有可塑性的原料、瘠性原料和熔剂三大类，其中（　　）不属于熔剂。
    A. 长石　　　　B. 滑石粉　　　C. 石英砂　　　D. 钙、镁的碳酸盐

32. 一般而言，吸水率（　　）的陶瓷砖，我们称之为炻质砖。
    A. 大于10%　　B. 小于6%　　C. 大于6%不超过10%　　D. 不超过0.5%

33. 陶瓷马赛克与铺贴衬材经粘贴性试验后，不允许有马赛克脱落。表贴陶瓷马赛克的剥离时间不大于（　　），表贴和背贴陶瓷马赛克铺贴后，不允许有铺贴衬材露出。
    A. 30min　　　B. 40min　　　C. 45min　　　D. 50min

34. 下列哪一项不属于玻化砖的特点（　　）。
    A. 密实度好　　B. 吸水率低　　C. 强度高　　D. 耐磨性一般

35. 玻璃的密度高，约为（　　），孔隙率接近于零，所以，玻璃通常视为绝对密实的材料。
    A. 2350～2450kg/m³　　　　B. 2400～2500kg/m³
    C. 2450～2550kg/m³　　　　D. 2350～2500kg/m³

36. 在普通建筑工程中，使用量最多的平板玻璃是（　　）。
    A. 普通平板玻璃　　B. 吸热平板玻璃　　C. 浮法平板玻璃　　D. 压花平板玻璃

37. 安全玻璃具有强度高，抗冲击性能好、抗热振性能强的优点，破碎时碎块没有尖利的棱角，且不会飞溅伤人。特殊安全玻璃还具有（　　）等功能。
    A. 抵御枪弹的射击　　　　B. 防止盗贼入室
    C. 屏蔽核辐射　　　　　　D. 防止火灾蔓延

38. 防火玻璃能阻挡和控制热辐射、烟雾及火焰，防止火灾蔓延。防火玻璃处在火焰中时，能成为火焰的屏障，可有效限制玻璃表面热传递，并能最高经受（　　）个小时的火焰负载，还具有较高的抗热冲击强度，在（　　）左右的高温环境仍有保护作用。
    A. 1.5，700℃　　B. 2，750℃　　C. 3，800℃　　D. 2，800℃

39. 具有辐射系数低，传热系数小特点的玻璃是（　　）。
    A. 热反射玻璃　　B. 低辐射玻璃　　C. 选择吸收玻璃　　D. 防紫外线玻璃

40. 下列哪一项不属于油漆（　　）。
    A. 天然树脂漆　　B. 调和漆　　C. 乳胶漆　　D. 硝基清漆

41. 对特种涂料的主要要求描述不正确的是（　　）。
    A. 较好的耐碱性、耐水性和与水泥砂浆、水泥混凝土或木质材料等良好的结合

B. 具有一定的装饰性
C. 原材料资源稀少，成品价格比较昂贵
D. 具有某些特殊性能，如防水、防火和杀虫等

42. 防火涂料也称为阻燃涂料，它具有提高易燃材料耐火能力的功能，按组成材料不同可分为膨胀型防火涂料和非膨胀型防火涂料两大类，以下（　　）不属于膨胀型防火涂料。
   A. 钢结构防火涂料　　　　　　　B. 木结构防火涂料
   C. 膨胀乳胶防火涂料　　　　　　D. 氯丁橡胶乳液防火涂料

43. 地毯的主要技术性能不包括（　　）。
   A. 耐腐蚀性　　　B. 剥离强度　　　C. 耐磨性　　　D. 抗菌性

44. 下列选项中，（　　）不属于无机类胶粘剂。
   A. 硅酸型　　　B. 磷酸型　　　C. 树脂胶　　　D. 硼酸型

45. 无毒、无味、不燃烧、游离醛的含量低，施工中没有刺激性气味，主要用于墙布、瓷砖、壁纸和水泥制品的粘贴，也可作为基料来配制地面和内外墙涂料的壁纸墙壁胶粘剂是（　　）。
   A. 聚醋酸乙烯胶粘剂　　　　　　B. 聚乙烯醇胶粘剂
   C. 801胶　　　　　　　　　　　D. 粉末壁纸胶

46. （　　）是以水泥为基材，经聚合物改性后而制成的一种粉末胶粘剂，使用时加水搅拌至要求的黏稠度即可。主要性能特点是粘结力好、耐水性和耐久性好，价格低、操作方便，适用于混凝土、水泥砂浆墙面、地面及石膏板等表面粘贴瓷砖、锦砖、天然大理石、人造石材等时选用。
   A. TAS型高强度耐水瓷砖胶粘剂　　B. AH—93大理石胶粘剂
   C. TAM型通用瓷砖胶粘剂　　　　　D. SG—8407内墙瓷砖胶粘剂

47. 塑料地板胶粘剂中，主要用于地板等与水泥砂浆地面的粘贴是（　　）。
   A. 聚醋酸乙烯类胶粘剂　　　　　B. 合成橡胶类胶粘剂
   C. 聚氨酯类胶粘剂　　　　　　　D. 环氧树脂类胶粘剂

48. 环氧树脂在建筑装饰施工中经常用到，通常用来（　　）。
   A. 制作广告牌　　　　　　　　　B. 加工成玻璃钢
   C. 用作粘胶剂　　　　　　　　　D. 代替木材加工成各种家具

49. 常用的塑料中（　　）可以作为人造大理石的胶结材料，也可以用它加工成玻璃钢，广泛用于屋面采光材料、门窗框架和卫生洁具等。
   A. 聚氯乙烯　　B. 改性聚苯乙烯　　C. 不饱和聚酯树脂　　D. 聚乙烯

50. 近年来在裱糊装饰工程中应用最为广泛的一种壁纸是（　　）。
   A. 纸基壁纸　　B. 织物壁纸　　C. 金属涂布壁纸　　D. 塑料壁纸

51. 冬期施工时，油漆中不可随意加入（　　）。
   A. 固化剂　　　B. 稀释剂　　　C. 催干剂　　　D. 增塑剂

52. 多彩涂料如太厚，可加入0～10%的（　　）稀释。
   A. 乙醇　　　　B. 汽油　　　　C. 松香水　　　D. 水

53. 涂料工程水性涂料涂饰工程施工的环境温度应在（　　）之间，并注意通风换气和防尘。

A. 0～40℃ B. 5～35℃ C. 0～35℃ D. 10～35℃

54. 水性涂料中的成膜助剂是起（　　）的作用。
A. 降低成膜温度 B. 提高成膜温度 C. 增稠 D. 防粘度降低

55. 涂装有以下几方面的功能：保护作用、（　　）、特种功能。
A. 标制 B. 示温 C. 装饰作用 D. 耐擦伤性

56. 在采用浸、淋、喷、刷等涂装方法的场合，涂料在被涂物的垂直面的边缘附近积留后，照原样固化并牢固附着的现象称为（　　）。
A. 流淌 B. 下沉 C. 流挂 D. 缩孔

57. 涂料实干时间一般要求不超过（　　）。
A. 6h B. 12h C. 24h D. 48h

58. 下列哪一项不属于油漆（　　）
A. 天然树脂漆 B. 调和漆 C. 乳胶漆 D. 硝基清漆

59. 修补面漆一般以（　　）树脂系为主。
A. 聚酯 B. 丙烯酸 C. 氨基醇酸 D. 聚氨酯

60. 金属漆中银粉又称（　　）。
A. 铅粉 B. 铜粉 C. 铝粉 D. 金粉

61. 油漆分类的依据是（　　）。
A. 以油漆的颜色进行分类 B. 以油漆的性能进行分类
C. 以主要成膜物质进行分类 D. 以辅助成膜物质进行分类

62. 聚丙烯底漆的稀释剂是（　　）。
A. 水 B. 甲基化酒精 C. 石油溶剂 D. 丙酮

63. 油漆涂料工程中泛白的主要原因是（　　）。
A. 湿度过大 B. 气温太高 C. 溶剂选用不当 D. 气温太低

64. 涂料因贮存，造成粘度过高，可用（　　）调整。
A. 配套颜料 B. 配套树脂 C. 配套稀释剂 D. 二甲苯或丁酯

65. 清漆施涂时温度不宜（　　）。
A. 高于5℃ B. 低于5℃ C. 高于8℃ D. 低于8℃

66. 装饰施工机械是指（　　）。
A. 各种手持电动工具 B. 水磨石机
C. 施工升降机 D. 各种手持电动工具和小型装饰机械

67. 型装饰机械，是指（　　）。
A. 混凝土搅拌机 B. 各种手持电动工具 C. 电圆锯
D. 除手持电动工具外，移动作业比较轻便灵活的电动机械

68. 电圆锯的用途（　　）。
A. 主要用于裁锯木材类板材 B. 裁锯铝型材
C. 裁锯钢材 D. 裁锯陶瓷类制品

69. 手电钻在可钻材料范围内，根据不同的规格型号，钻孔直径可以在（　　）mm范围。
A. $\phi 3\sim\phi 5$ B. $\phi 5\sim\phi 18$ C. $\phi 18\sim\phi 25$ D. $\phi 25$以上

70. 电锤用于混凝土构件、砖墙的钻孔、一般钻孔直径在（　　）mm 范围内。
A. φ2～φ6　　　　B. φ40 以上　　　C. φ6～φ38　　　　D. φ38～φ40
71. 电动扳手主要用于（　　）。
A. 结构件的螺栓紧固和脚手架的螺栓紧固　　B. 钢丝绳紧固
C. 石膏板吊顶龙骨挂件的紧固　　　　　　　D. 铝型材的连接固定
72. 电动工具温度超过（　　）℃时，应停机，自然冷却后再行作业。
A. 30　　　　　　B. 40　　　　　　C. 50　　　　　　　D. 60
73. 电钻和电锤为（　　）断续工作制，不得长时间连续使用。
A. 50%　　　　　B. 40%　　　　　C. 60%　　　　　　D. 80%
74. 角向磨光机砂轮选用增强纤维树脂型，其安全线速度不得小于（　　）。
A. 8m/s　　　　　B. 50m/s　　　　C. 80m/s　　　　　D. 100m/s
75. 角向磨光机磨制作业时，应使砂轮与工作面保持（　　）倾斜位置。
A. 15°～30°　　　B. 30°～45°　　　C. 50°　　　　　　D. 50°～60°
76. 一般地板磨光机的磨削宽度为（　　）mm。
A. 500～600　　　B. 400～300　　　C. 200～300　　　　D. 100～200
77. 有的地板磨光机的磨削长度达（　　）mm。
A. 400　　　　　　B. 450　　　　　C. 500　　　　　　　D. 650
78. 高压无气喷涂机喷涂燃点在（　　）℃下的易燃涂料时，必须按规定接好地线。
A. 21　　　　　　B. 30　　　　　　C. 50　　　　　　　D. 80
79. 高压无气喷涂机的高压软管弯曲半径不得小于（　　）mm。
A. 150　　　　　B. 250　　　　　C. 350　　　　　　D. 500
80. 水磨石机的开磨作业，宜在水磨石地面铺设达到设计强度（　　）时进行。
A. 50%　　　　　B. 60%　　　　　C. 70%～80%　　　D. 80%以上
81. 水磨石机更换新磨石后，应先在废水磨石地坪上或废水泥制品表面磨（　　），待金刚石切削刃磨出后，再投入工作面作业。
A. 0.5h　　　　　B. 0.5～1h　　　　C. 1～2h　　　　　D. 2.5～3h
82. 木地板刨平机和磨光机的刀具、磨具应锋利，修正量（　　）。
A. 5mm　　　　　　　　　　　　　　B. +1～2mm
C. 合适为止　　　　　　　　　　　　D. 应符合产品使用说明书规定
83. 水泥抹光机作业时，电缆线应（　　）架设。
A. 地面　　　　　B. 离地　　　　　C. 高空　　　　　　D. 附墙

二、多项选择题

1. 建筑装饰装修材料从化学成分的不同可分为（　　）。
A. 有机装饰装修材料　　B. 复合式装饰装修材料　　C. 无机装饰装修材料
D. 金属装饰装修材料　　E. 非金属装饰装修材料
2. 通用水泥用于一般的建筑工程，常见的品种有（　　）。
A. 硅酸盐水泥　　　　　B. 普通水泥　　　　　　　C. 矿渣水泥
D. 粉煤灰水泥　　　　　E. 复合水泥

3. 木材经过干燥后能够（   ）。
   A. 提高木材的抗腐朽能力 B. 进行防火处理   C. 防止变形
   D. 防止翘曲   E. 防止开裂   F. 进行防水处理

4. 目前建材市场上出现的装饰装修工程中使用较多的人造板材有（   ）。
   A. 薄木板材   B. 纤维板   C. 胶合板
   D. 细木工板   E. 中密度板

5. 用胶合板作面板，中间拼接小木条（小木块）粘结、加压而成的人造板材称之为大芯板，又称细木工板。大芯板按制作分类有（   ）。
   A. 机拼   B. 手拼   C. Ⅰ类胶大芯板
   D. Ⅱ类胶大芯板   E. Ⅲ类胶大芯板

6. 刨花板是利用木材加工的废料刨花、锯末等为主原料，以及水玻璃或水泥作胶结材料，再掺入适量的化学助剂和水，经搅拌、成型、加压、养护等工艺过程而制得的一种薄型人造板材。刨花板的品种有（   ）等。
   A. 纸质刨花板   B. 甘蔗刨花板   C. 亚麻屑刨花板
   D. 棉秆刨花板   E. 竹材刨花板

7. 木地板的分类主要有（   ）等类型。
   A. 条木地板   B. 硬木地板   C. 软木地板
   D. 复合木地板   E. 木丝板

8. 人造石材就所用胶凝材料和生产工艺的不同分为（   ）等。
   A. 水泥型人造石材   B. 树脂型人造石材   C. 复合型人造石材
   D. 烧结型人造石材   E. 微晶玻璃型人造石材

9. 以下描述正确的是（   ）。
   A. 水泥型人造石材是以水泥为胶凝材料，主要产品有人造大理石、人造艺术石、水磨石和花阶砖等
   B. 树脂型人造石材是以合成树脂为胶凝材料，主要产品有人造大理石板、人造花岗石板和人造玉石板等
   C. 烧结型人造石材主要特点是品种多、质轻、强度高、不易碎裂、色泽均匀、耐磨损、耐腐蚀、抗污染、可加工性好，且装饰效果好，缺点是耐热性和耐候性较差
   D. 树脂型人造石材主要用于建筑物的墙面、柱面、地面、台面等部位的装饰，也可以用来制作卫生洁具、建筑浮雕等
   E. 微晶玻璃型人造石材又称微晶石材（微晶板、微晶石），这种石材全部用天然材料制成，比天然花岗石的装饰效果更好

10. 按表面性质不同和砖联颜色不同，陶瓷马赛克可分为（   ）。
    A. 有釉   B. 无釉   C. 单色   D. 双色   E. 拼花

11. 卫生陶瓷是现代建筑室内装饰不可缺少的一个重要部分。卫生陶瓷按吸水率不同分为瓷质类和陶质类。其中瓷质类陶瓷制品有（   ）等。
    A. 洗面器   B. 小便器   C. 肥皂盒   E. 洗涤箱   F. 水箱

12. 玻璃是以（   ）等为主要原料，在1550℃～1600℃高温下熔融、成型，然后经过急冷而制成的固体材料。

A. 石英砂　　B. 纯碱　　C. 黏土　　D. 长石　　E. 石灰石

13. 在装饰类玻璃中，（　　）一般多用于门窗、屏风类装饰。
A. 釉面玻璃　　B. 彩色裂花玻璃　C. 镜玻璃　　D. 磨砂玻璃　E. 刻花玻璃

14. 常见的安全玻璃有（　　）等种类。
A. 浮法玻璃　　B. 夹丝平板玻璃　C. 夹层玻璃　D. 防盗玻璃　E. 防火玻璃

15. 吊顶龙骨是吊顶装饰的骨架材料，轻金属龙骨是轻钢龙骨和铝合金龙骨的总称。按其作用可分为（　　）。
A. 主龙骨　　B. 中龙骨　　C. 小龙骨　　D. 上人龙骨　　E. 不上人龙骨

16. 建筑涂料的类型、品种繁多，按涂料的主要成膜物质的性质分（　　）。
A. 有机涂料　B. 无机涂料　　C. 熔剂型涂料　D. 复合涂料　E. 水性涂料

17. 建筑涂料的类型、品种繁多，按涂料在建筑物上使用的部位不同分为（　　）等。
A. 外墙涂料　B. 内墙涂料　　C. 顶棚涂料　　D. 屋面涂料　E. 防水涂料

18. 建筑涂料的一般性能要求有（　　）。
A 遮盖力　　B. 涂膜附着力　C. 透水性　　D. 黏度　　E. 细度

19. 建筑室内悬吊式顶棚装饰常用的罩面板材主要有（　　）等。
A. 石膏板　　　　　B. 矿棉吸声板　　　　C. 珍珠岩吸声板
D. 钙塑泡沫吸声板　E. 金属微穿孔吸声板

20. 地毯按生产所用材质不同，可分为（　　）。
A. 簇绒地毯　B. 化纤地毯　C. 混纺地毯　D. 纯羊毛地毯　E. 塑料地毯

21. 聚乙烯醇胶粘剂属于非结构类胶粘剂，广泛应用于（　　）等材料的粘结。
A. 木材　　B. 皮革　　C. 纸张　　D. 泡沫塑料　　E. 瓷砖

22. 丙烯酸酯胶代号"AE"，是一种无色透明黏稠的液体，能在室温条件下快速固化。"AE"胶分 AE—01 和 AE—02 两种型号，AE—01 适用于（　　）之间的粘结。
A. 有机玻璃　　　B. 无机玻璃　　　C. 丙烯酸酯共聚物制品
D. ABS 塑料　　　E. 玻璃钢

23. 壁纸按生产所用材质不同，可分为（　　）。
A. 纸基壁纸　B. 织物壁纸　C. 金属涂布壁纸　D. 塑料壁纸　E. 墙布

24. 按涂料的主要成膜物质的性质分（　　）。
A. 有机涂料　B. 无机涂料　C. 水性涂料　D. 复合涂料　E. 油性涂料

25. 涂料原材料中的体制颜料的，用途有（　　）。
A. 降低涂料的成本　　　　B. 提高涂膜的耐磨性
C. 增加涂料的白度　　　　D. 提高涂料的光泽度　　E. 加强涂膜体制

26. 建筑涂料的类型、品种繁多，按涂料在建筑物上使用的部位不同分为（　　）等。
A. 外墙涂料　B. 内墙涂料　C. 顶棚涂料　D. 屋面涂料 E 防水涂料

27. 施工后的涂膜性能包括（　　）。
A. 遮盖力　　B. 外观质量　C. 耐老化性　D. 耐磨损性　E. 最低成膜温度

28. 以下哪几种为特种涂料（　　）。
A. 防霉涂料　B. 油性涂料　C. 防水涂料　D. 防结露涂料　E. 防火涂料

29. 质感涂料包括（　　）。

A. UV漆　　B. 防锈漆　　　　C. 砂壁漆　　　　D. 真石漆　　　　E. 肌理漆

30. 施工现场与装饰有关的机械设备,包括:(　　)。
A. 手持电动工具　　　　　　　　　　B. 小型装饰机械
C. 由土建单位提供的大型垂直运输机械　　D. 挖掘机　　　　E. 推土机

31. 下列机具(　　)属于手持电动工具。
A. 电圆锯　　　　　　B. 手持电动搅拌机　　　　C. 砂浆搅拌机
D. 角磨机　　　　　　E. 电镐　　　　　　　　　F. 电动扳手

32. 电圆锯主要用于裁锯木材类板材,包括(　　)。
A. 多层板　　B. 密度板　　C. 复合板　　D. 铝板　　E. 钢板

33. 手电钻根据不同的规格、型号,可用于(　　)钻孔。
A. 木板　　B. 铝型材板　　C. 石膏板　　D. 钢板　　E. 合金钢

34. 角磨机用途广泛,根据不同的规格、型号,可选用于(　　)。
A. 水磨石、石材地面等狭隘部分的打磨　　B. 边角部分水磨、石材的打磨
C. 天棚的打磨　　　　　　　　　　　　D. 混凝土梁、柱打磨
E. 不锈钢扶手、护栏的打磨抛光

35. 瓷砖切割机的切割范围包括(　　)。
A. 陶瓷、陶土类砖　　　B. 墙面砖　　　C. 玻化砖
D. 地砖　　　　　　　E. 水泥类砖

36. 电动工具在作业前应检查(　　)后,才能投入正常作业。
A. 外壳、手柄未出现裂缝、破损　　　　B. 电缆软线及插头等完好无损
C. 联动作业正常,保护接零连接正确牢固可靠　　D. 各部保护装置安全牢固
E. 电气保护装置可靠
F. 机具起动后,应空载运转检查并确认机具联动灵活无阻碍

37. 使用砂轮的电动工具,凡(　　)砂轮均不得使用。
A. 受潮　　　　　　B. 变形、裂缝　　C. 使用时间较长
D. 破碎、磕过缺口　　E. 接触过油、碱类的

38. 小型装饰机械,主要包括(　　)。
A. 蛙式打夯机　　　　B. 水泥抹光机　　　C. 水磨石机
D. 地板刨平和磨光机　　E. 铝型材切割机　　F. 喷浆机

39. 水泥抹光机,从结构上分,有(　　)。
A. 圆转盘(圆转子)　　B. 多转盘(多转子)　　C. 双转盘(双转子)
D. 方型转盘　　　　　E. 单转盘(单转子)

40. 水磨石机按结构分有(　　)。
A. 单转盘　　B. 双转盘　　C. 三转盘　　D. 角磨机　　E. 多转盘

41. 小型装饰机械的整机质量要求(　　)。
A. 金属结构不应有开焊、裂缝,零部件完整,随机附件应安全,外观清洁,没有油垢和明显锈蚀
B. 传动系统运转平稳,没有异常冲击、振动、爬行、窜动、噪声、超温、超压
C. 传动皮带齐全完好,松紧适度

D. 操作系统灵敏可靠，各仪表指示数据正确

E. 机械上的刃具、胎具、模具、成型轴轮等应保证强度和精度，刀磨锋利，安装稳妥，紧固可靠

F. 机械防护装置安全，外露传动部分应有防护罩，作业时不能随意拆卸

42. 水泥抹光机作业中发现异响或异常，应采取的措施（　　）。

  A. 无需切断电源，停机检查就可　　B. 立即切断电源　　C. 就地检查

  D. 可以带电检查　　E. 停机，离开湿作业环境检查

三、判断题（正确写A，错误写B）

1. 气硬性无机凝胶材料只能在空气中凝结、无机凝胶材料只能在空气中凝结、硬化、产生硬度，并继续发展和保持其强度，如石灰、石膏、水玻璃等。（　　）

2. 石膏不仅可以用于生产各种建筑制品，如石膏板、石膏装饰件等，还可以作为重要的外加剂，用于水泥、水泥制品及硅酸盐制品的生产。（　　）

3. 水泥在硬化过程中体积变化是否均匀的性质我们称之为体积安定性，体积安定性不合格的水泥应作为次品处理，可以用在要求不高的工程上。（　　）

4. 用装饰砂浆作装饰面层具有实感丰富、颜色多样、艺术效果鲜明、施工简单和造价低等优点，它能用于一级或一级以下建筑物的墙面装饰。（　　）

5. 木材的孔隙率大，体积密度小，故导热性好，所以木材是一种良好的传热材料。（　　）

6. 人造板材应用时的环保指标按"室内装饰材料人造板材及其制品中甲醛释放量"强制标准规定。民用建筑工程室内装修必须采用E1类人造板材。（　　）

7. 复合木地板的底层有防水、防潮的功能，可以用在卫生间、浴室等长期处于潮湿状态的场所。（　　）

8. 天然石材的耐水性用软化系数（K）表示。软化系数是指石材在饱和水状态下的抗压强度与其干燥条件下的抗压强度之比，反映了石材的耐水性能。当石材的软化系数K小于0.80时，该石材不得用于重要建筑。（　　）

9. 大理石的硬度明显高于天然花岗石。用刀具或玻璃做刻划试验，找出石材的一个较平滑的表面，用刀若能划出明显的划痕则为花岗石，否则为大理石。（　　）

10. 最常用的是树脂型人造大理石，其产品的性能好，花纹较易设计，适应多种用途，但价格较高；水泥型人造大理石价格便宜，但产品容易出现龟裂，且耐腐蚀性较差，只能用作卫生洁具，不能用作板材。（　　）

11. 生产陶瓷制品的原材料主要有可塑性的原料、瘠性原料和熔剂三大类，瘠性原料的作用是降低烧成温度，提高坯体的粘结力。（　　）

12. 陶瓷马赛克是指用于装饰与保护建筑物地面及墙面的由多块小砖（表面面积不大于55cm²）拼贴成联的陶瓷砖。（　　）

13. 麻面砖是选用仿天然岩石色彩的原来进行配料，经压制形成表面凹凸不平的麻点的坯体，然后经一次焙烧而成的炻质面砖。厚型麻面砖用于建筑物的外墙装饰；薄型麻面砖用于广场、停车场、人行道、码头等地面铺设。（　　）

14. 陶瓷壁画是现代建筑装饰工程中集美术绘画和装饰艺术于一体的装饰精品，具有

单块面积大、厚度薄、强度高、平整度好、吸水率小、抗冻、耐急冷急热、耐腐蚀和装饰效果好等优点，适用于大型宾馆、饭店、影剧院、机场、火车站和地铁等墙面装饰。
（　）

15. 玻璃的导热性能差，收到冷或者热的温差急变时，其局部冷却或者受热，易造成破裂；玻璃的抗压强度远远高于抗拉强度。（　）

16. 浮法平板玻璃：具有用浮法工艺生产，特性同磨光平板玻璃等特点，一般用于门窗及装饰屏风。（　）

17. 玻璃砖又称特厚玻璃，具有强度高，隔热、隔声、耐水和耐蚀的性能好，不燃、耐磨、透光不透视、化学稳定性好和装饰效果好等特点。（　）

18. 铝合金装饰板是一种新型、高档的外墙装饰板材，主要有单层彩色铝合金板材、铝塑复合板、铝蜂窝板和铝保温复合板材等几种。（　）

19. 我们日常所说的在建筑装饰中所使用的"金粉"和"金箔"其实是铜合金。（　）

20. 凡涂敷到建筑物上不仅具有装饰功能，还具有一些特殊功能，如防火、防水、防霉、防腐、隔热、隔声等功能，因此将这类涂料称为特种涂料。（　）

21. 防水涂料按成膜物质的状态与成膜的形成不同，分为溶剂型、化学反应型和乳液型三大类。（　）

22. 油漆的成膜物质主要为油脂，品种很多，性能也各不相同，一般都利用无机溶剂进行稀释，故也可称其为无机溶剂型涂料。（　）

23. 聚酯漆是不饱和聚酯树脂为主要成膜物质，由于不饱和聚酯树脂的干燥速度慢、漆膜厚实丰满，有较高的光泽度和较好的保光性能，膜面硬度高，耐磨、耐热、耐寒、耐溶剂和耐弱碱腐蚀的性能都好。（　）

24. 纸面石膏板是以建筑石膏为主要原料，掺入纤维增强材料和外加剂制成芯板，再在板的两面粘贴护面纸而制得的板材。多用于建筑物室内墙面和顶棚装饰。（　）

25. 地毯的主要技术性能包括：剥离强度、绒毛粘合力、弹性、耐磨性、抗静电性、耐燃性、抗老化性、抗菌性。（　）

26. 环氧树脂类胶粘剂具有粘结强度高、收缩率大、耐水、耐油和耐腐蚀的特点，对玻璃、金属制品、陶瓷、木材、塑料、水泥制品和纤维材料都有较好的粘结能力，是装饰装修工程中应用最广泛的胶种之一。（　）

27. 壁纸、壁布（贴墙布）属于建筑内墙裱糊材料，用来装饰室内墙壁、柱面和门面，不仅可以起到美化室内的作用，还可以提高建筑物的某些功能，如吸声、隔声、防霉、防臭和防潮、防火等。（　）

28. 在整个涂饰过程中，依对打磨的不同要求和作用，可大致分为基层打磨、面层打磨以及层间打磨。（　）

29. 涂料时由不挥发部分与挥发部分组成。（　）

30. 涂料中加入的催干剂越多，涂层干燥成膜越快。（　）

31. 防霉涂料是一种能够抑制涂膜中霉菌生长的功能性建筑涂料。（　）

32. 不挥发分也称固体分，是涂料组分中经过施工后留下成为干涂膜的部分，它的含量高低对成膜质量和涂料的使用价值没有十分重要的关系。（　）

33. 防水涂料按成膜物质的状态与成膜的形成不同,分为溶剂型、化学反应型和乳液型三大类。( )

34. 金属漆是用金属粉,如铜粉、铝粉等作为颜料所配制的一种高档建筑涂料。一般有水性、溶剂型和粉末型三种。( )

35. 特种涂料不仅具有装饰功能,还具有一些特殊功能,如防火、防水、防霉、防腐、隔热、隔声等功能。( )

36. 石材切割机的切割深度与切割机的功率和锯片直径有关。( )

37. 装饰施工机械是指小型装饰机械。( )

38. 手持电动工具的选择,应根据用途和产品使用说明书。( )

39. 电锤主要用于木材、铝型材的钻孔。( )

40. 充电扳手和充电钻,既可以充电,又可以安装锂电池。( )

41. 瓷砖切割机可以切割水泥砖。( )

42. 手持电动工具接触过油、碱类的砂轮可以使用。( )

43. 手持电动工具的砂轮片受潮后,可由操作者烘干使用。( )

44. 使用小型装饰机械,应按规定穿戴劳动保护用品,有些手持电动工具则不需要穿戴劳动保护用品。( )

45. 使用切割机,当发生刀片卡死时,应立即停机,慢慢退出刀片,重新对正后方可切割。( )

46. 应对操作人员进行手持电动工具知识教育,当手持电动工具出现故障时,操作人员应及时拆除维修。( )

47. 蛙式打夯机主要用于碾压机不能到达部位的原土地面、碎石、砂石垫层的夯实。( )

48. 双转盘(双转子)型的水泥抹光机抹光面大于单转盘(单转子)抹光机。( )

49. 水磨石机装上金刚石软磨片、钢丝绒,可以用做石材地面的打磨和晶面处理。( )

50. 铝型材切割机,主要用于铝型材的加工切割。( )

51. 砂浆喷涂机可用于内墙面的涂料喷涂。( )

52. 小型装饰机械的维修应到生产厂家指定的特约门店和专业维修中心进行。( )

53. 长期搁置的装饰机械,再使用时,只要操作系统和传动系统灵敏可靠就可使用,无须再作其他检查。( )

54. 喷浆机(泵)的机(泵)体内不得无液体干转。( )

55. 水磨石机作业中:冷却水可短时间中断。( )

第5章 建筑与装饰工程计价定额

一、单项选择题

1. 在项目建设的各阶段,需要分别编制投资估算、设计概算、施工图预算及竣工决算等,这体现工程造价的( )计价特征。

A. 单体性　　　　B. 分部组合　　　　C. 多次性　　　　D. 复杂性

2. 定额项目表的组成由（　　）构成。

A. 工作内容、计量单位、项目表

B. 计算规则、计量单位、项目表

C. 工作内容、计量单位、项目表、附注

D. 章册说明、工作内容、计量单位、项目表、附注

3. 工程量清单编制原则归纳为"四统一"，下列错误的提法是（　　）。

A. 项目编码统一　　　　B. 项目名称统一

C. 计价依据统一　　　　D. 工程量清单计算规则统一

4. 综合单价的定义是（　　）。

A. 综合单价是指完成工程量清单中的一个规定计量单位项目所需的人工费、材料费、机械使用费、管理费和利润

B. 综合单价是指完成工程量清单中的一个规定计量单位项目所需的人工费、材料费、机械使用费、管理费和利润，并考虑风险因素

C. 综合单价是指完成工程量清单中的一个规定计量单位项目所需的人工费、材料费、机械使用费和管理费

D. 综合单价是指完成工程量清单中的一个规定计量单位项目所需的人工费、材料费、机械使用费和管理费，并考虑风险因素

5. 以下有关门窗工程量计算错误的是（　　）。

A. 纱窗扇按扇外围面积计算　　　　B. 防盗窗按外围展开面积计算

C. 金属卷闸门按（滚筒中心高度+300mm）×（实际宽度）的面积计算

D. 无框玻璃门按门扇计算

6. 现行建设工程费用由（　　）构成。

A. 分部分项工程费、措施项目费、其他项目费

B. 分部分项工程费、措施项目费、其他项目费、规费

C. 分部分项工程费、措施项目费、其他项目费、税金

D. 分部分项工程费、措施项目费、其他项目费、规费和税金

7. 下列不属于按定额反映的生产要素消耗内容分类的定额是（　　）。

A. 劳动消耗定额　　B. 时间消耗定额　　C. 机械消耗定额　　D. 材料消耗定额

8. 确定人工定额消耗的过程中，不属于技术测定法的是（　　）。

A. 测时法　　　　B. 写实记录法　　　　C. 工作日写实法　　　　D. 统计分析法

9. 定额编制时使用平均先进水平的是（　　）。

A. 施工定额　　　　B. 预算定额　　　　C. 概算定额　　　　D. 概算指标

10. 预算定额人工工日消耗量应包括（　　）。

A. 基本用工和人工幅度差用工　　　　B. 辅助用工和基本用工

C. 基本用工和其他用工　　　　D. 基本用工，其他用工和人工幅度差用工

11. 不属于人工预算单价的内容的是（　　）。

A. 生产工具用具使用费　　　　B. 生产工人基本工资

C. 生产工人基本工资性补贴　　　　D. 生产工人辅助工资

12. 机械操作人员的工资包括在建筑安装工程（　　）之中。
   A. 人工费　　　　B. 其他直接费　　C. 施工管理费　　D. 机械费
13. 土方开挖计算一律以（　　）标高为准。
   A. 室外设计地坪　B. 室内设计地坪　C. 室外自然地坪　D. 基础表面
14. 具有独立的设计文件，竣工后可以独立发挥生产能力或效益的过程称为（　　）。
   A. 单项工程　　　B. 单位工程　　　C. 分部工程　　　D. 分项工程
15. 下列属于按定额的编制程序和用途分类的是（　　）。
   A. 预算定额　　　B. 建筑工程定额　C. 全国统一定额　D. 行业统一定额
16. 工程量清单漏项或由于设计变更引起新的工程量清单项目，其相应综合单价（　　）作为结算的依据。
   A. 由监理师提出，经发包人确认后　　B. 由承包方提出，经发包人确认后
   C. 由承包方提出，经监理师确认后　　D. 由承包方提出，经监理师确认后
17. 下列不属于计算材料摊销量参数的是（　　）。
   A. 一次使用量　B. 摊销系数　　　C. 周转使用系数　D. 工作班延续时间
18. （　　）是预算定额的制定基础。
   A. 施工定额　　　B. 估算定额　　　C. 机械定额　　　D. 材料定额
19. 预算定额人工消耗量的人工幅度差主要指预算定额人工工日消耗量与（　　）之差。
   A. 施工定额中劳动定额人工工日消耗量　B. 概算定额人工工日消耗量
   C. 测时资料中人工工日消耗量　　　　　D. 实际人工工日消耗量
20. 工程量清单计价规范规定，对清单工程量以外的可能发生的工程量变更应在（　　）费用中考虑。
   A. 分部分项工程费　B. 零星工程项目费　C. 预留金　　　　D. 措施项目费
21. 不属于人工预算单价内容的是（　　）。
   A. 生产工具用具使用费　　　　　　　B. 生产工人基本工资
   C. 生产工人基本工资性补贴　　　　　D. 生产工人辅助工资
22. 机械的场外运费是指施工机械由（　　）运至施工现场或由一个工地运至另一个工地的运输、装卸、辅助材料及架线等费用。
   A. 存放地　　　　B. 发货地点　　　C. 某一工地　　　D. 现场
23. 下列不属于工程量计算依据的是（　　）。
   A. 工程量计算规则　　　　　　　　　B. 施工设计图纸及其说明
   C. 施工组织设计或施工方案　　　　　D. 施工定额
24. 建筑面积是指建筑物的水平平面面积，即（　　）各层水平面积的总和。
   A. 外墙勒脚以上　B. 外墙勒脚以下　C. 窗洞口处　　　D. 接近地面处
25. 当墙与基础使用不同的材料，且位于标高－0.25m 处，则基础与墙的分界线是（　　）。
   A. 设计室内地坪标高　　　　　　　　B. 设计室外地坪标高
   C. 标高－0.25m 处
   D. 设计室内地坪标高与设计室外地坪标高的中间部位
26. 计算模板工程量时，现浇钢筋混凝土墙、板单孔面积在（　　）m² 以内时不予扣除。

A. 0.5　　　　B. 0.2　　　　C. 0.3　　　　D. 0.1

27. (　　) 是建设过程的最后一环,是投资转入生产或使用成果的标志。
A. 竣工验收　　B. 生产准备　　C. 建设准备　　D. 后评价阶段

28. 下列各项定额中,不属于按定额的编制程序和用途性质分类的是 (　　)。
A. 概算定额　　B. 预算定额　　C. 材料消耗定额　　D. 工期定额

29. 根据建筑安装工程定额编制的原则,按平均先进水平编制的是 (　　)。
A. 预算定额　　B. 企业定额　　C. 概算定额　　D. 概算指标

30. 建设工程定额中的基础性定额是 (　　)。
A. 概算定额　　B. 产量定额　　C. 施工定额　　D. 预算定额

31. 下列关于时间定额和产量定额的说法中,正确的是 (　　)。
A. 施工定额科以用时间定额来表示
B. 时间定额和产量定额是互为倒数的
C. 时间定额和产量定额都是材料定额的表现形式
D. 劳动定额的表现形式是产量定额

32. 施工定额的编制是以 (　　) 为对象。
A. 工序　　B. 工作过程　　C. 分项工程　　D. 综合工作过程

33. 下列计算公式中不属于其他用工中相关计算公式的是 (　　)。
A. 超运距＝预算定额取定运距－劳动定额已包括的运距
B. 辅助用工＝Σ(材料加工数量×相应的加工劳动定额)
C. 人工幅度差＝(基本用工＋辅助用工＋超运距用工)×人工幅度差系数
D. 人工幅度差＝(基本用工＋辅助用工)×人工幅度差系数

34. 材料的运输费是指 (　　)。
A. 材料的运费
B. 运输过程的装卸费
C. 调车费或驳船费
D. 材料的运费、运输过程的装卸费和调车费或驳船费费之和

35. 费用定额是确定建筑安装工程中除 (　　) 之外的其他各项费用的数量标准。
A. 直接费　　B. 间接费　　C. 计划利润和税金　　D. 其他直接费

36. 建筑面积包括使用面积,辅助面积和 (　　)。
A. 居住面积　　　　　　　　B. 结构面积
C. 有效面积　　　　　　　　D. 生产和生活使用的净面积

37. 建筑物平整场地的工程量按建筑物外墙外边线每边各加 (　　) 计算面积。
A. 1.5m　　B. 2.0m　　C. 2.5m　　D. 3.9m

38. 计算砖基础时应扣除 (　　)。
A. 基础大放脚T型接头处的重叠部分　　B. 基础砂浆防潮层
C. 钢筋混凝土地梁　　　　　　　　　　D. 嵌入基础内的钢筋

39. 现浇钢筋混凝土楼梯的混凝土工程量按 (　　) 计算。
A. 混凝土体积　　　　　　　B. 斜面面积
C. 水平投影面积　　　　　　D. 垂直投影面积

40. 企业内部使用的定额是 (　　)。
A. 施工定额　　B. 预算定额　　C. 概算定额　　D. 概算指标

41. 某抹灰班13名工人，抹某住宅楼白灰砂浆墙面，施工25天完成抹灰任务，个人产量定额为10.2m²/工日，则该抹灰班应完成的抹灰面积为（   ）。
   A. 255m²　　　B. 19.6m²　　　C. 3315m²　　　D. 133 m²

42. 预算定额是编制（   ），是确定工程造价的依据。
   A. 施工预算　　B. 施工图预算　　C. 设计概算　　D. 竣工结算

43. 预算文件的编制工作是从（   ）开始的。
   A. 分部工程　　B. 分项工程　　C. 设计概算　　D. 单项工程

44. （   ）是指具有独立设计文件，可以独立施工，但建成后不能产生经济效益的过程。
   A. 分部工程　　B. 分项工程　　C. 设计概算　　D. 单项工程

45. 建筑生产工人6个月以上的病假期间的工资应计入（   ）。
   A. 人工费　　B. 劳动保险费　　C. 企业管理费　　D. 建筑管理费

46. 在建筑安装工程施工中，模板制作、安装、拆除等费用应计入（   ）。
   A. 工具用具使用费　B. 措施费　　C. 现场管理费　　D. 材料费

47 建筑安装工程造价中装饰工程的利润计算基础为（   ）。
   A. 材料费＋机械费　　　　　　B. 人工费＋材料费
   C. 人工费＋机械费　　　　　　D. 人工费＋材料费＋机械费

48. 一个关于工程量清单说法不正确的是（   ）。
   A. 工程量清单是招标文件的组成部分　　B. 工程量清单应采用工料单价计价
   C. 工程量清单可由招标人编制　　　　　D. 工程量清单是由招标人提供的文件

49. 在编制分部分项工程量清单中，（   ）不一定按照全国统一的工程量清单项目设置规则和计量规则要求填写。
   A. 项目编号　　B. 项目名称　　C. 工程数量　　D. 项目工作内容

50. 工程量清单主要由（   ）等组成。
   A. 分布分项工程量清单，措施项目清单
   B. 分布分项工程量清单，措施项目清单和其他项目清单
   C. 分布分项工程量清单，措施项目清单，其他项目清单和施工组织设计
   D. 分布分项工程量清单，措施项目清单，其他项目清单，规费项目清单和税金项目清单

51. 关于多层建筑物的建筑面积，下列说法正确的是（   ）。
   A. 多层建筑物的建筑面积＝其首层建筑物面积×层数
   B. 统一建筑物不论结构如何，按其层数的不同应分别计算建筑面积
   C. 外墙设有保温层时，计算至保温层内表面
   D. 首层建筑面积按外墙勒脚以上结构外围水平面积计算

52. 在下列情况下，承包人工期不予顺延的是（   ）。
   A. 发包人未按时提供施工条件
   B. 设计变更造成工期延长，但此项有时差可利用
   C. 一周内非承包人原因停水、停电、停气造成停工累计超过8h
   D. 不可抗力事件

53. 投标单位应按招标单位提供的工程量清单，注意填写单价和合价。在开标后发现

有的分项投标单位没有填写单价或合价,则( )。

A. 允许投标单位补充填写

B. 视为废标来源

C. 认为此项费用已包括在其他项的单价和合价中

D. 由招标人退回招标书

54. 在预算定额人工工日消耗量计算时,已知完成单位合格产品的基本用工为 22 工日,超运距用工为 4 工日,辅助用工为 2 工日,人工幅度差系数为 12%,则预算定额中的人工工日消耗量为( )工日。

A. 3.36　　　　B. 25.36　　　　C. 28　　　　D. 31.36

55. 在清单报价中土方计算应以( )以体积计算。

A. 以几何公式考虑放坡、操作工作面等因素计算

B. 基础挖土方按基础垫层底面积加工作面乘挖土深度

C. 基础挖土方按基础垫层底面积加支挡土板宽度乘挖土深度

D. 基础挖土方按基础垫层底面乘挖土深度

56. 装饰定额中的木材规格是按( )考虑的。

A. 方板材　　　　　　　　　　B. 两个切断面规格材

C. 三个切断面规格材　　　　　D. 圆材

57. 天棚的骨架分为简单型和复杂型两种,复杂型必须满足的条件是( )。

A. 面层高差≥100mm　　　　　B. 面层高差≥80mm

C. 面层高差≥100mm,不同标高的少数面积占 15%以上

D. 面层高差≥120mm,不同标高的少数面积占 10%以上

58. 地砖规格为 200mm×200mm,灰缝 1mm,其损耗率为 1.5%,则 100m² 地面地砖消耗量为( )。

A. 2475 块　　　B. 2513 块　　　C. 2500 块　　　D. 2462.5 块

二、多项选择题

1. 招标单位在编制标底时需考虑的因素包括( )。

A. 材料价格因素　　　　　　B. 工程质量因素

C. 工期因素　　　　　　　　D. 本招标工程资金来源因素

E. 本招标工程的自然地理条件和招标工程范围等因素

2. 建筑工程定额就是在正常的施工条件下,为完成单位合格产品所规定的消耗标准。即建筑产品生产中所消耗的人工、材料、机械台班及其资金的数量标准。建筑工程定额具有( )。

A. 科学性　　B. 指导性　　C. 群众性　　D. 稳定性　　E. 时效性

3. 建筑工程定额种类很多,按定额编制程序和用途分类的有( )。

A. 施工定额　　　　B. 建筑工程定额　　　　C. 概算定额

D. 预算定额　　　　E. 安装工程定额

4. 建筑工程定额具有以下几方面的作用( )。

A. 编制招标工程标底及投标报价的依据

B. 确定建筑工程造价、编制竣工结算的依据
C. 编制工程计划、组织和管理施工的重要依据
D. 按劳分配及经济核算的依据
E. 总结、分析和改进生产方法的手段

5. 施工定额是建筑企业用于工程施工管理的定额，它由（　　）组成。
A. 时间定额　　　　B. 劳动定额　　　　C. 产量定额
D. 材料消耗定额　　E. 机械台班使用定额

6. 预算定额具有以下几方面的作用（　　）。
A. 编制施工图预算，确定工程造价的依据
B. 编制施工定额与概算指标的基础
C. 施工企业编制人工、材料、机械台班需要量计划，考核工程成本，实行经济核算的依据。
D. 建设工程招标投标中确定标底、投标报价及签订工程合同的依据
E. 建设单位和建设银行拨付工程价款和编制工程结算的依据

7. 以下关于概算定额与预算定额联系与区别的说法正确的是（　　）。
A. 概算定额是在预算定额基础上，经适当地合并、综合和扩大后编制的
B. 概算定额是编制设计概算的依据，而预算定额是编制施工预算的依据
C. 概算定额是以工程形象部位为对象，而预算定额是以分项工程为对象
D. 概算不大于预算
E. 概算定额在使用上比预算定额简便，但精度相对要低

8. 施工图预算编制的依据有（　　）。
A. 初步设计或扩大初步设计图纸　　　　B. 施工组织设计
C. 现行的预算定额　　　　　　　　　　D. 基本建设材料预算价格
E. 费用定额

9. 下列属于措施项目费的有（　　）。
A. 环境保护费　　　　B. 安全生产监督费　　　　C. 临时设施费
D. 夜间施工增加费　　E. 二次搬运费

10. 施工图预算的作用主要表现在以下几个方面（　　）。
A. 是建设单位与施工企业进行"招标"、"投标"签订承包合同的依据
B. 是支付工程价款及工程结算的依据
C. 是施工企业编制施工计划、统计工作量和实物量、考核工程成本、进行经济核算的依据
D. 是控制投资、加强施工企业管理的基础
E. 是确定工程造价的依据

11. 工程量计算是施工图预算编制的重要环节，一个单位工程预算造价是否正确，主要取决于（　　）等因素。
A. 工程量　　　　　　　　B. 设计图纸　　　　C. 措施项目清单费用
D. 分部分项工程量清单费用　　　　　　　E. 施工方案

12. 施工图预算中工程量计算步骤主要有（　　）。

A. 熟悉图纸　　　　　　B. 列出分项工程项目名称　C. 列出分部工程项目名称
D. 列出工程量计算式　　E. 调整计量单位

13. 关于工料分析的重要意义的说法正确的有（　　）。
A. 是调配人工、准备材料、开展班组经济核算的基础
B. 是下达施工任务单和考核人工、材料节约情况、进行两算对比的依据
C. 是工程结算、调整材料差价的依据
D. 主要材料指标还是投标书的重要内容之一
E. 是工程招标的依据

14. 施工图预算编制完以后，需要进行认真的审查，审查施工图预算的内容有（　　）。
A. 计算项目数　　　　　B. 工程量　　　　　　　C. 综合单价的套用
D. 其他有关费用　　　　E. 工程利润

15. 审查施工图预算的方法很多，主要有（　　）。
A. 重点审查法　　　　　B. 全面审查法　　　　　C. 对比审查法
D. 分组计算审查法　　　E. 利用手册审查法

16. 以下关于竣工结算编制的说法正确的有（　　）。
A. 编制工程竣工结算要做到正确地反映建筑安装工人创造的工程价值
B. 编制工程竣工结算要正确地贯彻执行国家有关部门的各项规定
C. 对未完工程在某些特殊情况下可以办理竣工结算
D. 工程质量不合格的，应返工，质量合格后才能结算
E. 返工消耗的工料费用，应该列入竣工结算

17. 编制竣工结算时，属于可以调整的工程量差有（　　）。
A. 建设单位提出的设计变更
B. 由于某种建筑材料一时供应不上，需要改用其他材料代替
C. 施工中遇到需要处理的问题而引起的设计变更
D. 施工中返工造成的工程量差
E. 施工图预算分项工程量不准确

18. 材料预算价格的组成内容有（　　）。
A. 材料原价　　　　　　B. 供销部门的手续费　　C. 包装费
D. 场内运输费　　　　　E. 采购费及保管费

19. 下列费用中属于建筑安装工程其他直接费范围的有（　　）。
A. 生产工具、用具使用费　　B. 构成工程实体的材料费
C. 材料二次搬运费　　　　　D. 场地清理费
E. 施工现场办公费

20. 运用统筹法计算工程量时，应采用"三线一面"作为基数，"三线一面"是指（　　）。
A. 外墙内长线　　　　　B. 外墙中心线
C. 外墙外边线　　　　　D. 内墙净长线
E. 底层建筑面积

21. 计算墙体工程量时，不应增加墙体体积的有（　　）。

A. 三皮以上的挑檐 B. 门窗套 C. 三皮以内的挑檐
D. 压顶线 E. 附墙垃圾道

22. 工程量清单计价应包括招标文件规定的完成工程量清单所列项目的全部费用，含（   ）几种。
   A. 分部分项工程费 B. 措施项目费 C. 其他项目费和规费
   D. 税金 E. 利润

23. 目前，承包工程的结算方式通常有（   ）。
   A. 工程量清单结算方式 B. 施工图预算加签证结算方式
   C. 平方米造价包干结算方式 D. 总造价包干结算方式
   E. 预算包干结算方式

24. 在下列施工机械工作时间中，不应计入定额时间的有（   ）。
   A. 不可避免的中断时间 B. 不可避免的无负荷工作时间
   C. 非施工本身造成的停工时间 D. 工人休息时间
   E. 施工本身造成的停工时间

25. 工程量清单计价的特点有（   ）几种。
   A. 强制性 B. 实用性 C. 竞争性 D. 通用性 E. 并存性

26. 工程量清单计价中分部分项工程量清单计价表中有综合单价一项，该综合单价应包括完成一个规定计量单位工程所需的（   ）。
   A. 人工费 B. 材料费 C. 机械使用费 D. 间接费 E. 管理费

27. 一般适用于固定总价合同的工程有：（   ）。
   A. 设计图纸完整齐备 B. 工程规模小 C. 工期较短
   D. 技术复杂 E. 工程量大

28. 在可调价格合同中，价款调整的范围包括（   ）方式。
   A. 国家法律、行政法规和国家政策变化 B. 工程造价管理部门公布的价格调整
   C. 工程量的增加 D. 不可抗力事件
   E. 发包人更改经审定批准的施工组织设计（修正错误除外）造成费用增加

29. 以下关于变更后合同价款的确定的说法正确的是（   ）。
   A. 合同中已有适用于变更工程的价格，按合同已有的价格变更合同价款
   B. 合同中只有类似于变更工程的价格，可以参照类似价格变更合同价款
   C. 合同中没有适用或类似于变更工程的价格，由承包人提出适当的变更价格，经对方确认后执行
   D. 关于变更工程价格如果无法协调一致，可以由工程造价部门调解采集者退散
   E. 关于变更工程价格如果无法协调一致，则以工程师认为合同的价格执行

30. 在保修期内由于承包商的原因，工程出现质量问题，原承包商又不能及时地检查修理，影响了使用，造成一定的损失，则（   ）。
   A. 业主可就造成的损失向原承包商提出索赔，但不另行委托其他施工单位修理
   B. 业主可以另行委托其他施工单位修理，并就造成的损失向原承包商提出索赔
   C. 质量问题处理后，如预留的原承包商保修费有剩余，业主在保修期满后应将所剩余的保修费用支付给原承包商

D. 因原承包商在保修期内严重违约，保修关系应予解除，剩余的保修费用不再支付给原承包商

E. 由业主采购材料，承包商负责安装的，保修期内出现质量问题均由承包商承担经济责任

三、判断题（正确写 A，错误写 B）

1. 建设工程工程量清单计价活动应遵守的原则是：工程量清单计价活动应遵守《计价规范》1.0.3 条规定。（   ）
2. 建设工程进度控制任务宣告完成是以工程保修期结束位标志。（   ）
3. 施工合同的合同工期的概念应为，从合同约定的开工日起按招标文件中要求。（   ）
4. 措施项目是为完成工程项目施工，发生于该工程施工前和施工过程中技术、生活、安全等方面的非工程实体项目。（   ）
5. 无合同工期的工程工期，以实际工期为准。（   ）
6. 工程量清单计价规范规定，对清单工程量以外的可能发生的工程量变更应在其他费用中考虑。（   ）
7. 在计价规范和计价表中，踢脚线的工程量计算规则都是按 m 计算的。（   ）
8. 《计价表》的工程量计算规则应与《计价规范》的工程量计算规则一致。（   ）
9. 在有凹凸基层夹板上钉（贴）胶合板面层。按相应定额执行，每 10m² 人工乘系数 1.3，胶合板用量改为 11m²。（   ）
10. 计价表规定吊筋的面积应扣除窗帘盒的面积。（   ）
11. 工程量清单计价方法与工程定额计价的最大差别是两种模式的主要计价依据及其性质不同。（   ）
12. 建筑工程费由直接工程费间接费、利润和税金组成。（   ）
13. 施工机械使用费中含机上人工费。（   ）
14. 计工日是为了解决现场发生的零星工作的计价而设立的。（   ）
15. 对于投资方来说，施工图预算的主要作用是拨付工程款及办理工程结算的依据。（   ）
16. 脚手架费属于措施费。（   ）
17. 工程类别划分是确定工程施工难易程度、计取有关费用的依据。（   ）
18. 工程结算是指在竣工验收阶段，建设单位编制的从筹建到竣工验收、交付使用全过程实际支付的建设费用的经济文件。（   ）
19. 材料基价中采购及保管费是：装卸费、仓储费、工地管理费、仓储损耗。（   ）
20. 税金是指国家税法规定的计入建筑与装饰工程造价内的营业税、城市建设维护税及教育费附加。（   ）
21. 按工程量清单结算方式进行结算，由建设方承担"涨价"的风险，而施工方则承担"降价"的风险。（   ）
22. 工程量清单计价包括招标文件规定的完成工程量清单所列项目的全部费用。（   ）
23. 工程量清单具有科学性、强制性、实用性的特点。（   ）

24. 施工定额低于先进水平，略高于平均水平。　　　　　　　　　　（　　）
25. 直接费与直接工程费是一回事。　　　　　　　　　　　　　　　（　　）
26. 管理费用是不应计入生产成本的。　　　　　　　　　　　　　　（　　）
27. 材料二次搬运费属于现场经费。　　　　　　　　　　　　　　　（　　）
28. 企业管理费属于其他直接费。　　　　　　　　　　　　　　　　（　　）
29. 临时设施费属于其他直接费。　　　　　　　　　　　　　　　　（　　）
30. 装饰工程施工图预算的编制方法常采用单价法。　　　　　　　　（　　）

第6章　建设工程法律基础

一、单项选择题

1. "黑白合同"又称（　　）。
   A. 红黑合同　　　B. 阴阳合同　　　C. 白黑合同　　　D. 黑红合同
2. 当事人就同一建设工程另行订立的建设工程施工合同与经过招标流程备案的中标合同实质性内容不一致的，应当以（　　）结算工程款的根据。
   A. 先签订的施工合同　　　　　　　B. 后签订的施工合同
   C. 备案的中标合同　　　　　　　　D. 体现双方真实意思表示的合同
3. 下列哪一项不属于建设单位施工合同履约的风险（　　）。
   A. 建设单位不按约定支付工程款
   B. 材料供应迟延
   C. 建设单位应协调的分包单位完成时间迟延
   D. 现场施工质量违反合同约定标准
4. 下列哪一项不是施工单位难以索赔的原因（　　）。
   A. 对施工单位不平等的合同条款
   B. 建设单位不出具任何书面资料，口头要求施工
   C. 施工单位自身管理混乱
   D. 政府部门的强制性措施
5. 分包单位与总承包单位签订分包合同，按照分包合同的约定应对（　　）负责。
   A. 建设单位　　　B. 施工单位　　　C. 发包单位　　　D. 总承包单位
6. 民事诉讼证据，是指能够证明案件真实情况的（　　）。
   A. 事实　　　　　B. 证据　　　　　C. 资料　　　　　D. 书面材料
7. 证据的特征（　　）。
   A. 客观性、关联性、合法性　　　　B. 客观性、因果性、合法性
   C. 现实性、关联性、合规性　　　　D. 现实性、因果性、合规性
8. 负有举证责任的一方当事人所主张的事实的证据被称为（　　）。
   A. 原始证据　　　B. 本证　　　　　C. 反证　　　　　D. 直接证据
9. 依据证据来源分类，证据分为（　　）。
   A. 本证、反证　　　　　　　　　　B. 直接证据、间接证据

C. 原始证据、传来证据 D. 直接证据、原始证明

10. 下列属于民事诉讼证据种类的是（ ）。
A. 当事人的陈述 B. 本证 C. 直接证据 D. 原始证据

11. 以文字、符号、图表所记载或表示的内容、含义来证明案件事实的证据是（ ）。
A. 物证 B. 书证 C. 证人证言 D. 视听资料

12. 会议纪要中明确要求竣工日期，此份会议纪要属于（ ）。
A. 本证 B. 反证 C. 直接证据 D. 间接证据

13. 下列哪一项资料不是项目开工前应具备的证据资料（ ）。
A. 开工报告 B. 施工进度计划 C. 施工许可证 D. 隐蔽验收记录

14. 下列哪一资料应当作为合同的附件证据（ ）。
A. 投标报价工程量清单 B. 开工报告
C. 施工许可证 D. 土建验收记录

15. 下列哪项不是工程竣工验收合格前履约过程中收集的证据（ ）。
A. 施工许可证 B. 甲方要求暂停施工的证据
C. 施工配合等非乙方原因导致工期或质量问题的证据
D. 质量保修记录

16. （ ）是确定工程造价的主要依据，也是进行工程建设计划、统计、施工组织和物资供应的参考依据。
A. 工程量的确认 B. 工程单价的确认
C. 材料单价的确认 D. 材料用量的确认

17. 工程量的性质（ ）。
A. 只是单纯的量的概念 B. 含有量及单价的概念
C. 只是单纯的事实的概念 D. 含有总价的概念

18. 建设工程施工合同履行过程中因设计变更等因素导致工程量发生变化应及时办理（ ）。
A. 工程变更 B. 工程量签证 C. 设计变更 D. 工程量变更

19. 关于工程索赔说法错误的是（ ）。
A. 合同双方均享有工程索赔的权利
B. 有经济索赔、工期索赔
C. 通常所说的工程建设索赔即指工程施工索赔
D. 通过合同规定的程序提出

20. 下列不属于工程量索赔的必要条件有（ ）。
A. 建设单位不同意签证或不完全签证 B. 在合同约定期限内提出
C. 证据事实确凿、充分 D. 应有相应的单价及总价

21. 工程建设过程中，工期的最大干扰因素为（ ）。
A. 资金因素 B. 人为因素
C. 设备、材料及构配件因素 D. 自然环境因素

22. 以下不属于影响工期因素中社会因素的是（ ）。
A. 外单位临近工程施工干扰 B. 节假日交通、市容整顿的限制

C. 临时停水、停电、断路　　　　　D. 不明的水文气象条件

23. 以下属于影响工期因素中管理因素的是（　　）。
A. 复杂的工程地质条件　　　　　B. 地下埋藏文物的保护、处理
C. 安全伤亡事故　　　　　　　　D. 洪水、地震、台风等不可抗力

24. 以下哪种方式不能作为建设工程开工日期确定的依据（　　）。
A. 合同约定的开工日　　　　　　B. 经业主确定的开工报告中开工日期
C. 业主下发的开工令　　　　　　D. 施工许可证中的开工日期

25. 建设工程经竣工验收合格的，竣工日期应为（　　）。
A. 合同约定的竣工日期　　　　　B. 业主单方面下发的竣工日期
C. 竣工验收合格之日　　　　　　D. 竣工报告提交日期（发包人未拖延验收）

26. 建设工程未经竣工验收，发包方擅自使用的，竣工日期应为（　　）。
A. 以转移占有建设工程之日　　　B. 以交付钥匙之日
C. 以甲方书面通知之日　　　　　D. 合同约定的竣工日期

27. 下述关于施工许可证的办理时间及办理单位说法正确的是（　　）。
A. 开工前　施工单位　　　　　　B. 开工前　建设单位
C. 开工后　施工单位　　　　　　D. 开工后　施工单位

28. 下列哪项不属于施工单位可主张工期顺延的理由（　　）。
A. 发包人未按约支付工程款　　　B. 不可抗力
C. 发包人未按约提供协助工作　　D. 施工单位的供应商未按期供应材料

29. 因（　　）致使工程中途停建、缓建的，发包方应当采取措施弥补或者减少损失，赔偿建筑施工企业因此造成的停工、窝工、倒运、机械设备调迁、材料和构件积压等损失和实际费用。
A. 发包人原因　　B. 总包方原因　　C. 设计方原因　　D. 监理单位原因

30. 隐蔽工程在隐蔽以前，建筑施工企业应当通知发包方检查。发包方没有及时检查的，建筑施工企业（　　）。
A. 可以顺延工程工期，并有权要求赔偿停工、窝工等损失
B. 可以顺延工程工期
C. 可以自行隐蔽并进行下一道工序
D. 可以暂停施工并撤离施工现场

31. 下列哪一项不属于建筑施工企业可以顺延工程工期，并有权要求赔偿停工、窝工等损失的理由（　　）。
A. 发包方未按照约定的时间和要求提供原材料
B. 发包方未按约定提供设备
C. 发包方或总包单位未按时提供场地
D. 发包方未按约定提供施工许可证

32. 目前，国家统一建设工程质量的验收标准为（　　）。
A. 优良　　　　　B. 合格　　　　　C. 优秀　　　　　D. 优质工程

33. 在正常使用条件下，装饰工程的最低保修期限为（　　）年。
A. 1　　　　　　B. 2　　　　　　C. 5　　　　　　D. 10

34. 建设工程的保修期，自（　　）计算。
   A. 实际竣工之日　　　　　　　B. 验收合格之日
   C. 提交结算资料之日　　　　　D. 提交竣工验收报告之日
35. 建设工程质量不符合约定是指由建筑施工企业承建的工程质量不符合《建设工程施工合同》等书面文件对工程质量的具体要求，这些具体要求必须（　　）国家对于建设工程质量的规定，否则"约定"无效。
   A. 等于或者高于　B. 等于　　　C. 高于　　　　　D. 低于
36. 发包方不得（　　）建筑施工企业使用不合格的建筑材料、建筑构配件和设备。
   A. 强行要求　　　B. 明示或者暗示　C. 明示　　　D. 暗示
37. 下列关于工程质量处理原则应予支持的是（　　）。
   A. 因承包人的过错造成建设工程质量不符合约定，承包人拒绝修理、返工、或者改建，发包人请求减少支付工程价款的
   B. 建设工程未经竣工验收，发包人擅自使用后，又以使用部分质量不符合约定为由主张权利的
   C. 承包人请求按照竣工结算文件结算工程价款的
   D. 当事人对垫资利息无约定，承包人请求支付利息
38. 因施工方的原因致使建设工程质量不符合约定的，发包人有权要求施工人在合理期限内无偿修理或者（　　）。
   A. 返工、改建　　B. 返工　　　C. 改建　　　　　D. 退还全部价款
39. 下列属于建筑施工企业所承包的工程按照建设工程施工合同所规定的施工内容全部完工后提交的资料（　　）。
   A. 开工报告　　　B. 中期付款证书　C. 工程量月报　D. 竣工结算
40. 下列不属于竣工结算编制的依据有（　　）。
   A. 施工承包合同及补充协议　　B. 设计施工图及竣工图
   C. 现场签证记录　　　　　　　D. 未确定的甲方口头指令
41. 建设工程经竣工验收不合格的，修复后的建设工程经竣工验收不合格，承包人请求支付工程价款的（　　）。
   A. 应予支持　　　　　　　　　B. 不予支持
   C. 协商解决　　　　　　　　　D. 采用除 A、B、C 外的其他方式
42. 以下（　　）不属于优先受偿权的范围。
   A. 酒店　　　　　B. 厂房　　　C. 学校、医院　D. 写字楼
43. 在生产、作业中违反有关安全管理的规定，因而发生重大伤亡事故或者造成其他严重后果的，处（　　）；情节特别恶劣的，处三年以上七年以下有期徒刑。
   A. 处三年以下有期徒刑或者拘役　B. 处五年以下有期徒刑或拘役
   C. 处两年以下有期徒刑或拘役　　D. 处三年以上五年以下有期徒刑
44. 建设单位、设计单位、施工单位、工程监理单位违反国家规定，降低工程质量标准，造成重大安全事故的，构成（　　）。
   A. 重大责任事故罪　　　　　　B. 重大劳动安全罪
   C. 工程重大安全事故罪　　　　D. 工程重大质量事故罪

45. 下列不属于建筑施工企业刑事风险的特点的是（　　）。
   A. 建筑业从业人员素质低　　　　B. 资质挂靠现象多
   C. 低价投标、分包转包普遍　　　D. 串标现象多

46. 下列哪一项行为不属于建设单位进行责令改正，处20万元以上50万元以下的罚款：（　　）。
   A. 迫使承包方以低于成本的价格竞标的　　B. 任意压缩合理工期的
   C. 未按照国家规定办理工程质量监督手续的　D. 以上三项均不属于

47. 建筑物、构筑物或者其他设施及其搁置物、悬挂物发生脱落、坠落造成他人损害，下列描述正确的是（　　）。
   A. 所有人、管理人或者使用人不能证明自己没有过错的，应当承担侵权责任。所有人、管理人或者使用人赔偿后，有其他责任人的，有权向其他责任人追偿
   B. 所有人、管理人或者使用人应当承担侵权责任
   C. 所有人应当承担侵权责任
   D. 使用人应当承担侵权责任

48. 建筑施工单位和危险物品的生产、经营、储存单位，应当设置安全生产管理机构或者配备专职安全生产管理人员。从业人员超过（　　），应当设置安全生产管理机构或者配备专职安全生产管理人员。
   A. 200人　　　B. 300人　　　C. 400人　　　D. 500人

49. 下列选项不正确的是（　　）。
   A. 隐蔽工程在隐蔽以前，承包人应当通知发包人检查。发包人没有及时检查的，承包人可以顺延工程日期，并有权要求赔偿停工、窝工等损失
   B. 建设工程竣工后，发包人应当根据施工图纸及说明书、国家颁发的施工验收规范和质量检验标准及时进行验收。验收合格的，发包人应当按照约定支付价款，并接收该建设工程
   C. 建设工程竣工经验收合格后，方可交付使用；未经验收或者验收不合格的，不得交付使用
   D. 因建设工程超过设计使用年限造成人身和财产损害的，承包人应当承担损害赔偿责任

50. 招标人应当确定投标人编制投标文件所需要的合理时间；但是，依法必须进行招标的项目，自招标文件开始发出之日起至投标人提交投标文件截止之日止，最短不得少于（　　）。
   A. 二十日　　　B. 三日　　　C. 十五日　　　D. 五日

二、多项选择题

1. 下列关于黑白合同的表述正确的是（　　）。
   A. 是当事人就用一建设工程签订的两份或两份以上的合同
   B. 是当事人就不同的建设工程签订两份或两份以上的合同
   C. 黑白合同的实质性内容存在差异
   D. 白合同是指经过招投标流程并经备案的合同；黑合同是实际履行并对白合同实质性内容进行重大变更的合同

E. 黑白合同是承发包双方责任、利益对等的合同

2. 下列属于施工合同履约管理中存在的问题有（　　）。

A. 建设施工合同履约程度低，违约现象严重

B. 违法转包、分包合同情况普遍存在

C. "黑白合同"充斥市场，严重扰乱了建筑市场秩序

D. 合同索赔工作难以实现

E. 借用资质或超越资质等级签订合同的情况普遍存在

3. 证据的特征具有（　　）。

A. 客观性　　　B. 关联性　　　C. 合法性　　　D. 时效性　　　E. 因果性

4. 依据证据的来源分类可分为（　　）。

A. 本证　　　B. 原始证据　　　C. 传来证据　　　D. 反证　　　E. 直接证据

5. 下列属于证据种类的有（　　）。

A. 当事人陈述　　　B. 原始证据　　　C. 传来证据　　　D. 书证　　　E. 物证

6. 工程量签证的法律性质（　　）。

A. 协议　　　B. 补充合同　　　C. 对工程量的确认

D. 确认后可进行撤销　　　E. 索赔

7. 下列属于施工单位工程索赔的有（　　）。

A. 工程量索赔　　　B. 工期索赔　　　C. 损失索赔

D. 工程价款索赔　　　E. 质量索赔

8. 工程索赔说法正确的是（　　）。

A. 仅为费用索赔　　　　　　　B. 索赔的前提是未按合同约定履行义务

C. 必须在合同中约定的期限内提出　　　D. 索赔时要有确凿、充分的证据

E. 仅为工期索赔

9. 下列属于影响工期的主要因素有（　　）。

A. 资金因素　　　B. 社会因素　　　C. 管理因素

D. 自然环境因素　　　E. 业主因素

10. 当事人对建设工程实际竣工日期产生争议的，竣工日期如何确定（　　）。

A. 建设工程经验收合格的，以验收合格之日为竣工日期

B. 施工方已提交竣工验收报告，发包人拖延验收，以提交验收报告之日为竣工日期

C. 建设工程未经竣工验收，发包人擅自使用的，以转移占有建设工程之日为竣工日期

D. 竣工验收报告中最后一家单位盖章日为竣工日期

E. 上述四项均对

11. 施工单位提出工期索赔的目的为（　　）。

A. 实现项目的盈利　　　B. 免去或推卸工期延长的合同责任，规避工期罚款

C. 因工期延长而造成的费用损失的索赔　　　D. 延长工期

E. 加速施工，确保工期内完成施工

12. 影响建设工程质量的主要因素有（　　）。

A. 物的因素　　　B. 人的因素　　　C. 环境的因素

D. 业主因素　　　　　　　E. 社会因素

13. 下列属于影响建设工程质量因素中人的因素有（　　）。
    A. 业主　　　　　　B. 施工单位　　　　　　C. 施工工艺
    D. 设计单位　　　　E. 人工降雨

14. 因施工人的原因致使建设工程质量不符合约定的，发包人有权要求施工人在合理期限内（　　）。
    A. 无偿修理　　　　B. 返工　　　　　　　　C. 解除合同
    D. 改建　　　　　　E. 赔偿索赔

15. 下列属于施工单位递交竣工结算资料的有（　　）。
    A. 施工合同及补充协议　　　　　　　　　B. 设计变更及签证资料
    C. 开工报告　　　　　　　　　　　　　　D. 工程验收合格证明
    E. 材料报验资料

16. 当事人对建设工程付款时间没有约定或者约定不明的，下列时间视为应付款时间（　　）。
    A. 建设工程已实际交付的，为交付之日
    B. 建设工程没有交付的，为提交竣工结算文件之日
    C. 建设工程未交付，工程价款也未结算的，为当事人起诉之日
    D. 建设工程竣工之日
    E. 以上四项均对

17. 建筑施工企业刑事风险的特点（　　）。
    A. 高技术风险诱发刑事风险　　　　　　　B. 建筑业从业人员素质低
    C. 建筑业市场不成熟，行政干预较多　　　D. 资质挂靠现象多
    E. 低价投标、分包转包普遍

18. 建筑施工企业刑事风险可从以下方面进行防范（　　）。
    A. 严格按技术要求、标准施工　　　　　　B. 建立、健全安全生产责任制度
    C. 市场竞争中，规范经营、遵章守法　　　D. 加强对农民工的技能培训
    E. 加强对转分包单位的管控

19. 下列表述正确的有（　　）。
    A. 建筑工程总承包单位按照总承包合同的约定对建设单位负责
    B. 分包单位按照分包合同的约定对总承包单位负责
    C. 总承包单位和分包单位就分包工程对建设单位承担连带责任
    D. 分包单位按照分包合同直接向建设单位负责
    E. 分包单位按照分包合同直接向监理单位负责

20. 在正常使用条件下，建设工程的最低保修期限正确的有（　　）。
    A. 基础设施工程、房屋建筑的地基基础工程和主体结构工程，为设计文件规定的该工程的合理使用年限
    B. 屋面防水工程、有防水要求的卫生间、房间和外墙面的防渗漏，为 5 年
    C. 供热与供冷系统，为 2 个采暖期、供冷期
    D. 电气管线、给排水管道、设备安装，为 2 年

E. 装修工程，为2年

21. 施工单位施工为合格的工程，需按照以下哪些项标准施工（   ）。
    A. 设计图纸标准   B. 业主要求   C. 国家统一验收规范
    D. 监理要求   E. 企业标准

22. 建设单位未取得施工许可证或者开工报告未经批准，擅自施工的，可进行下述哪些处理（   ）。
    A. 责令停止施工   B. 限期改正
    C. 处工程合同价款百分之一以上百分之二以下的罚款
    D. 没收违法所得
    E. 吊销营业执照

23. 有下列情形之一的，视为投标人相互串通投标的有（   ）。
    A. 不同投标人的投标文件由同一单位或者个人编制
    B. 不同投标人委托同一单位或者个人办理投标事宜
    C. 不同投标人的投标文件载明的项目管理成员为同一人
    D. 不同投标人的投标文件异常一致或者投标报价呈规律性差异

24. 招标人在招标文件中要求投标人提交投标保证金的，下列描述投标保证金错误的有（   ）。
    A. 投标保证金不得超过招标项目估算价的2%
    B. 投标保证金不得超过80万元
    C. 投标保证金不得超过招标项目估算价的10%
    D. 投标保证金不得超过50万元

25. 下列财产不得抵押的有（   ）。
    A. 土地所有权
    B. 耕地、宅基地、自留地、自留山等集体所有的土地使用权，但法律规定可以抵押的除外
    C. 学校、幼儿园、医院等以公益为目的的事业单位、社会团体的教育设施、医疗卫生设施和其他社会公益设施
    D. 国有企业单位

三、判断题（正确写A，错误写B）

1. 建设工程的发包单位与承包单位应当依法订立书面合同，明确双方的权利义务。（   ）
2. 建筑工程总承包单位可以将承包工程中的部分工程发包给具有相应资质条件的分包单位；但是，除总承包合同中约定分包外，必须经发包单位认可。（   ）
3. 白合同就是备案过的合同。（   ）
4. 依据证据与证明责任之间的关系分类为直接证据和间接证据。（   ）
5. 物证是以其外部特征和物质属性，即以其存在、形状、质量等证明案件事实的物品。（   ）
6. 为便于有效的收集视听资料，在收集时可以对原始资料进行剪切转移。（   ）

7. 证据保全可发生在诉讼开始前，也可发生在诉讼过程中。（ ）
8. 工程量是指以物理计量单位或自然计量单位表示的分项工程的实物计算。（ ）
9. 建筑施工企业在合同履行过程中，按照发包人的指令和通知进入施工现场后，遇到不具备施工条件及其他原因造成施工企业成本增加，发包人拒绝签证下，故而需进行工程索赔。（ ）
10. 当一方向另一方提出索赔时，要有正当索赔理由，且有索赔事件发生时的有效证据。（ ）
11. 建设工程进度控制的总目标是建设工期。（ ）
12. 隐蔽工程在隐蔽以前，建筑施工企业应当通知发包方检查。发包方没有及时检查的，建筑施工企业可直接进行隐蔽，进行下道工序的施工。（ ）
13. 影响建设工程质量中物的影响因素即为材料的因素。（ ）
14. 因承包人过错造成建设工程质量不符合约定，承包人拒绝修理、返工或改建，发包人可拒绝支付工程款。（ ）
15. 建设工程未经竣工验收，发包人擅自使用后发现存在质量问题可要求承包人承担违约责任。（ ）
16. 当事人对欠付工程价款利息计付标准有约定的，按照约定处理；没有约定的，按照中国人民银行发布的同期同类贷款利率计息。（ ）
17. 如果违约金约定过高，违约方可请求酌情降低违约金数额。（ ）
18. 优先受偿的建设工程价款包括承包人应当支付的工作人员报酬、材料款、实际支出的费用及违约金。（ ）
19. 在经济往来中，违反国家规定，给予国家工作人员以财物，数额较大的，或者违反国家规定，给予国家工作人员以各种名义的回扣、手续费的，以行贿论处。（ ）
20. 因被勒索给予国家工作人员以财物，没有获得不正当的利益，以行贿论处。（ ）
21. 施工单位应当依法取得相应等级的资质证书，取得资质证书后，可随意承揽工程。（ ）
22. 建设工程在保修范围和保修期内发生质量问题的，施工单位应当履行保修义务，并对造成的损失承担赔偿责任。（ ）
23. 在正常使用条件下，屋面防水工程、有防水要求的卫生间、房间和外墙面的防渗漏，最高保修期限为5年。（ ）
24. 建设工程不合格造成的损失，发包人有过错的，也应承担相应的民事责任。（ ）
25. 从建筑物中抛掷物品或者从建筑物上坠落的物品造成他人损害，难以确定具体侵权人的，除能够证明自己不是侵权人的外，由可能加害的建筑物使用人给予补偿。（ ）

第7章 计算机知识

一、单项选择题

1. 现代建筑工程项目计算机管理系统使用完善的关系数据库管理数据，最大优点是（ ）。

A. 实现建筑工程公司范围的数据共享　　B. 保证统计资料的准确性
C. 实现数据通信　　　　　　　　　　　D. 提升了建筑装饰设计的效率

2. 以下选项中（　）不是 AutoCAD 的基本功能。
A. 平面绘图　　　B. 编辑图形　　　C. 收发邮件　　　D. 书写文字

3. 目前 Microsoft Office 的最新版本为（　）。
A. Office 2007　　B. Office 2003　　C. Office 2010　　D. Office 2013

4. 电子表格程序是我们最开始接触使用的办公自动化程序，下列选项中（　）是 Microsoft Office 的组件。
A. Calc　　　　　B. Star Office　　C. Corel Quattro Pro　D. EXCEL

5. 从（　）开始，AutoCAD 增添了许多强大的功能，如 AutoCAD 设计中心（ADC）、多文档设计环境（MDE）、Internet 驱动、新的对象捕捉功能、增强的标注功能以及局部打开和局部加载的功能。
A. AutoCAD R14　B. AutoCAD 2000　C. AutoCAD 2004　D. AutoCAD 2010

6. 以下哪个选项不属于计算机的基本功能（　）。
A. 存储功能　　　B. 运算功能　　　C. 控制功能　　　D. 设计功能

7. 以下哪个软件不属于计算机的应用软件（　）。
A. 办公自动化软件　　　　　　　　　B. 多媒体软件
C. 操作系统　　　　　　　　　　　　D. 信息安全软件

8. 以下描述正确的是（　）。
A. AutoCad 是办公自动化软件　　　　B. Microsoft Project 是多媒体软件
C. WINDOWS XP 是操作系统　　　　　D. WORD 是电子表格软件

9. 以下哪个软件是我们常用幻灯片编辑播放软件（　）。
A. Word　　　　　B. AutoCAD　　　C. PPT　　　　　D. Photoshop

10. Microsoft Project 是一个项目管理软件，其的功能中不包括（　）。
A. 具有完善的图形绘制功能　　　　　B. 使项目工期大大缩短
C. 资源得到有效利用　　　　　　　　D. 提高经济效益

11. Microsoft Office 是微软公司开发的一套基于 Windows 操作系统的办公软件套装。下列（　）不是他的组件。
A. Word　　　　　B. FrontPage　　C. PPT　　　　　D. Photoshop

12. 下列选项中，（　）是常见的多媒体软件。
A. QQ　　　　　　B. FrontPage　　C. WPS　　　　　D. Photoshop

13. 下列选项中，（　）是常见的信息安全软件。
A. Word　　　　　B. 360　　　　　C. PSP　　　　　D. Photoshop

14. 下列选项中，（　）是常见的图形处理软件。
A. Word　　　　　B. WPS　　　　　C. QQ　　　　　　D. AutoCAD

15. 文字处理软件（　）是 Office 的主要程序，它在文字处理软件市场上拥有统治份额。
A. Word　　　　　B. WPS　　　　　C. Writer　　　　D. Apple Pages

16. 在 Microsoft Office 的组件中，（　）是个人信息管理程序和电子邮件通信软件

A. Word　　　　B. Outlook　　　　C. Foxmail　　　　D. FrontPage

17. （　　）是一款微软开发的办公程序，用于演示文稿和幻灯片的放映。可以编辑文字和图片，有效清晰地提供信息。

A. Word　　　　B. FrontPage　　　　C. PPT　　　　D. Photoshop

18. AutoCAD 计算机辅助设计软件是一款功能非常强大的软件，除了常用的图形绘制、编辑等功能，还有很多其他作用，不过下列（　　）是其不能做到的。

A. 进行文字处理　　B. 绘制表格　　C. 数值计算　　D. 复杂图片编辑

二、多项选择题

1. 计算机具有最为普遍的（　　）。

A. 存储功能　　B. 运算功能　　C. 控制功能　　D. 输入输出功能
E. 设计功能

2. 一般比较常见的应用软件有（　　）。

A. 办公自动化软件　B. 多媒体软件　　C. 信息安全软件　D. 图像图形处理软件
E. 互联网软件

3. 随着信息、电子等相关产业突飞猛进的发展，计算机在建筑工程领域的应用也越来越广泛，它为（　　）提供了更为先进的处理手段。

A. 建筑工程造价管理　　B. 建筑工程项目管理　　C. 施工管理
D. 监理管理　　E. 混凝土质量检测

4. Microsoft Office 是微软公司开发的一套基于 Windows 操作系统的办公软件套装。常用组件有（　　）等。

A. Word　　　　B. Excel　　　　C. Outlook
D. PowerPoint　　E. FrontPage

5. AutoCAD 广泛应用于土木建筑、装饰装潢、航空航天、轻工化工等诸多领域。具有（　　）优点。

A. 具有完善的图形绘制功能
B. 有强大的图形编辑功能
C. 可以采用多种方式进行二次开发或用户定制
D. 支持多种硬件设备
E. 可以进行多种图形格式的转换，具有较强的数据交换能力

6. Microsoft Project 可以（　　）。

A. 快速、准确地创建项目计划
B. 帮助项目经理实现项目进度、成本的控制、分析
C. 使项目工期大大缩短
D. 资源得到有效利用
E. 提高经济效益

7. AutoCAD 的基本功能包括（　　）。

A. 平面绘图　　B. 编辑图形　　C. 三维绘图　　D. 网络功能　　E. 数据交换

8. AutoCAD 允许用户定制菜单和工具栏，并能利用内嵌语言（　　）等进行二次开发。

A. Autolisp   B. Visual Lisp   C. VBA   D. ADS   E. ARX

9. 随着信息、电子等相关产业突飞猛进的发展,计算机在建筑工程领域的应用也越来越广泛,计算机可以( )。

A. 实现建筑装饰行业企业范围的数据共享

B. 保证统计资料的准确性

C. 利用网络信息技术,大幅度提高管理效率

D. 设计出让人觉得身临其境的建筑装饰设计效果来

E. 在工作之余进行各种娱乐活动,如听音乐、看电影等

三、判断题（正确写 A，错误写 B）

1. 办公自动化软件,可以应用于各类型文稿的写作,例如工作报告、论文写作,除此之外,还可制作工作表格,简化数据,使数据显得更加清晰明了。能满足不同字体的选择,字体大小的条件,颜色上的处理,间距行距等各种个性化的要求。（ ）

2. 项目数据可以动态地以指定的精确度直接提供给项目管理人员,杜绝了人工层层汇总带来的种种弊端,避免了对情况的错误判断和时间延误。（ ）

3. 借助计算机建筑工程项目管理系统和网络技术,可以实现项目管理人员之间的数据传输和信息发布。（ ）

4. 建筑工程项目本身是一个复杂的系统,实施过程的各个阶段,既密切相关又有着不同的规律,要处理大量的信息,以满足错综复杂的目标要求。因此,对建筑工程项目实现动态、定量和系统化的管理与控制,可以系统来完成。（ ）

5. 目前大多数项目参与各方的工作协调和信息交流还是处于传统的方式和模式上,速度和效率还都非常低。这其中最主要的原因就是既懂项目管理、施工技术,又能熟练使用计算机的项目管理人员太少。（ ）

6. 计算机软件技术的发展,极大的提升了建筑设计的效率,从计算机平面辅助设计到各种三维建模软件的成功研制,实现了从平面到立体设计的转变。（ ）

7. Microsoft Word 是文字处理软件。它被认为是 Office 的主要程序。它在文字处理软件市场上拥有统治份额。它私有的 doc 格式被尊为一个行业的标准。（ ）

8. AutoCAD（Auto Computer Aided Design）是美国 Autodesk 公司首次于 1982 年开发的自动计算机辅助设计软件,用于二维绘图、详细绘制、设计文档和基本三维设计。（ ）

9. AutoCAD 可将图形在网络上发布,或是通过网络访问 AutoCAD 资源。（ ）

10. AutoCAD 提供了多种图形图像数据交换格式及相应命令。（ ）

11. 良好的项目管理并不能保证每个项目一定成功,但不良的项目管理却会是失败的成因之一。（ ）

第 8 章　岗位职责与职业道德

一、单项选择题

1. 公民道德不包括（ ）。

A. 社会公德　　　B. 职业道德　　　C. 家庭美德　　　D. 社会法规

2. （　　）是全体公民在社会交往和公共生活中应该遵循的行为准则，涵盖了人与人、人与社会、人与自然之间的关系。

A. 家庭美德　　　B. 职业道德　　　C. 社会公德　　　D. 社会法规

3. （　　）是所有从业人员在职业活动中应该遵循的行为准则，涵盖了从业人员与服务对象、职业与职工、职业与职业之间的关系。

A. 家庭美德　　　B. 职业道德　　　C. 社会公德　　　D. 社会法规

4. 以下关于职业道德的描述错误的是（　　）。

A. 职业道德是一种职业规范，受社会普遍的认可

B. 职业道德是通过法规法纪强制规定形成的

C. 职业道德没有确定形式，通常体现为观念、习惯、信念等

D. 职业道德依靠文化、内心信念和习惯，通过职工的自律来实现

5. 职业道德的内容与职业实践活动紧密相连，反映着特定职业活动对从业人员行为的道德要求。每一种职业道德都只能规范本行业从业人员的执业行为，在特定的职业范围内发挥作用。这体现了职业道德的（　　）。

A. 职业性　　　B. 多样性　　　C. 纪律性　　　D. 继承性

6. 在长期实践过程中形成的职业道德内容，会被作为经验和传统继承下来。即使在不同的社会经济发展阶段，同样一种职业，虽然服务对象、服务手段、职业利益、职业责任有所变化，但是职业道德基本内容仍保持相对稳定，与职业行为有关的道德要求的核心内容将被继承和发扬，从而形成了被不同社会发展阶段普遍认同的职业道德规范。这体现了职业道德的（　　）。

A. 职业性　　　B. 多样性　　　C. 纪律性　　　D. 继承性

7. 开展建设行业职业道德建设，要注意结合行业自身的特点。以建筑行业为例，以下（　　）不是职业道德建设的特点。

A. 人员多、专业多、岗位多、工种多　　　B. 条件艰苦，工作任务繁重
C. 施工面大，人员流动性大　　　D. 各工种之间可独立完成作业

8. 夏季的降温解暑工作，冬天供热保暖工作，每年春节、中秋等节假日的慰问、团拜工作，以及其他一些业余文化活动，属于加强建设行业职业道德建设的措施中的（　　）。

A. 发挥政府职能作用，加强监督监管和引导指导

B. 发挥企业主体作用，抓好工作落实和服务保障

C. 改进教学手段，创新方式方法

D. 倡导以人为本理念，改善职工工作生活环境

9. 建筑装饰施工员是指在项目经理的领导下，在工程师的指导下，在施工全过程中组织和管理施工现场的基层技术人员。以下（　　）不属于施工员的职业道德标准。

A. 坚持质量第一　　　B. 信守合同，维护企业信誉
C. 安全生产，文明施工　　　D. 勤俭节约，精打细算

10. 建筑装饰施工员的工作程序中的技术准备不包含（　　）。

A. 熟悉图纸　　　B. 准备施工组织设计
C. 准备施工技术交底　　　D. 临时设施的准备

11. 建筑装饰施工员的工作程序中，施工前的流程按先后顺序应该是（   ）。
    A. 现场准备——技术准备——作业队伍组织准备——向施工班组交底
    B. 技术准备——现场准备——作业队伍组织准备——向施工班组交底
    C. 现场准备——技术准备——向施工班组交底——作业队伍组织准备
    D. 技术准备——现场准备——向施工班组交底——作业队伍组织准备
12. 学习职业道德的意义之一是（   ）。
    A. 有利于自己工作   B. 有利于反对特权
    C. 有利于改善与领导的关系   D. 有利于掌握道德特征
13. 职业道德从传统文明中继承的原则是（   ）。
    A. 勤俭节约与艰苦奋斗的精神   B. 开拓进取与公而忘私的精神
    C. 助人为乐与先人后己的精神   D. 教书育人与拔刀相助的精神
14. 社会主义职业道德原则是（   ）。
    A. 集体主义   B. 爱国主义   C. 为人民服务   D. 遵守法纪
15. 下面关于职业道德行为的主要特点，表述不准确的是（   ）。
    A. 与职业活动紧密相关   B. 是一种职业行为的选择
    C. 与内心世界息息相关   D. 对他人的影响重大
16. 职业道德与社会公德的关系有（   ）。
    A. 相对对立，关系不大   B. 互相转换，唇亡齿寒
    C. 互相影响，互相渗透   D. 根本不同，没有关系
17. 下面关于职业道德的特殊行为规范，表述不准确的是（   ）。
    A. 遵守法纪，文明安全   B. 人道主义，救死扶伤
    C. 准班正点，尊客爱货   D. 关爱学生，有教无类
18. 下列对爱岗敬业表述不正确的是（   ）。
    A. 抓住机遇，竞争上岗   B. 具有奉献精神
    C. 勤奋学习，刻苦钻研业务   D. 忠于职守，认真履行岗位职责
19. 近年来，建筑工程领域对工程的要求由原来的"三控"变成"四控"，其中增加的是（   ）。
    A. 质量   B. 工期   C. 成本   D. 安全
20. （   ）作为社会主义职业道德的基本规范，是和谐社会发展的必然要求。
    A. 爱岗敬业   B. 诚实守信   C. 安全生产   D. 勤俭节约
21. 文明生产、（   ）是社会主义文明社会对建筑行业的要求，也是建筑行业员工的岗位规范要求。
    A. 爱岗敬业   B. 诚实守信   C. 安全生产   D. 勤俭节约
22. 下列不属于施工员岗位职责的有（   ）
    A. 认真熟悉施工图纸、编制施工组织设计方案
    B. 合理安排、科学引导、顺利完成本工程的各项施工任务
    C. 对材料进行检验、保管
    D. 编制工程总进度计划表和月进度计划表及各施工班组的月进度计划表
23. 下列不属于施工员基本的工作内容的有（   ）。

A. 确定施工方法和施工程序
B. 确定工种间的搭接次序、搭接时间和搭接部位
C. 检查测量、抄平、放线准备工作是否符合要求
D. 进行工程质量的检查与评定

24. 下列选项中,(   )不属于是施工员在施工中的工作流程。
A. 检查测量、抄平、放线准备工作是否符合要求
B. 施工班组能否按交底要求进行施工
C. 确定工种间的搭接次序、搭接时间和搭接部位
D. 关键部位是否符合要求,有问题及时向施工班组提出改正

25. 下列选项中,(   )不属于是施工员在施工前的准备工作。
A. 搭建好生产和生活等的临时设施
B. 施工机械进场按照施工平面图的布置安装就位,并试运转和检查安全装置
C. 做好施工日记
D. 确定工种间的搭接次序、搭接时间和搭接部位

26. 下列选项中,(   )不属于职业道德的基本特征。
A. 职业性　　　B. 多样性　　　C. 强制性　　　D. 继承性

27. 下列选项中,(   )不是建筑业从业人员职业道德规范中对施工作业人员的重点要求。
A. 精心施工,确保质量　　　　　B. 努力学习和运用先进的施工方法
C. 维护施工现场整洁　　　　　　D. 严格按照标准核定工程质量等级

二、多项选择题

1. 公民道德包括(   )。
A. 社会公德　　B. 职业道德　　C. 家庭美德
D. 社会法规　　E. 劳动纪律

2. 以下描述正确的是(   )。
A. 职业道德没有确定形式,通常体现为观念、习惯、信念等
B. 职业道德依靠文化、内心信念和习惯,通过职工的自律来实现
C. 职业道德大多没有实质的约束力和强制力
D. 职业道德的主要内容是对职业人员义务的要求
E. 职业道德标准多元化,代表了不同企业可能具有不同的价值观

3. 根据《中华人民共和国公民道德建设实施纲要》,我国现阶段各行各业普遍使用的职业道德的基本内容包括(   )。
A. 爱岗敬业　　B. 诚实守信　　C. 办事公道
D. 服务群众　　E. 奉献社会

4. 不同的行业和不同的职业,有不同的职业道德标准,且表现形式灵活,涉及范围广泛。职业道德的表现形式总是从本职业的交流活动实际出发,采用(   )等方式来加以体现。
A. 制度　　　　B. 守则　　　　C. 公约

D. 承诺　　　　　　　　E. 誓言

5. 在现代社会里，人人都是服务对象，人人又都为他人服务。社会对人的关心、社会的安宁和人们之间关系的和谐，是同各个岗位上的服务态度、服务质量密切相关的。在构建和谐社会的新形势下，大力加强社会主义的职业道德建设，具有十分重要的意义，一个人对社会贡献的大小，主要体现在职业实践中。加强职业道德建设，是（　　）。

  A. 提高职业人员责任心的重要途径　　　B. 促进企业和谐发展的迫切要求
  C. 提高企业竞争力的必要措施　　　　　D. 个人健康发展的基本保障
  E. 提高全社会道德水平的重要手段

6. 建设行业从业人员的一般职业道德要求包含（　　）。

  A. 忠于职守，热爱本职　　　　　　　　B. 质量第一、信誉至上
  C. 遵纪守法，安全生产　　　　　　　　D. 文明施工、勤俭节约
  E. 钻研业务，提高技能

7. 在遵守一般职业道德要求的基础上，建设行业从业人员还应遵守各自的特殊、详细职业道德要求。项目经理的重点要求有（　　）。

  A. 强化管理，争创效益；对项目的人财物进行科学管理
  B. 加强成本核算，实行成本否决，努力降低物资和人工消耗
  C. 讲求质量，重视安全，加强劳动保护措施
  D. 及时发现并坚决制止违章作业，检查和消除各类事故隐患
  E. 发扬民主，主动接受监督，不利用职务之便谋取私利，不用公款请客送礼

8. 在遵守一般职业道德要求的基础上，建设行业从业人员还应遵守各自的特殊、详细职业道德要求。施工作业人员的重点要求有（　　）。

  A. 苦练硬功，扎实工作，刻苦钻研技术，熟练掌握本工作的基本技能
  B. 不怕苦、不怕累，认认真真，精心操作
  C. 精心施工，确保质量，严格按照设计图纸和技术规范操作
  D. 树立安全生产意识，严格执行安全操作规程，杜绝一切违章作业现象
  E. 维护施工现场整洁，不乱倒垃圾，做到工完场清

9. 建设行业职业道德的核心要求包含（　　）。

  A. 爱岗敬业　　　　B. 诚实守信　　　　C. 安全生产
  D. 勤俭节约　　　　E. 钻研技术

10. 职业道德建设是塑造建筑行业员工行业风貌的一个窗口，也是提高行业竞争力和发展势头的重要保证。职业道德建设涉及政府部门、行业企业、职工队伍等方方面面，需要（　　）。

  A. 发挥政府职能作用，加强监督监管和引导指导
  B. 发挥企业主体作用，抓好工作落实和服务保障
  C. 改进教学手段，创新方式方法
  D. 结合项目现场管理，突出职业道德建设效果
  E. 开展典型性教育，发挥惩奖激励机制作用

11. 作为施工现场的管理人员，除了遵守上述的行业道德标准以外，施工员根据自身的职责，还应做好（　　）。

A. 科学组织，周密安排　　　　　　B. 按图施工，不谋非分
C. 实事求是，准确签证　　　　　　D. 勤俭节约，精打细算
E. 安全生产，文明施工

12. 建筑装饰施工员在施工中的具体指导和检查工作包括（　　）。
A. 检查测量、抄平、放线准备工作是否符合要求
B. 施工班组能否按交底要求进行施工
C. 关键部位是否符合要求，有问题及时向施工班组提出改正
D. 经常提醒施工班组在安全、质量和现场场容管理中的倾向性问题
E. 根据工程进度及时进行隐蔽工程预检和交接检查，配合质量检查人员做好分部分项工程的质量检查与验收

三、判断题（正确写 A，错误写 B）

1. 遵守道德是指按照社会道德规范行事，不做损害他人的事。遵守法纪是指遵守纪律和法律，按照规定行事，不违背纪律和法律的规定条文。法纪与道德是对立的。（　　）

2. 法纪属于制度范畴，而道德属于社会意识形态范畴。道德侧重于自我约束，法纪则侧重于国家或组织的强制。（　　）

3. 遵守法纪是遵守道德的最高要求。（　　）

4. 道德可分为两类：第一类是社会有序化要求的道德，是维系社会稳定所必不可少的最低限度的道德；第二类是那些有助于提高生活质量、增进人与人之间紧密关系的原则，第二类道德通常会上升为法纪。（　　）

5. 道德对法纪有补充作用，有些不宜由法纪调整的，或本应由法纪调整但因立法的滞后而尚"无法可依"的，道德约束往往起到了补充作用。（　　）

6. 所谓职业道德，是指从事一定职业的人们在其特定职业活动中所应遵循的符合职业特点所要求的道德准则、行为规范、道德情操与道德品质的总和。（　　）

7. 纪律也是一种行为规范，但它是介于法律和道德之间的一种特殊的规范。主要希望人们能自觉遵守。（　　）

8. 影响建筑工程质量的因素很多，但是道德因素是重要因素之一，所以，新形势下的社会主义市场经济急切呼唤职业道德。（　　）

9. 建筑装饰施工员应当掌握建筑装饰施工技术、施工组织与管理、建筑及装饰识图知识，熟悉常用的建筑及装饰材料、经营管理、施工测量放线、相关法律法规、工程项目管理和建筑设备（水、暖、电、卫等）安装基本知识，了解工程建设监理和其他相关知识。（　　）

10. 建筑装饰施工员应有一定的组织和管理能力。能有效地组织、指挥人力、物力和财力进行科学施工，取得最佳的经济效益；能编制施工预算、进行工程统计、劳务管理和现场经济活动分析。（　　）

11. 完成分部分项工程后，施工员一方面需检查技术资料是否齐全；另一方面需通知技术员、质量检查员、施工班组长对所施工的部位或项目按质量标准进行检查验收，合格产品必须填写表格并进行签字，不合格产品应立即组织原施工班组进行维修或返工。（　　）

12. 社会公德、职业道德和家庭美德三者没有必然联系。（   ）
13. 学习职业道德对于行风建设作用不大。（   ）
14. 职业道德就是各项管理制度。（   ）
15. 职业道德的行业特征是指各行各业都有自己的道德要求。（   ）

参 考 答 案

第1章 工程识图

一、单项选择题

1. B；2. C；3. C；4. C；5. A；6. D；7. B；8. C；9. D；10. B；11. C；12. A；
13. B；14. B；15. A；16. B；17. B；18. A；19. C；20. C；21. B；22. C；23. B；24. C；
25. D；26. B；27. B；28. C；29. A；30. A；31. D；32. C；33. B；34. D；35. B；36. C

二、多项选择题

1. CD；2. ABE；3. BCE；4. ACE；5. BCDE；6. ABE；7. ABCE；8. BCD；9. BDE；10. ACDE；11. ABDE；12. ACDE；13. BCD；14. BDE；15. BCDE；16. ABD；17. ABDE；18. ABD；19. BCE；20. ADE；21. ABCE；22. ABC；23. BCE；24. ABE；25. ABCD；26. ACE

三、判断题

1. B；2. A；3. A；4. B；5. B；6. A；7. B；8. B；9. A；10. A；11. B；12. A；13. A；14. B；15. B；16. B；17. A；18. A；19. A；20. B；21. A；22. A；23. B；24. A

第2章 建筑、装饰构造与建筑防火

一、单项选择题

1. A；2. C；3. B；4. B；5. D；6. D；7. A；8. B；9. D；10. D；11. C；12. C；
13. C；14. A；15. C；16. B；17. B；18. D；19. A；20. C；21. B；22. B；23. B；24. C；
25. A；26. D；27. D；28. D；29. A；30. C；31. C；32. C；33. B；34. D；35. D；36. D；
37. C；38. D；39. C；40. C；41. B

二、多项选择题

1. ACE；2. BCD；3. BCDE；4. ABCDE；5. BCD；6. ABCDE；7. ACD；8. BCE；9. ACD；10. ABCDEF；11. ABCDE；12. BCDE；13. BCDE；14. ABCD；15. BCDE；16. ABE；17. ABCD；18. BCD

三、判断题

1. A；2. B；3. B；4. A；5. B；6. A；7. B；8. A；9. B；10. A；11. A；12. A；13. B；14. B；15. A；16. A；17. A；18. B；19. B；20. B；21. B；

第3章 装饰施工测量放线

一、单项选择题

1. D；2. C；3. D；4. D；5. D；6. D；7. C；8. C；9. B；10. A；11. D；12. D；13. D；14. B；15. A；16. C；17. D；18. C；19. C；20. A；21. D；22. A；23. B；24. B；25. D；26. A；27. B；28. B；29. D；30. B；31. C；32. B；33. C；34. B；35. B；36. D；37. A；38. A；39. B；40. A；41. B；42. C；43. C；44. C；45. D；46. C；47. D；48. A

二、多项选择题

1. ABCE；2. ABDE；3. ABC；4. ABE；5. ABCE；6. ABCDE；7. ABCDE；8. ABCD；9. ABCD；10. ACE；11. ACDE；12. ABC；13. ABCDE；14. ABCDE；15. ABCDE；16. ABCDE；17. ABCDE；18. ABE；19. BC；20. ACDE；21. ABCE

三、判断题

1. B；2. B；3. B；4. B；5. A；6. A；7. A；8. B；9. A；10. A；11. B；12. A；13. B；14. A；15. A；16. A；17. A；18. A；19. A；20. A；21. B；22. B；23. B；24. A

第4章 装饰材料与施工机具

一、单项选择题

1. C；2. B；3. C；4. C；5. D；6. B；7. D；8. D；9. C；10. B；11. C；12. B；13. D；14. B；15. B；16. A；17. D；18. A；19. B；20. A；21. B；22. B；23. C；24. D；25. B；26. D；27. D；28. A；29. B；30. D；31. C；32. C；33. B；34. D；35. C；36. A；37. D；38. C；39. B；40. C；41. C；42. D；43. A；44. C；45. C；46. C；47. B；48. C；49. C；50. D；51. C；52. D；53. C；54. A；55. C；56. C；57. C；58. C；59. B；60. C；61. C；62. A；63. A；64. C；65. D；66. D；67. D；68. A；69. B；70. C；71. A；72. D；73. B；74. C；75. A；76. C；77. D；78. A；79. B；80. C；81. C；82. D；83. B

二、多项选择题

1. ABC；2. ABCDE；3. ABCDE；4. ABCD；5. AB；6. BCDE；7. ACD；8. AB-

CDE；9. BDE；10. ABCE；11. DE；12. ABDE；13. AD；14. BCDE；15. ABC；16. ABD；17. ABCD；18. ABDE；19. ABCE；20. BCDE；21. AB；22. ACD；23. ABCD；24. ABD；25. ABE；26. ABCD；27. ABCD；28. ACDE；29. CDE；30. ABC；31. ABDEF；32. ABC；33. ABCD；34. ABE；35. ABCD；36. ABCDEF；37. ABDE；38. ABCDEF；39. CE；40. ABCD；41. ABCDEF；42. BE

三、判断题

1. A；2. A；3. A；4. B；5. B；6. A；7. B；8. A；9. B；10. B；11. B；12. A；13. B；14. A；15. A；16. B；17. A；18. A；19. B；20. A；21. A；22. B；23. B；24. A；25. A；26. B；27. A；28. A；29. A；30. B；31. A；32. B；33. A；34. B；35. A；36. A；37. B；38. A；39. B；40. A；41. B；42. B；43. B；44. B；45. A；46. B；47. A；48. A；49. A；50. A；51. B；52. A；53. B；54. A；55. B

第5章 建筑与装饰工程计价定额

一、单项选择题

1. B；2. C；3. C；4. B；5. D；6. D；7. B；8. D；9. A；10. D；11. A；12. D；13. A；14. A；15. B；16. B；17. D；18. A；19. B；20. C；21. B；22. A；23. C；24. A；25. C；26. C；27. A；28. C；29. B；30. C；31. B；32. A；33. D；34. D；35. A；36. B；37. B；38. A；39. C；40. A；41. C；42. B；43. B；44. D；45. C；46. B；47. C；48. B；49. D；50. D；51. D；52. B；53. C；54. D；55. D；56. B；57. C；58. B

二、多项选择题

1. ABCE；2. ABCDE；3. ABCDE；4. ABDE；5. BDE；6. ACDE；7. ABCE；8. ABCDE；9. ABDE；10. ABCDE；11. ACD；12. BDE；13. ABCD；14. BCD；15. ABCDE；16. ABD；17. ACE；18. ABCE；19. AC；20. BCDE；21. ABCD；22. ABCD；23. ABCDE；24. CE；25. ABCDE；26. ABCE；27. BC；28. ABE；29. ABCD；30. BCD

三、判断题

1. B；2. A；3. B；4. A；5. B；6. A；7. B；8. B；9. A；10. A；11. B；12. A；13. A；14. A；15. A；16. A；17. A；18. A；19. B；20. A；21. B；22. A；23. A；24. A；25. A；26. A；27. A；28. B；29. B；30. A

第6章 建设工程法律基础

一、单项选择题

1. B；2. C；3. D；4. C；5. D；6. A；7. A；8. B；9. C；10. A；11. B；12. C；

13. D; 14. A; 15. D; 16. A; 17. A; 18. B; 19. C; 20. D; 21. B; 22. D; 23. C;
24. D; 25. C; 26. A; 27. B; 28. D; 29. A; 30. A; 31. D; 32. B; 33. B; 34. B;
35. A; 36. B; 37. A; 38. A; 39. D; 40. D; 41. B; 42. C; 43. A; 44. C; 45. D;
46. D; 47. A; 48. B; 49. D; 50. A

二、多项选择题

1. ACD; 2. ABCDE; 3. ABC; 4. BC; 5. ADE; 6. ABC; 7. ABCD; 8. BCD;
9. ABCDE; 10. ABC; 11. BC; 12. ABC; 13. ABCD; 14. ABD; 15. ABCDE;
16. ABC; 17. ABCDE; 18. ABCD; 19. ABC; 20. ABCDE; 21. AC; 22. ABC;
23. ABCD; 24. BCD; 25. ABC

三、判断题

1. A; 2. A; 3. B; 4. B; 5. A; 6. B; 7. A; 8. A; 9. A; 10. A; 11. A; 12. B;
13. B; 14. B; 15. B; 16. A; 17. A; 18. B; 19. A; 20. B; 21. A; 22. A; 23. B;
24. A; 25. A

第7章 计算机知识

一、单项选择题

1. A; 2. C; 3. D; 4. D; 5. B; 6. D; 7. C; 8. C; 9. C; 10. A; 11. D; 12. C;
13. B; 14. D; 15. A; 16. B; 17. C; 18. D

二、多项选择题

1. ABCD; 2. ABCDE; 3. ABCDE; 4. ABCDE; 5. ABCDE; 6. ABCDE; 7. ABCDE;
8. ABCDE; 9. ABCD

三、判断题

1. A; 2. A; 3. A; 4. B; 5. A; 6. A; 7. A; 8. A; 9. A; 10. A; 11. A

第8章 岗位职责与职业道德

一、单项选择题

1. D; 2. C; 3. B; 4. B; 5. A; 6. D; 7. D; 8. D; 9. D; 10. D; 11. B; 12. D;
13. C; 14. A; 15. D; 16. C; 17. A; 18. A; 19. D; 20. B; 21. C; 22. C; 23. D;
24. C; 25. C; 26. C; 27. D

二、多项选择题

1. ABC; 2. ABCDE; 3. ABCDE; 4. ABCDE; 5. ABCDE; 6. ABCDE; 7. ABCDE;

8. ABCDE；9. ABCDE；10. ABCDE；11. ABCD；12. ABCDE

三、判断题

1. B；2. A；3. B；4. B；5. A；6. A；7. B；8. A；9. A；10. A；11. A；12. B；13. B；14. B；15. A

第二部分

专业管理实务

一、考 试 大 纲

第1章 吊顶工程

1.1 吊顶工程概述

(1) 了解吊顶工程的基本概念;
(2) 熟悉吊顶工程的基本构造;
(3) 掌握吊顶工程的分类。

1.2 吊顶龙骨施工

(1) 了解木结构层面的做法;
(2) 熟悉铝合金龙骨吊顶的工艺流程和施工要点;
(3) 掌握轻钢龙骨吊顶的工艺流程和施工要点;
(4) 掌握木龙骨吊顶工艺流程和施工要点;
(5) 掌握反支撑及转换层的常规做法。

1.3 吊顶面板施工

(1) 了解其他罩面板施工方法;
(2) 熟悉吊顶吸声板面板的常用规格、产品分类和施工要点;
(3) 熟悉格栅吊顶施工及挂片吊顶工艺流程和施工要点;
(4) 熟悉金属开敞式吊顶的施工要点;
(5) 掌握吊顶石膏板面板的施工要点;
(6) 掌握吊顶矿棉板面板的施工要点;
(7) 掌握吊顶扣板面板的施工要点。

1.4 吊顶工程质量标准

(1) 了解吊顶工程质量保证措施;
(2) 熟悉吊顶工程质量验收要求;
(3) 掌握吊顶工程强制性条文;
(4) 掌握吊顶工程质量验收规定。

第2章 轻质隔墙工程

2.1 轻质隔墙工程概述

熟悉轻质隔墙的类别。

2.2 板材隔墙施工

(1) 了解板材隔墙的施工流程；
(2) 熟悉板材隔墙施工的操作要点。

2.3 骨架隔墙施工

(1) 了解骨架隔墙的概念；
(2) 熟悉木骨架隔墙施工的操作要点；
(3) 掌握轻钢龙骨石膏板隔墙的操作要点。

2.4 活动隔墙施工

(1) 了解活动隔墙的类别；
(2) 熟悉常用活动隔墙施工的操作要点。

2.5 玻璃隔墙施工

熟悉玻璃隔墙施工的操作要点。

2.6 玻璃砖隔墙施工

了解玻璃砖隔墙施工的操作要点。

2.7 隔墙工程质量标准

了解轻质隔墙施工的质量控制要点。

第3章 抹灰工程

3.1 抹灰工程概述

(1) 了解装饰抹灰的作用；
(2) 熟悉一般抹灰的分类。

3.2 水泥砂浆抹灰施工

(1) 了解水泥砂浆抹灰的施工流程；
(2) 熟悉水泥砂浆抹灰的施工操作要点。

3.3 墙面保温薄抹灰施工

(1) 了解保温墙面抹灰的施工流程；
(2) 熟悉保温墙面抹灰的施工操作要点。

3.4 装饰抹灰施工

(1) 了解斩假石、拉毛抹灰、喷涂饰面、水刷石、干粘石的区别；
(2) 熟悉拉毛抹灰、喷涂饰面抹灰的施工操作要点。

3.5 抹灰施工质量标准

(1) 了解装饰抹灰施工的质量控制要点；
(2) 熟悉一般抹灰施工的质量控制要点。

第4章 墙柱饰面工程

4.1 墙柱饰面工程概述

了解墙柱饰面工程的主要分类。

4.2 湿贴石材施工

(1) 了解湿贴石材的工艺流程；
(2) 熟悉湿贴石材的安装构造及施工操作要点。

4.3 干挂石材施工

(1) 熟悉干挂石材的工艺流程；
(2) 熟悉背栓式干挂石材的安装构造及施工操作要点；
(3) 重点掌握传统式干挂石材的安装构造及施工操作要点。

4.4 内墙铝塑板施工

(1) 了解室内墙面铝塑板安装的工艺流程；
(2) 熟悉室内墙面铝塑板安装的施工操作要点。

4.5 内墙饰面砖施工

(1) 了解室内面砖铺贴的工艺流程；
(2) 熟悉室内面砖铺贴的施工操作要点。

4.6 木制品制作安装

(1) 了解成品木制品的主要优势；
(2) 了解木制品工厂制作的操作要点；

(3) 熟悉装饰单板（木皮）贴面、涂饰的工艺；
(4) 掌握成品木饰面、固定家具的安装工艺。

4.7　墙柱饰面施工质量标准

(1) 了解湿贴石材、金属板、室内面砖安装施工的质量控制要点；
(2) 熟悉木制品、干挂石材安装施工的质量控制要点。

第5章　裱糊、软硬包及涂饰工程

5.1　裱糊施工

(1) 了解锦缎铺贴及金银箔铺贴的施工操作要点；
(2) 熟悉壁纸铺贴的施工操作要点。

5.2　软硬包施工

(1) 了解软硬包施工安装的工艺流程；
(2) 熟悉软硬包安装的施工操作要点。

5.3　涂饰施工

(1) 了解涂刷工程的分类及相关内容；
(2) 熟悉常用涂料的性能特点及使用条件；
(3) 熟悉机械喷涂对动力系统的基本要求；
(4) 掌握常用涂料（合成树脂乳液内墙涂料、合成树脂乳液外墙涂料、合成树脂乳液砂壁状建筑涂料、复层建筑涂料）涂饰施工工艺流程和施工操作要点。

5.4　裱糊、软硬包及涂饰工程质量标准

(1) 熟悉裱糊施工的质量控制要点；
(2) 熟悉软硬包施工的质量控制要点；
(3) 熟悉涂饰施工的质量控制要点。

第6章　楼地面工程

6.1　楼地面工程概述

(1) 了解楼地面工程的概念和分类；
(2) 熟悉楼地面的基本构造和作用；
(3) 掌握楼地面工程施工基本要求。

6.2　基层施工

(1) 了解楼地面基层施工的主要内容；

(2) 熟悉楼地面工程基层施工的基本要求；
(3) 掌握水泥混凝土、陶粒混凝土垫层施工的工艺流程和施工要点；
(4) 掌握水泥砂浆、混凝土找平层的材料要求、施工工艺流程和施工要点。

6.3 整体面层施工

(1) 了解整体面层施工的主要内容；
(2) 熟悉整体面层施工的基本规定；
(3) 熟悉水泥类面层、水磨石面层施工的基本要求；
(4) 掌握自流平面层施工的材料要求、工艺流程和施工要点；
(5) 掌握涂料面层的材料要求、施工工艺流程和施工要点。

6.4 板块面层施工

(1) 了解板块面层的主要内容；
(2) 熟悉板块面层各种材料的特性和基本要求；
(3) 掌握石材、砖、地毯、玻璃、活动地板等板块面层（包括：石材打磨与晶面处理）的施工工艺流程和施工要点。

6.5 木、竹楼地面施工

(1) 了解木、竹楼地面的分类；
(2) 熟悉各类木、竹楼地面的材料特性和基本要求；
(3) 掌握实木地板、实木复合地板、实木拼花地板、中密度（强化）复合地板、竹地板等地板面层的施工工艺流程和施工要点。

6.6 热辐射供暖地面施工

(1) 了解热辐射供暖地面的分类和含义；
(2) 熟悉热辐射供暖地面的基本构造和做法，以及相关的材料要求；
(3) 掌握热辐射供暖地面面层施工的主要工艺流程、施工要点和重点注意事项；
(4) 掌握热辐射供暖地面的成品保护知识。

6.7 楼地面工程质量标准

(1) 了解楼地面工程的主要质量标准；
(2) 熟悉楼地面工程质量检验的基本要求；
(3) 掌握楼地面工程质量的检验方法；
(4) 掌握楼地面工程质量控制要点。

第7章 细部工程

7.1 细部工程概述

了解细部装饰内容。

7.2 窗帘盒、窗台板施工

（1）了解窗帘盒、窗台板的分类；
（2）熟悉窗帘盒、窗台板的基本要求；
（3）掌握窗帘盒、窗台板施工安装工艺流程和施工要点。

7.3 楼梯护栏和扶手

（1）了解楼梯护栏和扶手的分类；
（2）熟悉楼梯护栏和扶手的基本规定；
（3）掌握玻璃护栏和扶手、金属护栏和扶手、木质护栏和扶手、石材护栏和扶手等的材料要求，施工工艺流程和施工要点。

7.4 装饰线条施工

（1）了解装饰线条的分类；
（2）熟悉各类装饰线的材料特性和基本用途；
（3）掌握金属（不锈钢、铜合金、铝合金）装饰线、木装饰线、石膏装饰线、塑料装饰线、踢脚板（包括木、石材、玻璃、不锈钢踢脚板）等装饰线条的施工安装工艺流程和施工要点。

7.5 装饰花格施工

（1）了解装饰花格的主要分类；
（2）熟悉各类装饰花格的材料特性和基本要求；
（3）掌握木花格、铝花格的施工安装工艺流程和施工要点。

7.6 装饰造型饰面施工

（1）了解室内造型饰面的含义和主要分类；
（2）熟悉造型饰面的主要内容；
（3）掌握吊顶、柱子等相关造型饰面施工的工艺流程和施工要点。

7.7 细部工程施工质量标准

（1）了解细部工程质量标准；
（2）掌握细部工程质量控制要点。

第8章 防水工程

8.1 防水工程概述

（1）了解装饰防水的目的；
（2）熟悉防水材料的种类；
（3）掌握防水施工技术。

8.2 室内楼地面聚氨酯涂膜防水施工

(1) 了解聚氨酯涂膜地坪防水基本构造；
(2) 熟悉室内楼地面防水主要材料；
(3) 掌握双组分聚氨酯防水涂膜施工基本程序；
(4) 掌握施工室内防水施工要点。

8.3 室内楼地面聚合物水泥防涂膜防水施工

(1) 熟悉JS聚合物水泥防水层基本构造；
(2) 熟悉蓄水实验要求；
(3) 掌握JS聚合物水泥防水层施工操作要点；
(4) 掌握JS聚合物水泥防水层施工注意事项。

8.4 外墙防水涂膜施工

(1) 了解外墙防水施工的主要材料；
(2) 熟悉外墙防水层基本构造；
(3) 掌握外墙防水施工的技术要点。

8.5 游泳池常规防水施工

(1) 了解典型游泳池防水基本构造；
(2) 掌握游泳池防水施工注意事项；
(3) 掌握游泳池防水施工操作要点。

8.6 防水施工质量标准

熟悉掌握防水施工质量验收标准。

第9章 幕墙工程

9.1 幕墙工程概述

(1) 了解幕墙标记示例；
(2) 熟悉幕墙的标记方法；
(3) 掌握幕墙分类及标记；
(4) 掌握幕墙的概念。

9.2 幕墙安装质量控制要点

(1) 熟悉幕墙的防火检验；
(2) 熟悉幕墙的防雷检验；
(3) 掌握幕墙的预埋件、连接件的安装；
(4) 掌握幕墙梁、柱连接节点的检查指标；

(5) 掌握幕墙龙骨安装；
(6) 掌握幕墙玻璃板块、石材板块与金属板块的安装。

第10章 门窗工程

10.1 门窗工程概述

了解门窗的类型。

10.2 木门套（扇）安装施工

(1) 了解常见的木门窗套现场制作，玻璃安装工艺；
(2) 熟悉木门窗质量验收标准；
(3) 掌握木门窗安装施工技术要点。

10.3 金属门窗安装施工

(1) 熟悉铝合金门窗、塑钢门窗质量验收标准；
(2) 掌握铝合金门窗、塑钢门窗安装施工技术要点。

10.4 特殊门窗的安装施工

(1) 了解自动门、旋转门、卷帘门的安装工艺；
(2) 熟悉防火门、全玻门、自动门、旋转门、卷帘门质量验收标准；
(3) 掌握防火门、全玻门安装施工技术要点。

10.5 门窗施工质量标准

掌握木门窗、铝合金门窗、塑钢门窗、防火门、自动门、旋转门、卷帘门、全玻门质量标准。

第11章 建筑安装工程

11.1 建筑安装工程概述

了解建筑安装工程内容。

11.2 室内给排水支管施工

(1) 了解室内采暖系统的施工控制要点；
(2) 了解室内排水系统设置的一般要求；
(3) 熟悉各类给水、排水管道所选用的管材；
(4) 熟悉给水管道的水压试验合格标准；
(5) 熟悉排水管道的灌球、通水试验合格标准；
(6) 掌握排水管道布置与安装施工控制要点；

(7) 掌握给水管道及配件安装施工控制要点；
(8) 掌握卫生器具及给水配件安装施工控制要点；
(9) 掌握建筑给排水及采暖工程质量验收。

11.3 室内电气施工（配电箱后部分）

(1) 了解灯具施工质量控制要点；
(2) 了解不间断电源UPS的功能和概念；
(3) 熟悉低压配线箱安装；
(4) 掌握电缆敷设施工质量控制要点；
(5) 掌握配管配线施工要点；
(6) 掌握普通灯具施工质量控制要点；
(7) 掌握开关、插座、风扇安装施工质量控制要点；
(8) 掌握建筑电气工程质量验收。

11.4 暖通与空调工程（支路）

(1) 了解风管系统的施工技术要求；
(2) 熟悉通风与空调工程的施工程序；
(3) 了解装饰工程与通风、空调安装的配合问题。

11.5 智能建筑工程

(1) 了解智能建筑工程的概念；
(2) 了解智能建筑工程分项系统的概念；
(3) 熟悉智能建筑工程子分部工程的组成和功能；
(4) 熟悉智能建筑工程分项系统各设备的作用；
(5) 熟悉智能建筑工程施工各阶段的具体内容；
(6) 掌握智能建筑工程分项系统的质量控制要点；
(7) 掌握智能建筑工程与装饰工程的配合要点。

第12章 软装配饰工程

12.1 软装配饰工程概述

(1) 了解软装配饰的类型；
(2) 掌握装饰施工员的配合工作。

12.2 功能性陈设基本知识

(1) 了解室内灯具 室内标识制作与安装；
(2) 掌握室内活动家具、家具的分类、家具的构造工艺、室内公共标识的类型与作用。

12.3 装饰性陈设基本知识

(1) 了解饰品陈设的选择与布置；
(2) 了解室内花艺制作与布置；
(3) 熟悉室内绿化制作与布置、室内工艺品、艺术品摆放原则；
(4) 掌握室内饰品陈设原则、工艺品的摆放原则。

12.4 综合性陈设基本知识

(1) 了解室内装饰织物的种类、特性与作用；
(2) 熟悉室内装饰织物选择与布置；
(3) 掌握室内装饰织物的制作与布置。

第13章 施工项目管理概论

13.1 施工项目管理概念

(1) 了解建设工程项目管理概述；
(2) 熟悉施工项目管理概念；
(3) 掌握施工项目管理的目标和任务。

13.2 施工项目的组织

(1) 了解组织和组织论及项目的结构分析；
(2) 熟悉施工项目管理组织结构和项目管理任务分工表；
(3) 掌握施工组织设计。

13.3 施工项目目标动态控制

(1) 了解施工项目目标动态控制原理；
(2) 熟悉项目目标的事前控制和动态控制方法在施工管理中的应用；
(3) 掌握项目目标动态控制的纠偏措施。

13.4 项目施工监理

(1) 了解建设工程监理的概念；
(2) 了解建设工程监理的工作方法及旁站监理。

13.5 项目前期策划

(1) 了解施工前期策划的概念及目的；
(2) 熟悉施工前期策划内容及方法。

第14章 施工项目质量管理

14.1 施工项目质量管理概述

(1) 了解质量及质量管理概念;
(2) 熟悉项目质量的特点;
(3) 熟悉项目质量的基本原理;
(4) 掌握施工项目质量影响因素。

14.2 施工项目质量控制和验收方法

(1) 了解项目质量控制过程;
(2) 熟悉项目质量控制对策;
(3) 熟悉项目质量计划编制;
(4) 掌握施工项目质量控制;
(5) 掌握施工项目质量验收。

14.3 施工项目质量的政府监督

(1) 了解项目质量政府监督的职能;
(2) 掌握项目质量政府监督的实施。

14.4 施工项目质量问题的分析与处理

(1) 了解质量问题分析与处理程序;
(2) 掌握项目质量通病防治。

第15章 施工项目进度管理

15.1 施工项目进度管理概述

(1) 了解工程进度计划的分类;
(2) 熟悉工程的工期;
(3) 掌握影响进度管理的因素。

15.2 施工组织与流水施工

(1) 了解依次施工与平行施工的概念;
(2) 掌握流水施工的概念。

15.3 施工项目进度控制

(1) 了解项目进度控制的概念;

(2) 熟悉影响施工进度的因素；
(3) 熟悉项目进度控制的内容；
(4) 掌握施工进度的控制方法和措施；
(5) 掌握进度计划监测分析与调整。

第16章 施工项目成本管理

16.1 施工项目成本管理内容

(1) 了解项目成本管理的目的、任务；
(2) 熟悉项目成本管理的原则、方法；
(3) 掌握影响成本管理的途径、措施。

16.2 施工项目成本计划的编制

(1) 了解施工项目成本计划的编制依据及原则；
(2) 熟悉施工项目成本计划的编制与分解；
(3) 掌握项目成本计划与目标成本。

16.3 施工项目成本核算

(1) 熟悉成本核算的基础知识；
(2) 掌握成本控制的主要途径；
(3) 掌握施工项目成本控制的方法。

16.4 施工项目成本控制和分析

(1) 熟悉施工项目成本控制的依据；
(2) 熟悉施工项目成本控制偏差的概念；
(3) 掌握施工项目成本控制纠偏的方法；
(4) 掌握成本控制的主要途径、分析法、控制方法。

第17章 施工项目安全管理与职业健康

17.1 施工项目安全管理与职业健康概述

(1) 了解安全生产方针；
(2) 熟悉安全生产与职业健康管理制度。

17.2 施工安全管理体系

(1) 了解安全生产管理目标；
(2) 熟悉安全体系管理内容；

(3) 掌握安全管理责任制要求。

17.3　施工安全技术措施

(1) 了解安全技术措施编制要求；
(2) 熟悉安全技术措施编制内容；
(3) 熟悉施工安全技术交底；
(4) 掌握施工安全技术措施实施要求。

17.4　施工安全教育与培训

(1) 了解安全教育方法；
(2) 熟悉特殊工种的人员培训要求；
(3) 掌握三级安全教育内容。

17.5　施工安全检查

(1) 了解施工安全检查评分方法；
(2) 熟悉安全检查评分内容；
(3) 掌握施工安全检查重点。

17.6　施工过程安全控制

(1) 了解装饰工程安全技术和施工现场消防布置图；
(2) 熟悉施工临时用电和设备安全防护知识及临边洞口安全防护要求；
(3) 掌握高处作业安全防护规定；
(4) 掌握机具安全操作规程和安全防护用品的正确使用。

17.7　职业健康与环境保护

(1) 掌握职业健康与环境保护的相关规定；
(2) 掌握施工伤亡事故的分类和处理。

二、习 题

第1章 吊顶工程

一、单选题

1. 暗龙骨吊顶工程下列项不需进行防腐处理的是（　　）。
   A. 金属吊杆　　　B. 木龙骨　　　C. 石膏板　　　D. 金属龙骨

2. 某别墅室内精装修工程，客厅平面尺寸为 9m×12m，吊顶为轻钢龙骨石膏板，客厅吊顶工程安装主龙骨时，应按（　　）mm 起拱。
   A. 9~27　　　B. 12~36　　　C. 18~42　　　D. 24~48

3. 下列设备中，可以靠吊顶工程的龙骨承重的有（　　）。
   A. 重型设备　　　B. 电扇　　　C. 大型吊灯　　　D. 喷淋头

4. 下列做法不符合吊顶工程施工要求的为（　　）。
   A. 吊杆距主龙骨端部距离不得大于 300mm
   B. 吊杆距主龙骨端部距离大于 300mm 时，应增加吊杆
   C. 当吊杆长度大于 1.5m 时，应设置反支撑
   D. 当吊杆与设备相遇时，增加吊杆或加大吊杆直径，减少吊杆

5. （　　）可安装在吊顶龙骨上。
   A. 烟感器　　　B. 大型吊灯　　　C. 电扇　　　D. 投影仪

6. 吊顶工程应对（　　）进行复验。
   A. 人造木板的甲醛含量　　　B. 石膏板的放射性
   C 使用胶粘剂的有害物质　　　D. 玻璃面板的强度

7. 木质格栅吊顶施工流程（　　）
   (1) 弹线定位
   (2) 单元安装固定
   (3) 饰面成品保护
   (4) 基层处理
   (5) 单体构件拼装
   A. 41523　　　B. 41253　　　C. 42153　　　D. 43152

8. 玻璃面板施工时玻璃之间必须留不小于（　　）mm 自然缝。
   A. 0.5　　　B. 1　　　C. 1.2　　　D. 1.5

9. 符合吊顶纸面石膏板安装的技术要求是（　　）。
   A. 从板的两边向中间固定　　　B. 从板的中间向板的四周固定

C. 长边（纸包边）垂直于主龙骨安装　　D. 短边平行于主龙骨安装

10. 吊顶吊杆长度大于（　　）m时，应设置反支撑。
A. 1.0　　　　　B. 1.3　　　　　C. 1.5　　　　　D. 2.0

11. 吊顶用填充吸声材料时应有（　　）措施。
A. 防火　　　　B. 防散落　　　C. 防潮　　　　D. 防腐

12. 吊顶工程安装工程后置埋件的现场（　　）强度必须符合设计要求。
A. 拉拔　　　　B. 拉伸　　　　C. 抗压　　　　D. 抗剪

13. 根据《住宅装饰装修工程施工规范》GB 50327—2001，吊顶安装时，自重大于（　　）kg 的吊灯严禁安装在吊顶工程的龙骨上，必须增设后置埋件。
A. 2　　　　　B. 3　　　　　C. 4　　　　　D. 5

14. 关于暗龙骨吊顶工程施工技术要点中下列叙述正确的是（　　）。
A. 石膏板的接缝应按其施工工艺标准进行板缝防裂处理安装双层石膏板时，面层板与基层板接缝可以在任意处，无须错开
B. 吊顶工程的木吊杆、木龙骨和木饰面板必须进行防火处理，并应符合有关设计防火规范的规定
C. 主龙骨起拱高度为房间短向跨度的1‰～3‰，吊杆距主龙骨端部距离不得不小于300mm；当吊杆长度小于1.5m时，应设置反支撑
D. 吊顶内填充吸声材料的品种和铺设厚度应符合设计要求，并应有防潮措施

15. 纸面石膏板吊顶宜选用轻钢龙骨，其次龙骨壁厚允许偏差（　　）mm。
A. ±0.01　　　B. ±0.02　　　C. ±0.03　　　D. ±0.04

16. 下列不属于整体面层吊顶工程安装质量的允许偏差项目的是（　　）。
A. 表面平整度　B. 接缝直线度　C. 接缝高低差　D. 接缝高低

17. 饰面材料与龙骨的搭接宽度应大于龙骨受力面宽度的（　　）。
A. 1/4　　　　B. 2/3　　　　C. 3/5　　　　D. 1/2

18. 为防止面层接缝开裂，铺设的石膏板之间按（　　）°刨出倒角，底口宽度2～3mm用石膏腻子嵌缝刮平，再用专用接缝带粘贴。
A. 30　　　　　B. 45　　　　　C. 60　　　　　D. 75

19. 纸面石膏板安装可使用烤漆或镀锌的自攻螺钉与次龙骨、横撑龙骨固定，钉头嵌入石膏板内（　　）mm，钉帽应刷防锈漆，并用石膏腻子抹平。
A. 0.5～1　　　B. 2　　　　　C. 2.5　　　　　D. 3

20. 木龙骨吊顶钉中间部分的次龙骨时，要按规定调整主龙骨的起拱高度，一般7～10m跨度的房间起拱（　　）。
A. 1‰　　　　B. 3‰　　　　C. 5‰　　　　D. 7‰

21. 吊顶吊杆距主龙骨端部距离大于（　　）mm时，应增加吊杆。
A. 200　　　　B. 250　　　　C. 300　　　　D. 350

22. 当对主龙骨吊点间距、起拱高度设计无要求时，下列做法不符合要求的是（　　）。
A. 吊点间距应小于1.2m　　　　　B. 应按房间短向跨度的1‰～3‰起拱
C. 应按房间长向跨度的1‰～3‰起拱　　D. 主龙骨安装后应及时校正其位置标高

23. 当设计无要求时，吊顶应按房间短向跨度的（　　）起拱。

A. 1‰~3‰　　　B. 3‰~5‰　　　C. 4‰~6‰　　　D. 5‰~8‰

24. 某房间长 8m、宽 6m，下列数据符合吊顶的起拱高度的是（　　）mm。
   A. 16　　　　B. 20　　　　C. 22　　　　D. 24

25. 石膏板、钙塑板当采用钉固法安装时，螺钉与板边距离不得小于（　　）mm。
   A. 8　　　　B. 10　　　　C. 16　　　　D. 18

26. 《住宅装饰装修工程施工规范》GB 50327—2001 规定，石膏板、钙塑板当采用钉固法安装时，螺钉间距宜为（　　）mm。
   A. 100~120　　B. 120~150　　C. 150~170　　D. 180~220

27. 安装双层石膏板时，面层板与基层板的接缝应错开不小于（　　）m，并不在同一根龙骨上接缝。
   A. 100　　　B. 200　　　C. 300　　　D. 400

28. 下列哪项不是轻钢龙骨吊顶施工流程（　　）。
   (1) 按标高线安装墙面边龙骨
   (2) 安装吊杆
   (3) 安装主龙骨
   (4) 楼板底面按吊杆间距弹出吊杆布置线
   (5) 按标高线及起拱要求调整主龙骨
   (6) 固定次龙骨
   (7) 安装横撑龙骨
   (8) 水平调整固定
   (9) 在墙柱面上弹出标高线
   (10) 单体构件拼装
   A. (2)　　　B. (5)　　　C. (8)　　　D. (10)

29. 纸面石膏板吊顶宜选用轻钢龙骨，其DC60×27次龙骨壁厚不应小于（　　）mm。
   A. 0.5　　　B. 0.6　　　C. 1　　　　D. 1.2

30. 轻钢龙骨纸面石膏板吊顶吊件与吊杆应安装牢固，按吊顶高度调整位置，相邻吊件安装应（　　）。
   A. 同向　　　B. 并列　　　C. 对向　　　D. 一致

31. 规定顶棚装饰装修材料的燃烧性能必须达到（　　），未经防火处理的木质材料的燃烧型能达不到这个要求。
   A A 级或 B1 级　　　　　　B. B1 级或 B2 级
   C A 级或 B2 级　　　　　　D. B1 级

32. 轻钢龙骨纸面石膏板吊顶次龙骨间距应准确、均衡，按石膏板模数确定，保证石膏板两端固定在次龙骨上。石膏板板长边接缝处应增加横撑龙骨，横撑龙骨用水平件连接，并与通长次龙骨固定。当采用 2400mm×1200mm 石膏板时，次龙骨间距不宜为（　　）。
   A. 300mm　　B. 375mm　　C. 400mm　　D. 600mm

33. 当吊顶内需要设置永久性马道时，马道应单独吊挂在建筑承重结构上，宽度不宜小于（　　）mm，上空高度应满足维修人员通道的要求，两边应设防护栏杆。

A. 300　　　　　B. 500　　　　　C. 1000　　　　　D. 1200

34. 下列吊顶中吸音效果最好的是（　　）。
   A. 轻钢龙骨石膏吊顶　　　　　B. 塑料扣板吊顶
   C. 铝扣板吊　　　　　　　　　D. 矿棉板吊顶

35. 吊顶用的玻璃应进行自身重力荷载下的变形设计计算，可采用弹性力学方法进行计算。对于边框支承玻璃板，其挠度限制不应超过（　　）。
   A. 1mm　　　　　B. 2mm　　　　　C. 3mm　　　　　D. 4mm

36. 用作吊顶的轻钢龙骨，龙骨壁厚为（　　）。
   A. 0.4mm～0.6mm　　　　　　　B. 0.5mm～1.5mm
   C. 1.5mm～2.5mm　　　　　　　D. 2.5mm～3.5mm

37. 明龙骨吊顶工程施工中饰面板上的灯具、烟感器、喷淋头等设备位置应合理、美观，与饰面板的交接应吻合，严密；感应器、喷淋头与灯具的间距不得小于（　　）。
   A. 200mm　　　B. 250mm　　　C. 300mm　　　D. 350 mm

38. 走道长度超过（　　）米应纵横方向预留伸缩缝，主次龙骨及面层必须断开。遇到建筑变形缝处时，吊顶需根据建筑变形量设计变形缝尺寸及构造。
   A. 5　　　　　B. 8　　　　　C. 10　　　　　D. 15

39. 纸面石膏板吊顶宜选用轻钢龙骨，其主龙骨壁厚允许偏差（　　）mm。
   A. ±0.04　　　B. ±0.05　　　C. ±0.06　　　D. ±0.07

40. 大面积吊顶转角处及大于（　　）m² 应纵横方向预留伸缩缝，主次龙骨及面层必须断开。遇到建筑变形缝处时，吊顶需根据建筑变形量设计变形缝尺寸及构造。
   A. 20　　　　　B. 40　　　　　C. 60　　　　　D. 100

41. 玻璃吊顶应选用安全玻璃，并应符合现行业标准《建筑玻璃应用技术规程》JGJ 113—2009 的相关规范，当玻璃吊顶距离地面大于（　　）m 时，必须使用夹胶玻璃。
   A. 2　　　　　B. 3　　　　　C. 4　　　　　D. 5

42. 为防止面层接缝开裂，铺设的石膏板之间留（　　）mm 缝隙，用石膏腻子嵌缝刮平，再用专用接缝带粘贴。
   A. 3　　　　　B. 6　　　　　C. 9　　　　　D. 10

43. 木龙骨吊顶钉中间部分的次龙骨时，要按规定调整主龙骨的起拱高度，一般 0～15m 跨度的房间起拱（　　）。
   A. 1‰　　　　B. 3‰　　　　C. 5‰　　　　D. 7‰

44. 木龙骨吊顶钉中间部分的次龙骨时，要按规定调整主龙骨的起拱高度，起拱高度偏差控制在（　　）mm 以内。
   A. ±3　　　　B. ±5　　　　C. ±10　　　　D. ±5

45. 根据《民用建筑工程室内环境污染控制规范》(GB 50325)，室内吊顶装修中采用的某一种人造木板或饰面人造木板面积大于（　　）m² 时，应对不同产品、不同批次材料的游离甲醛含量分别进行复验。
   A. 200　　　　B. 300　　　　C. 400　　　　D. 500

46. 纸面石膏板吊顶宜选用轻钢龙骨，其 DC50×19 次龙骨壁厚不应小于（　　）mm。
   A. 0.5　　　　B. 0.6　　　　C. 1　　　　　D. 1.2

二、多项选择题

1. 吊顶具有哪些作用（　　）。
   A. 保温　　　B. 隔热　　　C. 隔声　　　D. 吸声　　　E. 防潮
2. 吊顶饰面材料的（　　）应符合设计要求。
   A. 材质　　　B. 品种　　　C. 规格　　　D. 图案　　　E. 颜色
3. 吊顶工程按照施工工艺的不同分为（　　）吊顶。
   A. 木龙骨　　B. 暗龙骨　　C. 铝合金龙骨　D. 轻钢龙骨　E. 明龙骨
4. 板面受到风荷载作用，板面会上下浮动，吊杆通常是用（　　）的钢筋制作的。
   A. $\phi6$　　B. $\phi4$　　C. $\phi8$　　D. $\phi10$　　E. $\phi5$
5. 板块面层吊顶按照采用的饰面材料不同，分为（　　）吊顶等。
   A. 石膏板　　B. 金属板　　C. 矿棉板　　D. 木格栅　　E. 塑料板
6. 整体面层吊顶按照采用的龙骨材料不同，分为（　　）吊顶等。
   A. 木龙骨　　B. 轻钢龙骨　C. 铝合金龙骨　D. 木板　　　E. 塑料板
7. 轻钢龙骨纸面石膏板吊顶主龙骨壁厚允许偏差为（　　）mm。
   A. ±0.04　　B. ±0.05　　C. ±0.06　　D. ±0.07　　E. ±0.08
8. 吊顶工程应对下列隐蔽工程项目进行验收：（　　）。
   A. 吊顶内管道、设备的安装及水管试压
   B. 木龙骨防火、防腐处理
   C. 预埋件或拉结筋
   D. 吊杆安装、龙骨安装
   E. 填充材料的设置。
9. 吊顶龙骨有（　　）系列。
   A. 38　　　B. 45　　　C. 50　　　D. 60　　　E. 75
10. 大面积石膏板吊顶应采取（　　）措施防止开裂。
    A. 石膏板沿四周墙壁开设凹槽　　B. 在石膏板吊顶上做纵、横开缝处理
    C. 做好石膏板之间的接缝处理　　D. 缩小自攻螺钉钉距，加强固定措施
    E. 石膏板沿四周墙壁处加强连接措施
11. 吊顶工程常见的质量问题有（　　）。
    A. 吊顶龙骨起拱不均匀　　B. 面层变形
    C. 板面开裂　　　　　　　D. 龙骨间距不合要求
    E. 板面不平整
12. 下列属于整体面层吊顶工程安装质量的允许偏差项目的是（　　）。
    A. 表面平整度　　　　　　B. 接缝直线度
    C. 接缝高低差　　　　　　D. 接缝高低度
    E. 阴阳角方正
13. 下列做法符合吊顶工程施工要求的是（　　）。
    A. 主龙骨吊点间距设计无要求时，其间距应小于1.2m
    B. 应按房间短向跨度的1‰～3‰起拱

C. 吊杆距主龙骨端部距离不得大于 300mm

D. 当吊杆长度大于 1.5m 时，应增加吊杆直径

E. 安装双层石膏板时，面层板与基层板的接缝应错开，并不得在一根龙骨上接缝

14. 在板块面层吊顶工程施工中，下列做法正确的是（　　）。

A. 当饰面材料为平板玻璃时，公称厚度不应小于 12mm

B. 饰面材料与龙骨的搭接宽度应大于龙骨受力面宽度的 2/3

C. 金属吊杆、龙骨应进行表面防腐处理

D. 木龙骨应进行防腐、防火处理

E. 吊顶内填充吸声材料应有防散落措施

15. 在吊顶工程中，下列做法符合纸面石膏板和纤维水泥加压板安装要求的是（　　）。

A. 板材固定时，应从板的四周向板的中间固定

B. 纸包边石膏板螺钉距板边距离宜为 10~15mm

C. 切割边石膏板宜为 15~20mm

D. 板周边钉距宜为 150~170mm，板中钉距不得大于 200mm

E. 安装双层石膏板时，上下层板的接缝不应错开，在同一根龙骨上接缝

16. 下列做法符合板块面层吊顶安装要求的是（　　）。

A. 应确保企口的相互要咬接及图案花纹的吻合

B. 饰面板与龙骨嵌装时应挤压紧密，不得留缝，防止脱挂

C. 采用搁置法安装时应留有板材安装缝，每边缝隙不宜大于 1.5mm

D. 玻璃吊顶龙骨上留置的玻璃搭接宽度应符合设计要求，并应采用软连接

E. 装饰吸声板采用搁置法安装，应有定位措施

17. 整体面层吊顶工程施工质量控制主控项目应包括（　　）。

A. 吊顶标高、尺寸、起拱和造型

B. 饰面材料质量要求

C. 饰面板上的灯具、烟感器位置

D. 吊顶、龙骨的安装间距及连接方式

E. 金属龙骨的接缝

18. 建筑装饰装修吊顶工程，下列施工方法正确的有（　　）。

A. 主龙骨应平行房间短向布置

B. 吊杆距主龙骨端部距离不得大于 300mm

C. 纸面石膏板应在自由状态下进行固定，固定时应从板的四周向中间固定

D. 纸面石膏板的长边应平行于主龙骨安装，短边平行搭接在次龙骨上

E. 吊杆长度大于 1500mm 时，应设置反向支撑

19. 整体面层吊顶工程主控项目应包括（　　）

A. 吊顶标高、尺寸、起拱和造型应符合设计要求

B. 饰面材料的材质、品种、规格、图案和颜色应符合设计要求

C. 暗龙骨吊顶工程的吊杆、龙骨和饰面材料的安装必须牢固

D. 吊杆、龙骨的材质、规格、安装间距及连接方式应符合设计要求。金属吊杆、龙骨应经过表面防腐处理；木吊杆、龙骨应进行防腐、防火处理

E. 石膏板的接缝应按其施工工艺标准进行板缝防裂处理。安装双层石膏板时，面层板与基层板的接缝应错开，并不得同一根龙骨上接缝

20. 吊顶工程常用龙骨标记为（　　）。
A. QC75×45×0.7　　　　　　B. DU50×15×1.2
C. DC60×25×1.2　　　　　　D. DC50×19×0.5
E. DC60×27×0.6

21. 规定顶棚装饰装修材料的燃烧性能必须达到（　　），未经防火处理的木质材料的燃烧型能达不到这个要求。
A. A级　　B. B1级　　C. B2级　　D. B3级　　E. C级

22. 轻钢龙骨吊顶纸面石膏板的安装下列正确的做法（　　）。
A. 石膏板安装前，应进行吊顶内隐蔽工程验收，所有项目验收合格且建筑外围护施工完成后才能进行石膏板安装施工
B. 纸面石膏板应按照设计施工图要求选择类型，并沿次龙骨垂直方向铺设
C. 固定应先从板的中间开始，向板的两端和周边延伸，可多点同时施工。相邻的板材应错缝安装
D. 纸面石膏板应在自由状态下用自攻枪及高强自攻螺钉与次龙骨、横撑龙骨固定
E. 采用用电钻等工具先打眼后安装螺钉的施工方法

23. 石膏板类吊顶工程吊杆及吊件的安装下列正确的做法有（　　）。
A. 吊杆与室内顶部结构的连接应牢固、安全
B. 吊杆应与结构中的预埋件焊接或后置紧固件连接
C. 吊杆应通直并满足承载要求。吊杆需接长时，必须搭接焊牢，焊缝饱满
D. 吊杆长度应根据吊顶设计高度确定
E. 根据主龙骨规格型号选择配套吊件。吊件与吊杆应安装牢固，按吊顶高度调整位置，吊件应相邻对向安装

24. 木质格栅开敞式吊顶施工的基层处理：安装准备工作除与吊顶相同外，还需对（　　）及设备等进行涂黑处理，或按设计要求涂刷其他深色涂料。
A. 结构基底底面　　　　　　B. 顶棚以上的墙
C. 顶棚以上的管线　　　　　D. 顶棚以上的木板
E. 顶棚以上的柱面

25. Ⅰ类民用建筑工程的室内吊顶装修，可以采用（　　）级别的人造木板及饰面人造木板。
A. E_1类　　B. A类　　C. Ⅰ类　　D. E_0类　　E. E_2类

26. 轻钢龙骨纸面石膏板吊顶次龙骨壁厚允许偏差为（　　）mm。
A. ±0.03　　B. ±0.04　　C. ±0.05　　D. ±0.05　　E. ±0.07

三、判断题（正确写A，错误写B）

1. 基层由次龙骨组成。是固定顶棚面层的主要构件，并将承受面层的重量传递给支承部分并达到防火等级。　　　　　　　　　　　　　　　　　　　　　　（　　）

2. 龙骨安装前，先按照设计标高在四周墙柱面上测定标高基准点，弹出吊顶水平线，

再按吊杆间距在楼板底面划出吊杆位置。弹线应清晰,位置正确。( )

3. 吊杆距主龙骨端部距离不大于350mm,否则应增设吊杆。( )
4. 靠墙第一根主龙骨距离墙面不大于200mm。( )
5. 调平龙骨时应考虑吊顶中间部分起拱,一般为短跨的1/200。( )
6. 铝合金龙骨的安装与调平应同时完成。调平龙骨时应考虑吊顶中间部分起拱,一般为短跨的1/300。( )
7. 自攻螺丝不要破坏纸面,没入1mm~2mm,自攻螺丝距板边距离宜为15mm,潮湿环境可采用防水石膏板加镀锌自攻螺丝施工。( )
8. 轻钢龙骨吊顶的主龙骨间距一般控制在600~800mm,次龙骨的间距控制在300~400mm。( )
9. 反支撑的作用主要是当室内产生负风压的时候,控制吊顶板面向下移动。( )
10. 安装双层石膏板时,面层板与基层板的接缝应错开,并不得在同一龙骨上接缝。( )
11. 明龙骨吊顶必须根据现场实际尺寸逐个房间、逐个区域进行排版设计。( )
12. 纸面石膏板吊顶的阴、阳角和应力集中处必须进行特殊处理,防止出现裂缝。( )
13. 玻璃吊顶应采用钢化夹层玻璃,并应有足够刚度防止下挠、脱落。( )
14. 重型灯具、电扇及其他重型设备及有震动的设备严禁安装在吊顶工程的龙骨上。( )
15. 所采用的人造板或饰面人造木板,必须有游离甲醛含量或游离甲醛释放量检测报告,并应符合设计要求和《民用建筑工程室内环境控制规范》GB 50025的规定。( )
16. 顶棚骨架具有调整、确定悬吊式顶棚的空间高度的作用。( )
17. 轻钢龙骨的吊杆一般采用直径8~10mm螺纹镀锌丝杆或钢筋,间距应小于1.2m 当吊杆与设备管道相遇时,应调整并增设吊杆;吊杆长度大于1.0m时,应设置反支撑。( )
18. 明龙骨吊顶饰面板的安装应稳固严密,与龙骨的搭接宽度应大于龙骨受力面宽度的1/2。( )
19. 石膏板顶面造型转角处采用L形整体石膏板防止面层接缝开裂。( )
20. 当需要设置永久性马道时,马道应单独吊挂在建筑承重结构上,宽度不宜小于500mm。( )
21. 龙骨安装前,应按设计要求对房间净高、洞口标高和吊顶内管道、设备及其支架的标高进行交接检验。( )
22. 灯具重量大于3kg时,应固定在螺栓或预埋吊钩上;花灯吊钩的圆钢直径应≥灯具挂销的直径,并应≥6mm;大型花灯的固定及悬吊装置,应按灯具重量的2倍做过载试验;灯具固定应牢固可靠,不得使用木楔。( )
23. 走道长度超过10m或大面积吊顶转角处及大于100m² 应纵横方向预留伸缩缝,主次龙骨及面层必须断开。( )
24. 顶面石膏板封板,板缝必须为"V"形口,上板前预先刨好;板材应在自由状态下进行安装,固定时应从板的中间向板的四周固定。( )
25. 顶面封板最好是双层9.5厚或单层1.2厚,纸面石膏板顶面转角接缝必须错开30

厘米缝，转角处采用"L"字切割，可防止开裂。但必须注意不能开伤石膏板纸面，否则暗裂的隐患还存在。（　　）

26. 企口暗缝法：将矿棉吸声板加工成企口暗缝的形式。龙骨的两条肢插入暗缝内，不用钉，不用胶，靠两条肢将板托住。（　　）

27. 吊顶与立管交接部位应加套管护口，套管出吊顶下约20mm；涂料天棚与立管交接部位，宜将涂料下返约20mm，与立管的银粉漆分色，以增加感官效果。（　　）

28. 玻璃吊顶应选用安全玻璃，并应符合现行业标注《建筑玻璃应用技术规程》JGJ的相关规范，当玻璃吊顶距离地面大于4m时，必须使用夹层玻璃，用于吊顶的夹层玻璃不应小于6.76mm，PVB胶片厚度不应小于0.76mm。（　　）

29. 对大面积的吊顶，宜每隔12m在主龙骨上部垂直方向焊接一道横卧主龙骨，焊接点处应涂刷防锈漆。（　　）

第2章　轻质隔墙工程

一、单项选择题

1. 轻钢骨架隔断安装罩面板的正确方法是（　　）。

   A. 先安装好一面，待隐蔽验收工程完成后，并经有关单位，部门验收合格，办理完工种交接手续，再安装另一面

   B. 为了赶工期两面同时安装

   C. 一面板安装好后，施工班组经过检查后可以安装另一面

   D. 一面板安装好后，项目经理批准后就可以安装另一面

2. 板材隔墙中，必须做防火检测的材料是（　　）。

   A. 轻钢龙骨　　　B. 通贯龙骨　　　C. 石膏板　　　D. 玻璃岩棉

3. （　　）是复合轻质墙板施工的合理顺序：①墙位放线②安装定位架③墙基施工④复合校装，随立门窗口。

   A. 1234　　　　B. 2341　　　　C. 4321　　　　D. 1324

4. 复合轻质墙板安装的合理顺序是（　　）。

   A. 从靠柱子的一端开始

   B. 由中间往两边对称安装

   C. 由两头往中间安装

   D. 宜由墙的一端开始排列，顺序安装至另一端

5. 关于轻钢龙骨石膏板隔墙以下说法错误的是（　　）。

   A. 隔墙重量轻　　　　　　　　B. 占地少、隔声效果较好

   C. 劳动强度低，随意性强　　　D. 防火性能差

6. 轻钢龙骨隔墙安装，以下说法错误的是（　　）。

   A. 在沿地、沿顶龙骨接触处，先铺设橡胶条、密封膏或沥青泡沫塑料条，再用射钉或金属膨胀螺栓沿地、沿顶龙骨固定

   B. 龙骨的边线应与弹线重合

C. 固定点的间距宜在1200mm左右，龙骨的端部及接头处应设固定点，固定应牢靠
D. 竖龙骨位置及垂直度调整好后，随后将竖龙骨的两端与沿地及沿顶龙骨固定

7. 轻钢龙骨竖向龙骨的接长，不正确的做法是（   ）。

A. 可用U型龙骨套在C型龙骨的接缝处

B. 用拉铆钉或自攻螺钉固定

C. 边龙骨与墙体间也要先进行密封处理，再进行固定

D. 可用木龙骨做接头

8. 符合通贯龙骨的安装规范的是（   ）。

A. 接头应上下对齐　　　　　　　B. 用拉铆钉或自攻螺钉固定
C. 接头不需要跨过一个整竖格　　D. 不可用龙骨钳来固定接头

9. 对于半径较大的曲面墙，石膏板安装错误的是（   ）。

A. 竖向龙骨的间距宜为300mm左右，石膏板最好横向铺设

B. 当半径为1m左右时，竖向龙骨间距宜为150mm左右

C. 以上两种情况在安装石膏板时，先在曲面的一端加以固定，然后轻轻地、逐渐向板的另一端，向龙骨方向推动，直到完成曲面为止

D. 当曲面半径较小时，在装板前应将面纸和背纸彻底弄湿即可安装。当板完全干燥时会保持原来的硬度

10. 木骨架罩面板隔墙是指采用木龙骨、木质板材罩面的室内小型隔墙工程，其缺点是（   ）。

A. 组装简便、造型灵活　　　　　B. 充分利用人造板罩面取材容易
C. 应用技术也较为成熟　　　　　D. 不利于消防

11. 对于造型变化较为复杂的现代室内隔墙装饰体，在其局部更有必要与建筑结构主体进行固定连接。为此宜按（   ）的间距在楼地面、顶面及两端墙或柱面设紧固点，画出位置，对于采用金属膨胀螺栓或木楔圆钉法进行连接者预先打孔。

A. 300～400mm　　B. 30～40mm　　C. 100～200mm　　D. 150～250mm

12. 直滑式活动隔墙的安装顺序是：①安装轨道，②弹线，③安装滑轮，④隔扇制作，（   ）。

A. ①②③④　　B. ②④①③　　C. ④③②①　　D. ①④②③

13. 隔扇的底面与楼地面之间的缝隙约（   ）常用橡胶或毡制密封条遮盖。

A. 25mm　　　B. 2mm　　　C. 2cm　　　D. 6mm

14. 直滑式活动隔墙正确的安装方法不包括（   ）。

A. 楼板底上槛和导轨吊杆的连接点，应在同一垂直线上且应重合

B. 用吊杆螺栓调整导轨的水平度，并应反复校中、校平，以确保安装质量

C. 吊轮安装架的回转轴，必须与隔墙扇上梃的中心点垂直可以不重合

D. 隔墙扇上梃的中心点距上梃两端应等距离，距两侧的距离也必须相等，以确保回转轴归中，使隔墙扇使用时折叠自如

15. 玻璃系由石英砂、纯碱、长石及石灰石等在（   ）高温下熔融后经拉制或压制而成。

A. 100～110℃　　B. 155～160℃　　C. 2550～2600℃　　D. 1550～1600℃

16. 在建筑工程中，玻璃是一种重要的装修材料。以下（　　）不是它的用途。
    A. 透光　　　　　B. 隔音　　　　　C. 隔热　　　　　D. 承受水平冲击力
17. 当大面积玻璃隔墙采用吊挂式安装时，则应在主体结构的楼板或梁下安装吊挂玻璃的支撑架和上框。超过（　　）m 的玻璃应吊挂安装。
    A. 2　　　　　　B. 5　　　　　　C. 2.5　　　　　D. 4
18. 大玻璃安装，玻璃之间应留（　　）mm 的缝隙或留出玻璃肋厚度相同的缝，以便安装玻璃肋和打胶。吊挂式玻璃安装，玻璃就位后，将夹具固定每块玻璃。
    A. 2-3　　　　　B. 8　　　　　　C. 12　　　　　D. 20
19. 玻璃砖隔墙安装，将框架固定好，用素混凝土或垫木找平并控制好标高；骨架与结构连接牢固。同时做好防水层及保护层。固定金属型材框用的镀锌钢膨胀螺栓直径不得小于 8mm，间距小于等于（　　）mm。
    A. 50　　　　　B. 500　　　　　C. 100　　　　　D. 200
20. 玻璃砖隔墙，当只有隔断的高度超过规定时，应在垂直方向上每 2 层空心玻璃砖水平布一根钢筋；当只有隔断的长度超过规定时，应在水平方向上每（　　）个缝垂直布一根钢筋。
    A. 2　　　　　　B. 1　　　　　　C. 3　　　　　　D. 6
21. 高度和长度都超过规定时，应在垂直方向上每（　　）层空心玻璃砖水平布 2 根钢筋，在水平方向上每 3 个缝至少垂直布一根钢筋。
    A. 2　　　　　　B. 4　　　　　　C. 1　　　　　　D. 8
22. 玻璃砖砌体一般采用（　　）砌法。
    A. 骑马缝　　　　B. 丁字缝　　　　C. 三顺一丁缝　　D. 十字缝立砖
23. 玻璃砖采用白水泥：细沙＝（　　）的水泥浆或白水泥：108 胶＝100：7 的水泥浆（重量比）砌筑。白水泥浆要有一定的稠度，以不流淌为好。
    A. 1：1　　　　　B. 1：2　　　　　C. 2：1　　　　　D. 1：3
24. 玻璃砖砌体按上．下层对缝的方式，自下而上砌筑。两玻璃砖之间的砖缝不得小于（　　）mm，且不得大于 30mm。
    A. 10　　　　　B. 5　　　　　　C. 2　　　　　　D. 6
25. 最上层的空心玻璃砖应深入顶部的金属型材框中，深入尺寸不得小于 10mm，且不得大于（　　）mm。空心玻璃砖与顶部金属型材框的腹面之间应用木楔固定。
    A. 10　　　　　B. 5　　　　　　C. 25　　　　　D. 2.5
26. 金属型材与建筑墙体的屋顶的结合部，以及空心玻璃砖砌体与金属型材框翼端的结合部应用（　　）密封。
    A. 水泥砂浆　　　B. 弹性密封剂密封　C. 酸性玻璃胶　　D. 油性腻子
27. 石膏板、钙塑板当采用钉固法安装时螺钉与板边距离不得小于（　　）mm。
    A. 8　　　　　　B. 10　　　　　C. 12　　　　　D. 15
28. 轻质隔墙应对（　　）进行复验。
    A. 木材的含水率　　　　　　　　　B. 人造木板的甲醛含量
    C. 玻璃的强度　　　　　　　　　　D. 胶粘剂的有害物质含量
29. 玻璃板隔墙应使用（　　）。

A. 压花玻璃　　　B. 镀膜玻璃　　　C. 钢化玻璃　　　D. 中空玻璃

30. 下列做法不符合轻质隔墙安装轻钢龙骨要求的是（　　）。
A. 安装支撑龙骨时，应先将支撑卡安装在竖向龙骨的开口方向
B. 卡距宜为400～600mm，距龙骨两端的距离宜为20～25mm
C. 潮湿房间和钢板网抹灰墙，龙骨间距不宜大于450mm
D. 安装贯通龙骨时，低于3m的墙安装一道，3～5m的安装二道

二、多项选择题

1. 骨架隔墙大多为轻钢龙骨或木龙骨，饰面板有（　　）等。
A. 石膏板　　B. 埃特板　　C. 胶合板　　D. 玻璃岩棉　　E. GRC板

2. 复合轻质墙板安装的正确做法包括（　　）等。
A. 在板的顶面、侧面和门窗口外侧面，应先将浮土清除均匀涂抹胶粘剂成"∧"状，安装时侧面要严，上下要顶紧
B. 接缝内胶粘剂要饱满（要凹进板面5mm左右）
C. 接缝宽度为35mm
D. 板底空隙不大于25mm
E. 板下所塞木楔应该拆除

3. 安装纸面石膏板的正确方法是（　　）等。
A. 在立柱的一侧应将石膏板按位置定好扶稳，再进行固定
B. 一侧固定完后，固定另一侧石膏板。如有管线工程或隔声要求的隔墙，要先铺设管线和做保温层，然后再安装石膏板
C. 为增强隔声效果和减小安装自攻螺钉时对另一侧自攻螺钉的振动，两侧石膏板应错缝安装。如需安装两层石膏板时，两层板缝应错开
D. 石膏板宜竖向铺设，长边接缝应落在竖龙骨上，这样可以提高隔断墙的整体强度
E. 如需安装两层石膏板时，两层板缝应对齐安装

4. 下列符合活动式隔墙的特点的有（　　）。
A. 活动式隔墙能满足空间灵活多变的要求
B. 在展览布置或多功能活动空间有着其他隔墙无法替代的独特作用
C. 活动式隔墙的特点是隔音效果好
D. 活动式隔墙的特点是可以随意闭合或打开，使相邻的空间随之成为独立的一个大空间
E. 是一种具有相当应用价值的隔墙形式

5. 活动隔墙的种类，从形式上可分为（　　）。
A. 拼装式　　B. 组合式　　C. 折叠滑动式　　D. 分离式　　E. 固定式

6. 玻璃种类很多，按其化学成分有（　　）。
A. 钠钙玻璃　　B. 铝镁玻璃　　C. 硼硅玻璃　　D. 彩色玻璃　　E. 石英玻璃

7. 玻璃种类很多，按功能分有（　　）。
A. 钠钙玻璃　　B. 平板玻璃　　C. 压花玻璃　　D. 夹丝玻璃　　E. 钢化玻璃

8. 各种特种玻璃并有（　　）等特殊用途。

A. 防爆　　　B. 防辐射　　　C. 防强力冲击　　D. 保温　　　　E. 吸热

9. 玻璃砖隔墙同金属框的连接规范的做法是（　　）。

A. 钢筋每端伸入金属型材框的尺寸不得小于 35mm

B. 钢筋每端伸入金属型材框的尺寸不得小于 50mm

C. 用钢筋增强的室内空心玻璃砖隔墙的高度不得超过 4m

D. 用钢筋增强的室内空心玻璃砖隔墙的高度不得超过 6m

E. 用钢筋增强的室内空心玻璃砖隔墙无高度限制

10. 玻璃砖砌体的合理施工方法以有（　　）。

A. 砌筑时，将上层玻璃砖压在下层玻璃砖上，同时使玻璃砖的中间槽卡在定位架上

B. 两层玻璃砖的间距为 5～10mm，每砌筑完一层后，用湿布将玻璃砖面上沾着的水泥浆擦去

C. 玻璃砖墙宜以 150mm 高为一个施工段，待下步施工段胶结料达到设计强度后在进行上部施工

D. 玻璃砖墙宜以 1500mm 高为一个施工段，待下步施工段胶结料达到设计强度后在进行上部施工

E. 当玻璃砖墙墙面积过大时应增加支撑

11. 板材隔墙安装的允许偏差应符合下列的规定：（　　）mm

A. 金属夹芯板立面垂直度 2

B. 石膏空心板表面平整度 3

C. 钢丝网阴阳角方正 4

D. 钢丝网接缝高低差 1

E. 石膏空心板立面垂直度 8

三、判断题（正确写 A，错误写 B)

1. 玻璃隔墙主要为空心玻璃砖隔墙。（　　）

2. 隔断工程的施工环境要求之一是：主体结构完成并清理现场。（　　）

3. 在装修工程中除第一层外直接接触结构的木龙骨可以不刷防腐漆。（　　）

4. 墙上设有门窗口者，应先安装门窗口一侧较短的墙板，随即立口，再顺序安装门窗口另一侧墙板。一般情况下，门口两侧墙板宜使用整板，拐角两侧墙板，也力求使用整板。（　　）

5. 骨架隔墙，在隔声要求比较高时，也可在两层面板之间加设隔声层，或可同时设置三、四层面板，形成二至三层空气层，以提高隔声效果。骨架式隔墙均在施工现场组装。（　　）

6. 沿地、沿顶龙骨固定好后，按两者间的净距离切割竖龙骨，竖向龙骨的切割应保持通贯龙骨的穿孔在同一水平标高（在竖龙骨的同一头切割）并将切割好的竖向龙骨依次推入沿地和沿顶龙骨之间。（　　）

7. 在门、窗等洞口为防止门窗开关时因轻钢龙骨墙面的强度和刚度不够而发生震动，可在门窗洞口处的竖龙骨内衬方钢，通贯龙骨与方钢的连接可把通贯龙骨折成 90°用铆钉或钻尾钉与方钢连接，可提高墙面的整体刚度。（　　）

8. 隔墙木龙骨通过平整度垂直度验收合格后即可铺装罩面板,与罩面木质板接触面的龙骨应刨削平直,横竖龙骨交接处必须平整。( )

9. 直滑式活动隔墙隔扇的两个垂直边常常做成凸凹相咬的企口缝,并在槽内镶嵌橡胶或毡制的密封条。( )

10. 靠结构墙面的立筋,在立筋距地面150mm处应设置60mm长的橡胶门档,使隔墙扇与立筋相碰时得到缓冲而不致损坏隔墙扇边框。( )

11. 型钢在安装好后应刷好防腐涂料,焊好后在焊接处再做防锈漆。( )

12. 落地无竖框玻璃隔墙还应留出楼地面的饰面层的厚度。如果有踢脚线,可不考虑踢脚线饰面层的厚度。( )

13. 大玻璃安装用厂家提供的整套吊挂夹具,按配套吊夹的规格和数量以及大玻璃的重量和尺寸,安装吊夹。( )

14. 吊挂夹具的夹紧力随重量的增加而减小。( )

15. 安装大玻璃,将槽口清理干净,垫好防振铁块,用玻璃吸盘把玻璃吸牢,由2~3人手握吸盘同时抬起玻璃,将玻璃竖着插入上框槽口内,然后轻轻垂直落下,放入下框槽口内,并推移到边槽槽口内,然后安装中间部位的玻璃。( )

16. 嵌缝打胶,玻璃板全部就位后,校正平整度,垂直度,先后在槽两侧嵌橡胶压条,从一边挤紧玻璃,然后打硅酮结构胶,注胶应均匀注入缝隙中,并用塑料刮刀在玻璃的两面刮平玻璃胶,随即清洁玻璃表面的胶迹。( )

17. 清洁玻璃,无框玻璃安装好后,应用棉纱蘸清洁剂,在两面擦去胶迹和污染物,再在玻璃上粘贴不干胶纸带,以防玻璃被碰撞。( )

18. 玻璃隔墙操作人员,无须经过专业技术安全培训、考核合格后发证,持证上岗。( )

19. 膨胀螺栓的埋置深度、焊缝长度、高度和焊条型号,应符合设计要求。( )

20. 室内空心玻璃砖隔断的尺寸超过上表规定时,应采用直径为6mm或8mm的钢筋增强。( )

21. 按照排版图弹好的位置线,首先认真核对玻璃砖墙长度尺寸是否符合排砖模数。否则可调整隔墙两侧的槽钢或木框的厚度及砖缝的厚度。注意隔墙两侧调整的宽度要保持一致,隔墙上部的槽钢调整后的宽度也应尽量保持一致。( )

22. 玻璃砖墙砌筑完后,立即进行表面勾缝。勾缝与抹缝之后,应用布或棉纱将砖表面擦洗干净,待勾缝砂浆达到强度后。用玻璃胶涂敷。也可采用矽胶注入玻璃砖间隙勾缝。( )

23. 有隔声、隔热、阻燃、防潮等特殊要求的工程,板材应有相应性能等级的检测报告。( )

24. 安装隔墙板材所需预埋件、连接件的位置、数量及连接方法应符合设计要求。
( )

第3章 抹灰工程

一、单项选择题

1. 抹灰工程所用的砂是平均粒径( )mm的中砂,砂颗粒要求坚硬洁净,不得含有黏土、草根、树叶、碱质及其他有机物等有害物质。砂在使用前应根据使用要求过不同孔径的筛子，筛好备用。

A. 0.35～0.5　　　　B. 1.0～1.5　　　　C. 0.1～0.25　　　　D. 2～3

2. 以下抹灰所用配合比正确的是（　　）。

A. 连接处和缝隙应用1∶1水泥砂浆

B. 连接处和缝隙应用3∶1水泥砂浆

C. 6∶1∶1水泥混合砂浆分层嵌塞密实

D. 1∶1∶6水泥混合砂浆分层嵌塞密实

3. 管道穿越墙洞、楼板洞应及时安放套管，并用（　　）水泥砂浆或细石混凝土填嵌密实；电线管、消火栓箱、配电箱安装完毕，并将背后露明部分钉好钢丝网；接线盒用纸堵严。

A. 1∶3　　　　B. 3∶1　　　　C. 1∶1　　　　D. 2∶3

4. 混凝土与轻质砌块墙体交接处均应加钉（　　）mm宽钢丝网。

A. 100　　　　B. 150　　　　C. 500　　　　D. 200

5. 抹灰正确的工艺流程是（　　）。

A. 基层处理→弹线、找规矩→做标筋→做灰饼→抹门窗护角→抹底灰→抹中层灰→抹面层

B. 弹线、找规矩→基层处理→做标筋→做灰饼→抹底灰→抹门窗护角→抹中层灰→抹面层

C. 基层处理→弹线、找规矩→抹底灰做灰饼→→抹门窗护角→做标筋→抹中层灰→抹面层

D. 基层处理→弹线、找规矩→做灰饼→做标筋→抹门窗护角→抹底灰→抹中层灰→抹面层。

6. 保温薄抹灰施工中，用2m靠尺检查墙体的平整度，最大偏差大于（　　）mm时，应用1∶3的水泥砂浆找平。

A. 1　　　　B. 4　　　　C. 8　　　　D. 20

7. 调制聚合物胶浆，使用干净的塑料桶倒入约5.5kg的净水，加入25kg的聚合物胶浆，并用低速搅拌器搅拌成稠度适中的胶浆，静置5min。使用前再搅拌一次。调好的胶浆宜在（　　）h内用完。

A. 2　　　　B. 4　　　　C. 8　　　　D. 1

8. 以下保温板铺设中错误的是（　　）。

A. 保温板一般应采取横向铺设的方式，由下向上铺设

B. 错缝宽度为1/2板长，必要时进行适当的裁剪

C. 尺寸偏差不得大于±15mm

D. 尺寸偏差不得大于±1.5mm

9. 基层墙体平整度良好时，亦可采用条粘法，条粘法保温板铺设中错误的是（　　）。

A. 条宽10mm　　　　B. 厚度10mm　　　　C. 条间距50mm　　　　D. 条间距500mm

10. 标准网布搭接至少100mm，阴阳角搭接不小于（　　）。

A. 200mm　　　　B. 20mm　　　　C. 100mm　　　　D. 500mm

11. 不符合装饰抹灰质量标准的是（　　）。

A. 斩假石表面质量要求表面剁纹应均匀顺直、深浅一致，应无漏剁处；阳角处应横剁并留出宽窄一致的不剁边条，棱角应无损坏

B. 分格条（缝）的设置应符合设计要求，宽度和深度应均匀，表面应平整光滑，棱角应整齐

C. 有排水要求的部位应做滴水线（槽）。滴水线（槽）应整齐顺直，滴水线应内高外低，滴水槽的宽度和深度均应不小于10mm

D. 滴水槽的宽度和深度均应不小于5mm

12. 水刷石施工的正确做法不包括（　　）。

A. 先在底层面上按设计弹线安装8mm×10mm的梯形分格木条

B. 用水泥浆在两侧粘结固定，以防大面收缩开裂，然后将底层洒水湿润后刮水泥浆一层，以增强与底层的粘结

C. 随即抹上稠度为5～7mm，厚2～5mm的水泥石子浆（水泥∶石子＝1∶1.25～1∶1.5）面层，拍平压实，使石子均匀且密实，待其达到一定强度（用手指按无陷痕印）时

D. 用棕刷子蘸水自上而下刷掉面层水泥浆，使石子表面外露，然后用喷雾器（或喷水壶）自上而下喷水冲洗干净

13. 室内墙面、柱面和门洞口听做法，当设计无要求时，（　　）。

A. 应采用1∶2水泥砂浆做暗护角，其高度不应低于2m

B. 应采用1∶3水泥砂浆做暗护角，其高度不应低于2m

C. 应采用1∶2混合砂浆做暗护角，其高度不应低于2m

D. 应采用1∶3混合砂浆做暗护角，其高度不应低于2m

14. 下列做法不符合涂饰工程基层处理要求的是（　　）。

A. 新建筑物的混凝土基层在涂刷涂料前应涂刷抗碱封闭底漆

B. 新建筑物的抹灰基层在涂刷涂料后应涂刷抗碱封闭底漆

C. 旧墙面在涂刷涂料前应清除疏松的旧装饰层，并涂刷界面剂

D. 厨房、卫生间墙面必须使用耐水腻子

15. 一般抹灰工程的水泥砂浆不得抹在（　　）上。

A. 钢丝网　　　　B. 泰柏板　　　　C. 空心砖墙　　　　D. 石灰砂浆层

16. 室内外抹灰工程施工环境温度不应低于（　　）℃。

A. 0　　　　B. 2　　　　C. 4　　　　D. 5

17. 抹灰用的石灰膏熟化期、罩面用的磨细石灰粉的熟化期分别不应少于（　　）d。

A. 8　2　　　B. 10　2　　　C. 12　3　　　D. 15　3

二、多项选择题

1. 对混凝土表面缺陷如蜂窝、麻面、露筋等的正确处理是（　　）。

A. 用水冲后用1∶1砂浆补平

B. 把露筋切除后用1∶1砂浆补平

C. 首先应剔到实处并冲洗干净

D. 刷素水泥浆一道（内掺水重10%的107胶）

E. 紧跟用1：3水泥砂浆分层补平

2. 加气混凝土表面缺棱掉角正确的修补方法是（　　）。

A. 需分层修补

B. 洇湿基体表面，刷掺水重10%的108胶水泥浆一道

C. 紧跟抹1：1：6混合砂浆

D. 每遍厚度应控制在12～20mm

E. 每遍厚度应控制在7～9mm

3. 混凝土墙面与其他不同材料墙面交接处错误的处理方法是（　　）。

A. 与不同材料墙面的搭接长度不小于1000mm

B. 首先洇湿基体表面，刷掺水重10%的108胶水泥浆一道

C. 先钉加强钢丝网

D. 与不同材料墙面的搭接长度不小于100mm

E. 钢丝网钉完后，进行隐蔽验收，合格后方可进行下道工序

4. 贴饼、冲筋正确做法包括以下（　　）。

A. 根据控制线在门口、墙角用线坠、方尺、拉通线等方法贴灰饼

B. 在2m左右高度离两边阴角100～200mm处各做一个灰饼，然后据两灰饼用托线板挂垂直做下边两个灰饼，高度在踢脚线上口，厚薄以托线板垂直为准，然后拉通线每浆隔1.2～1.5m上下各加若干个灰饼

C. 灰饼一般用1：3水泥砂浆做成边长为50mm的方形

D. 门窗口、垛角也贴灰饼，上下两个灰饼要在一条垂直线上

E. 灰饼一般用1：3水泥砂浆做成边长为500mm的方形

5. 抹墙裙、踢脚正确做法包括以下（　　）。

A. 踢脚面或墙裙面一般凸出抹灰墙面2～3cm

B. 基层处理干净，浇水润湿，刷界面剂一道

C. 随即抹1：3水泥砂浆底层，表面搓毛，待底灰七八成干时，开始抹面层砂浆

D. 面层用1：2.5水泥砂浆，抹好后用铁抹子压光

E. 踢脚面或墙裙面一般凸出抹灰墙面5～7mm，并要求出墙厚度一致，表面平整，上口平直光滑

6. 符合铺设翻包网施工规范要求的是（　　）。

A. 裁剪翻包网布的宽度应为200mm＋保温板厚度的总和

B. 先在基层墙体上所有门、窗、洞周边及系统终端处，涂抹粘结聚合物胶浆，宽度为100mm，厚度为2mm

C. 将裁剪好的网布一边10mm压入胶浆内

D. 将裁剪好的网布一边100mm压入胶浆内

E. 不允许有网眼外露，将边缘多余的聚合物胶浆刮净，保持甩出部分的网布清洁

7. 以下保温板铺设中错误的是（　　）。

A. 将保温板四周均匀涂抹一层粘结聚合物胶浆，涂抹宽度为50mm，厚度10mm

B. 在板的一边留出50mm宽的排气孔

C. 中间部分采用点粘，直径为 100mm，厚度 10mm，中心距 200mm

D. 对于 1200mm×600mm 的标准板，中间涂 4 个点

E. 对于非标准板，则应使保温板粘贴后，涂抹胶浆的面积不小于板总面积的 10%。板的侧边不得涂胶

8. 以下保温板铺设中正确的做法是（   ）。

A. 板与板间之间要挤紧，板间缝隙不得大于 12mm

B. 板与板间之间要挤紧，板间缝隙不得大于 2mm

C. 板间高差不得大于 1.5mm

D. 板间缝隙大于 2mm 时，应用保温条将缝塞满，板条不得粘结，更不得用胶粘剂直接填缝

E. 板间高差大于 1.5mm 的部位应打磨平整

9. 保温板铺设施工中网格布的铺贴正确的有（   ）。

A. 网格布应自上而下沿外墙一圈一圈铺设

B. 不得有网线外露，不得使网布皱褶、空鼓、翘边

C. 当网格布需拼接时，搭接宽度应不小于 10mm

D. 在阳角处需从每边双向绕角且相互搭接宽度不小于 200mm，阴角处不小于 100mm

E. 当遇门窗洞口，应在洞口四角处沿 45°方向补贴一块 200mm×300mm 标准网格布，以防开裂

10. 下列属于保温薄抹灰强制性条文的是（   ）。

A. EPS 板现浇混凝土外墙外保温系统现场粘结强度不得小于 0.1MPa，并且破坏部位应位于 EPS 板内

B. 胶粘剂与水泥砂浆的拉伸粘结强度在干燥状态下不得小于 0.6MPa，浸水 48h 后不得小于 0.4MPa；与 EPS 板的拉伸粘结强度在干燥状态和浸水 48h 后均不得小于 0.1MPa，并且破坏部位应位于 EPS 板内

C. 玻纤网经向和纬向耐碱拉伸断裂强度均不得小于 750N/50mm，耐碱拉伸断裂强度保留率均不得小于 50%

D. 外保温工程施工期间以及完工后 24h 内，基层及环境空气温度不应低于 5℃。夏季应避免阳光暴晒。在 5 级以上大风天气和雨天不得施工

E. 外保温工程施工期间以及完工后 8h 内，基层及环境空气温度不应低于 10℃。夏季应避免阳光暴晒。在 5 级以上大风天气和雨天不得施工

11. 抹灰工程应对水泥的（   ）进行复验

A. 凝结时间　　　　　　　　B. 强度

C. 强度等级　　　　　　　　D. 安定性

E. 碱含量

12. 在装饰抹灰工程中，下列做法正确的是（   ）。

A. 水泥的凝结时间和安定性应复验合格

B. 抹灰总厚度大于或等于 35mm 时，应采取加强措施

C. 当采用加强网时，加强网与各基体的搭接宽度不应低于 100mm

D. 滴水线应内高外低

E. 滴水槽的宽度不应小于 8mm，深度不应小于 10mm

三、判断题（正确写 A、错误写 B）

1. 结构工程全部完成就可以开始进入抹灰工程施工。（   ）

2. 砖墙、混凝土墙、加气混凝土墙基体表面浮浆、灰尘、污垢和油渍等，应清理干净，并洒水湿润。（   ）

3. 抹灰前应检查基体表面的平整，以决定其抹灰厚度。抹灰前应在大角的两面、阳台、窗台、漩脸两侧弹出抹灰层的控制线，以作为打底的依据。（   ）

4. 弹线、找规矩、套方：分别在门窗口角、垛、墙面等处吊垂直套方，在墙面上弹抹灰控制线。并用托线板检查基层表面的平整度、垂直度，确定抹灰厚度，最薄处抹灰厚度不应小于 15mm。墙面凹度较大时，应用水泥砂浆分层抹平。（   ）

5. 若基层墙体不具备粘结条件，可采取直接用锚固件固定的方法，固定件数量应视建筑物的高度及墙体性质决定。（   ）

6. 在保温板的安装中，保温板若为挤塑板，应在涂刷粘结胶浆的一面涂刷专用界面剂，放置 50min 晾干后待用。（   ）

7. 在所有门、窗、洞的拐角处均不允许有拼接缝，须用整块的保温板进行切割成型，且板缝距拐角不小于 200mm。（   ）

8. 基层墙面如用 1∶3 水泥砂浆找平，应对粘结胶浆与基层墙体的粘结力做专门的试验。（   ）

第 4 章 墙柱饰面工程

一、单项选择题

1. 饰面板安装工程一般适用于内墙面安装和高度不大于（   ）m、抗震设防烈度不大于（   ）度的外墙饰面板安装工程。

　　A. 99、7　　　　B. 45、9　　　　C. 50、9　　　　D. 24、7

2. 饰面砖粘贴工程一般适用于内墙面饰面粘贴工程和高度不大于（   ）m 和抗震设防烈度不大于（   ）度、采用满粘法施工的外墙饰面砖粘贴工程。

　　A. 100、8　　　B. 24、7　　　　C. 50、9　　　　D. 200、7

3. 饰面板（砖）工程施工的环境条件应满足施工工艺的要求。环境温度及其所用材料温度的控制中不正确的要求是（   ）。

　　A. 采用掺有水泥的拌合料粘贴（或灌浆）时，即湿作业施工现场环境温度不应低于 5℃

　　B. 采用有机胶粘剂粘贴时，不宜低于 20℃

　　C. 如环境温度低于上述规定，应采取保证工程质量的有效措施

　　D. 采用有机胶粘剂粘贴时，不宜低于 10℃

4. 不符合石材干挂安装正确方法的是（   ）。

A. 大于25mm厚的石材干挂可以在侧面直接开槽

B. 槽口的后面应留不小于8mm宽度，石材的重量靠这8mm的宽度同不锈钢挂件的紧密结合把重量传递给基层钢架

C. 下一排石材安装好后，上一排石材安装应支放在下排石材上

D. 石材的干挂每一块板的重量要靠各自的挂件承担，不可将力压向下一排，切不可将传统的砌砖工艺用在石材或玻化砖的干挂上

5. 石材出厂或安装前要做好（　　）面背涂防护，火烧板等毛面石材污染渗透后不易清理。

A. 4　　　　　　B. 3　　　　　　C. 2　　　　　　D. 6

6. 小规格板材，一般厚度小于20mm、边长不大于（　　）mm，可采用湿贴方法。

A. 40　　　　　 B. 60　　　　　 C. 400　　　　　D. 600

7. 用石材防护剂对石材背面及侧面进行涂刷处理，石材含水率应小于（　　）。

A. 8%　　　　　B. 4%　　　　　C. 12%　　　　 D. 20%

8. 石材干挂用胶不正确的是（　　）。

A. 石材幕墙挂件与石材之间的粘结固定应采用双组分环氧胶粘剂粘结

B. 云石胶粘结剂未经脱油处理，容易造成石材污染，在低温条件下其粘结强度弱于环氧胶粘剂干挂胶很多倍，而且云石胶怕潮湿、不耐高温、易风化、剪力不够，在温差和振动作用下产生的位移较大，石材容易开裂

C. 石材挂件与石材之间、石材（或玻化砖）与背条之间的粘结固定应采用双组分环氧胶粘剂粘结

D. 粘贴背条开槽式瓷板干挂，应提前2h用双组分环氧胶粘剂粘结开好槽的背条（环境温度低于5℃应适当延长凝固时间），粘结处应打毛、清理并冲洗干净，待晾干后粘贴背条

9. 铝合金板与夹心层的剥离强度标准值应大于（　　）。

A. 7N/mm　　　 B. 12N/mm　　　C. 1N/mm　　　 D. 3N/mm

10. 铝塑复合板安装加工中不正确的做法是（　　）。

A. 铝塑复合板的刨槽深度应根据板厚确定，一般应使塑料复合层留下厚度的1/4

B. 且不小于0.3mm为宜

C. 并应使所保留的塑料复合层厚薄均匀

D. 以保证弯折平滑，并形成一弯曲半径为1~2mm的过渡圆角

11. 釉面砖粘贴施工不正确的做法是（　　）。

A. 施工时，釉面砖必须清洗干净，浸泡不少于2h，粘结厚度应控制在20~30mm之间，不得过厚或过薄

B. 粘贴时要使面砖与底层粘贴密实，可以用木槌轻轻敲击

C. 产生空鼓时，应取下墙面砖，铲去原来的粘结砂浆，采用加占总体积3‰丹利胶的水泥砂浆修补

D. 外墙大面积镶贴面砖，应考虑设置变形缝，变形缝应切透基层抹灰，并用弹性嵌缝材料填塞严密。防止因温度变化而产生裂缝，使面砖脱落

12. 木制品基层施工，建筑基层墙柱面垂直度平整度误差达到（　　）mm以下的可

直接在墙面上根据木饰面的分格线调平安装木饰面的挂扣件。

A. ±1　　　　　B. ±10　　　　　C. ±3　　　　　D. ±8

13. 在建筑基层墙面上制作安装木龙骨基层：木龙骨约 30mm×40mm，间距（　　）mm，木格框应同基层墙上的固定条连接牢固，防火、防腐、防蛀施工应符合设计和规范的要求。

A. 45mm×45mm　　　　　　　　B. 450mm×450mm

C. 600mm×600mm　　　　　　　D. 400mm×400mm

14. 不符合木饰面形状和位置允许偏差（mm）的是（　　）。

A. 表面任意点平整度≤0.2

B. 相邻面板间前后、左右、上下错位量≤1.0

C. 对角线长度≥1000 的邻边垂直度≤3.0

D. 加工完成后零部件边长±10

15. 不符合基层骨架安装允许偏差（mm）的是（　　）。

A. 立面垂直度 8　　　　　　　B. 表面平整度 2

C. 接缝直线度 2　　　　　　　D. 接缝高低差 1

16. 不符合固定家具安装形位偏差（mm）的是（　　）。

A. 柜体正面、侧面垂直度±1.0

B. 柜体对角线长度≥1000 时对角线长度差≤3.00

C. 设计规定的长、宽、深尺寸外形极限偏差±5

D. 搁板下垂度与长度的比值搁板挠度≤5‰

17. 饰面板（砖）工程中不须进行复验的项目是（　　）。

A. 外墙陶瓷面砖的吸水率

B. 室内用大理石的放射性

C. 粘贴用水泥的凝结时间、安定性和抗压强度

D. 寒冷地区外墙陶瓷的抗冻性

18. Ⅳ、Ⅴ区，外墙陶瓷砖的（　　）不用进行复验。

A. 尺寸　　　　　B. 表面质量　　　　　C. 吸水率队　　　　　D. 抗冻性

二、多项选择题

1. 石板湿挂安装施工正确的方法是（　　）。

A. 灌浆：石材板墙面防空鼓是关键。施工时应充分湿润基层，在竖缝内塞 15～20mm 深的麻丝或泡沫塑料条，以防漏浆

B. 灌注时，边灌边用橡皮锤轻轻敲出石板面或用短钢筋轻捣，使浇入砂浆排气

C. 灌浆应分层分批进行，第一层浇筑高度为 150～200mm，且不得超过石板高度 2/3；如发现石板外移错位，应立即拆除重新安装

D. 第一次灌浆后待 1～2h，等砂浆初凝后应检查一下是否有移动，确定无误后，进行第二层灌浆，第二层灌浆高度为 200～300mm

E. 待初凝后再灌第三层，第三层灌至低于板上口 50～100mm 处为止

2. 瓷板（玻化砖）湿贴安装空鼓的主要原因包括（　　）。

A. 基层墙面的变形 B. 水化反应时的缺水
C. 基层未清理干净 D. 水泥等粘结材料的质量不合格
E. 施工时环境温度超过45℃

3. 符合冬季注胶作业环境条件的是（　　）。

A. 冬季注胶作业环境温度应控制在5℃以上
B. 冬季注胶作业环境温度应控制在10℃以上
C. 结构胶粘结施工时，环境温度不宜低于10℃
D. 结构胶粘结施工时，环境温度不宜低于20℃
E. 上一个工地用过的同一品牌的胶，在这个工地上使用可不做试验

4. 瓷砖粘贴施工基层处理正确的方法包括（　　）。

A. 不同的材料相接处，应粘贴纸质绷带
B. 镶贴饰面的基体表面应具有足够的稳定性和刚度，若为光面应进行凿毛处理，并用素水泥浆满刷一遍，再浇水湿润
C. 对油污进行清洗，即先将表面尘土、污垢清扫干净，用10%火碱水将墙面的油污刷掉，随之用净水将碱冲净、晾干
D. 若为毛面只需清洗，再用1∶1水泥砂浆加丹利胶溶液30%＋70%水拌和，甩成小拉毛，喷或用扫帚将砂浆甩以墙上
E. 其甩点要均匀，终凝后浇水养护，直至水泥砂浆疙瘩全部粘到混凝土光面上，并有较高的强度，用手掰不动为止

5. 关于木饰面的挂件安装方法中合理的是（　　）。

A. 木挂件的材料应为实木或优质多层板，厚度一般为12mm，中纤板和刨花板不可作挂件
B. 木质、金属质等的挂扣件的安装挡距应不大于1000mm
C. 钢、不锈钢、铝合金、复合高强型塑料等挂件、扣件的壁厚和强度等应符合所安装饰面重量的受力要求，并有一定的安全系数
D. 所有木质、金属质地的挂件、扣件的一些受力方面的数据均需经过计算和确认，并应做相关的剥离试验和先期的样板安装试验。在取得可靠安全的安装方案后大面积施工
E. 木质、金属质等的挂扣件的安装挡距应不大于400mm

6. 符合木饰面安装允许偏差的是（　　）。

A. 立面垂直度1.0 B. 表面平整度1.0
C. 接缝直线度1.0 D. 墙裙、勒脚上口直线度15
E. 接缝高低差1.0

7. 下列（　　）等民用建筑工程室内装修时，应采用A类无机瓷质砖胶粘剂。

A. 学校教室 B. 办公楼
C. 火车站候车厅 D. 体育馆
E. 住宅

三、判断题（正确写A，错误写B）

1. 采用传统的湿作业法安装天然石材时，由于水泥砂浆在水化时析出大量的氧化钙，

泛到石材表面,产生不规则的花斑,俗称泛碱现象,严重影响建筑物室内外石材饰面的装饰效果。（   ）

2. 铝塑复合板的上下两层铝合金板的厚度均应为 1mm,其性能应符合现行国家标准《铝塑复合板》GB/T 17748 规定的技术要求。（   ）

3. 浸砖:所选用砖浸泡 2~24h,具体情况具体对待,一般以砖不冒泡为准,取出阴干,待表面手摸无水气。空鼓、脱落、膨胀不均是砖没有很好浸水之故。（   ）

4. 在基层板上安装成品木饰面,有吸声要求的微孔吸声板安装不可用基层板,只可直接安装在调平整的龙骨基层上。（   ）

第5章 裱糊、软硬包及涂饰工程

一、单项选择题

1. 裱糊前应用（   ）涂刷基层。
A. 素水泥浆　　　B. 防水涂料　　　C. 封闭底胶　　　D. 防火涂料

2. 以下不是玻璃纤维壁纸在室内的使用特点的为（   ）。
A. 不褪色　　　B. 不可以刷洗　　　C. 不老化　　　D. 防火

3. 壁纸裁切错误的做法是（   ）。
A. 通常壁纸纸带的切割长度应为墙面高度加 1~2cm 余量,裁剪时务必注意图案的对花因素
B. 在已剪裁好的纸带背面标出上下和顺序编号
C. 壁纸裁切应选用专用壁纸裁刀,操作时用钢尺压住裁痕,一刀裁下
D. 裁切角度以 45°为最佳,中途刀片不得转动和停顿,以防止壁纸边缘出现毛边飞刺

4. 不符合软硬包墙面材料要求的是（   ）。
A. 面板一般采用胶合板（五合板）,厚度不小于 3mm
B. 用原木板材作面板时,一般采用烘干的红白松、椴木和水曲柳等硬杂木,含水率不大于 12%
C. 其厚度不小于 20mm,且要求纹理顺直、颜色均匀、花纹近似,不得有节疤、扭曲、裂缝、变色等疵病
D. 二层以上的贴墙木质材料可以不做防腐处理

5. 涂饰工程是指（   ）。
A. 水性涂料涂饰工程
B. 水性涂料涂饰、溶剂型涂料涂饰工程
C. 水性涂料涂饰工程、溶剂型涂料涂饰工程和美术涂饰工程
D. 油漆和涂料工程

6. 喷涂施工时,一般控制在（   ）范围内,或按涂料产品使用说明书调整压力。
A. 0.2~0.4MPa　　B. 0.4~0.8MPa　　C. 0.8~1.0MPa　　D. 1.0~1.2MPa

7. 喷涂施工时,后行喷涂应覆盖前行喷涂面积的（   ）。
A. 1/2~1/3　　　B. 1/2~2/3　　　C. 1/3~2/3　　　D. 1/4~3/4

二、多项选择题

1. 软硬包饰面基层墙面应符合以下条件（　　）。
   A. 房间里的吊顶分项工程已完成 50%
   B. 混凝土和墙面抹灰已完成，基层按设计要求木砖或木筋已埋设，水泥砂浆找平层已抹完灰并刷冷底油，且经过干燥，含水率不大于 8%
   C. 木材制品的含水率不得大于 12%
   D. 水电及设备，顶墙上预留预埋件已完成
   E. 房间里的木护墙和细木装修底板已基本完成，并符合设计要求

2. 软硬包工程应对（　　）进行复验。
   A. 木材的含水率　　　　　　　　B. 墙布的有害物质限量
   C. 人造木板的甲醛释放量　　　　D. 胶粘剂的有害物质限量
   E. 软硬包的安装牢固性

3. 机械喷涂时，喷枪（喷斗）移动速度适当且保持一致，一般速度在（　　）。
   A. 20～30cm/s　　B. 30～40cm/s　　C. 40～60cm/s　　D. 60～80cm/s

4. 按特殊功能分有（　　）等涂料。
   A. 防水涂料　　　　　　　　　　B. 防霉涂料
   C. 防火涂料　　　　　　　　　　D. 防蛀涂料
   E. 防腐涂料　　　　　　　　　　F. 防锈蚀涂料

5. 机械喷涂施工质量要求（　　）。
   A. 涂膜厚度均匀
   B. 颜色一致
   C. 平整光滑
   D. 无露底、皱纹、流挂、针孔、气泡、失光发花等缺陷
   E. 观感好

三、判断题（正确写 A，错误写 B）

1. 壁纸、墙布阳角处应顺光搭接，阴角处应无接缝。（　　）
2. 涂料墙是很适合改贴壁纸，但需做好砂磨处理后涂刷壁纸基膜才可施工。贴墙纸的墙面预处理其实和刷涂料的墙面预处理大致相同的。（　　）
3. 软包面料及其他填充材料必须符合设计要求，并符合建筑内装修设计防火的有关规定。（　　）
4. 水性涂料涂饰工程包括：乳液型涂料、无机涂料、水溶性涂料等涂饰工程。（　　）
5. 外墙涂料分为薄涂料、厚涂料、复层涂料。（　　）
6. 涂饰工程按施工工具分为刷涂（含抹涂、刮涂）、滚涂（辊涂）、和机械喷涂等方式。（　　）
7. 合成树脂乳液砂壁状建筑涂料喷涂，设计无要求时，宜按 1.0m 左右分格，然后逐格喷涂。（　　）
8. 美术涂刷中，套色花色，用特制的漏花板，按美术图案形式，有规律的将各种颜

色涂刷在墙面上,套色有几种颜色就必须套几遍。   (   )

9. 机械喷涂主要施工工艺流程:施工准备——检查喷涂机械——按确定的喷涂顺序喷涂——验收。   (   )

10. 涂饰工程室内各分项工程检验批划分和检查数量按下列确定:同类涂料涂饰墙面每 50 间(大面积房间和走廊按涂饰面积 30m² 为一间)划分为一个检验批,不足 50 间也划分为一个检验批;每个检验批应至少抽查 10%,并不得少于 3 间,不足 3 间时应全数检查。   (   )

第 6 章 楼地面工程

一、单项选择题

1. 在建筑地面构造中基层的含义(   )。
   A. 面层以下统称为基层   B. 垫层以上统称为基层
   C. 基土以上称基层   D. 基土以下称基层

2. 绝热层的含义(   )。
   A. 主要是阻挡底下潮气向上渗透的构造层
   B. 绝热层是隔离层
   C. 用于地面阻挡热量传递的构造层
   D. 没有热量的构造层

3. 建筑地面面层的含义(   )。
   A. 是能直接承受各种物理和化学作用的建筑地面表面层
   B. 是承受地面荷载的构造层
   C. 人可以在上面活动的面层
   D. 地面最上面的一层

4. 有防水要求的建筑地面是否需要设置防水隔离层(   )。
   A. 必须设置防水隔离层
   B. 关键是要排水坡度满足要求,不一定设防水隔离层
   C. 基层有防水混凝土就行
   D. 按设计要求

5. 楼地面的变形缝除按设计要求设置外,还应符合有关规定(   ),譬如:与建筑结构预留缝位置相对应。
   A. 不一定各构造层都要贯通   B. 各构造层都应贯通
   C. 应作防水处理   D. 应交叉设置变形缝

6. 防水隔离层蓄水试验,深度是有规定的(   )。
   A. 蓄水深度 8~10(mm)左右,蓄水时间不少于 24h
   B. 蓄水深度不少于 10mm、蓄水时间不少于 24h
   C. 蓄水深度不少于 12mm、蓄水时间不少于 24h

D. 蓄水深度不少于 5mm、蓄水时间不少于 48h

7. 楼地面的基本构造包括各构造层；根据设计要求还包括变形缝中的（　　）。

A. 沉降缝　　　　　　　　　　　B. 建筑物设置的伸、缩缝

C. 抗震缝　　　　　　　　　　　D. 各类施工缝

8. 检查有防水要求楼地面面层时，办法是（　　）。

A. 采用泼水方法　　B. 采用蓄水方法　　C. 灌水　　　　　D. 倒水

9. 从设计基准标高 BM（±0.00）引测室内地表面的水平控制线，高度为 1m（俗称：1m 线），在地面工程施工中（　　）。

A. 能作为室内地面个构造层施工时，控制标高的水平基准线

B. 仅可作为面层施工时的标高控制线

C. 基础施工时的控制线

D. 吊顶施工控制线

10. 检验批验收是项目质量验收的（　　）。

A. 前提　　　　　B. 基础　　　　　C. 条件　　　　　D. 必不可少的项目

11. 在混凝土垫层中，石子最大粒径应（　　）。

A. 不大于垫层厚度的 2/3　　　　　B. 不大于垫层厚度的 1/3

C. 不大于垫层厚度的 1/2　　　　　D. 不大于 50mm。

12. 混凝土垫层施工采用平板振动器来回振捣时，每次平板覆盖上次已振实部位至少（　　）的面积。

A. 三分之一　　　B. 三分之二　　　C. 宽 200mm　　　D. 四分之三

13. 水泥砂浆找平层施工工艺流程包括（　　）。

A. 基层清理——测量与标高控制——刷素水泥浆结合层——铺找平层——验收

B. 基层清理——刷素水泥浆结合层——铺找平层——验收

C. 基层清理——测量与标高控制——刷素水泥浆结合层——铺设找平层——养护——验收

D. 铺找平层——验收

14. 防水隔离层在靠近墙面处，设计无要求时，（　　）。

A. 应高出楼地面 200～300（mm）；阴阳角和管道穿过楼地面的根部应增设附加防水隔离层

B. 应高出楼地面不少于 180mm；阴阳角和管道穿过楼地面的根部应增设附加防水隔离层

C. 应高出楼地面不少于 150mm；阴阳角和管道穿过楼地面的根部应增设附加防水隔离层

D. 应高出地面不少于 500mm

15. 填充层按照所用材料的状态不同，主要有（　　）。

A. 松散材料填充层、板块材料填充层和整体混凝土材料填充层

B. 松散材料填充层、板块材料填充层

C. 泡沫材料填充层

D. 混凝土材料填充层

16. 室内首层地面应增设水泥混凝土垫层后方可铺设绝热层，有防水要求的地面（　　）。

A. 应在防水、防潮隔离层施工完毕并验收合格后，再铺设绝热层

B. 应在防水、防潮隔离层施工完毕后，再铺设绝热层

C. 应在防水、防潮隔离层施工前铺设绝热层

D. 地基基础验收合格后再铺设绝热层

17. 混凝土面层养护，使用"养护灵"，可节约用水和提高工效、强度和耐磨性，使用方法（　　）。

A. 应按产品使用说明书并符合国家规范规定

B. 应符合国家规范规定

C. 应符合工程现场实际

D. 应按产品使用书

18. 水泥砂浆面层配合比、强度等级，设计无要求时，（　　）。

A. 体积比应为1：2，强度等级不应小于M10

B. 体积比应为1：25，强度等级不应小于M10

C. 体积比应为1：3，强度等级不应小于M10

D. 体积比应为1：2，强度等级不应小于M15

19. 自流平面层施工后，在常温条件下，自然养护天数，不少于（　　）。

A. 3d　　　　　B. 7d　　　　　C. 5d　　　　　D. 10 d

20. 涂料地面面层常采用的涂料是（　　）。

A. 丙烯酸、环氧、聚氨酯等树脂型涂料涂刷

B. 丙烯酸、水溶性、聚氨酯等树脂型涂料涂刷

C. 溶剂型涂料

D. 酸性涂料

21. 陶瓷地砖要取得好的视觉效果，设计无要求时，排版一般采用（　　）。

A. 对称排版　　　B. 非对称排版　　　C. 任意排版　　　D. 异形排版

22. 活动地板从结构上讲（　　）。

A. 只有梁式活动地板

B. 既有梁式活动地板，又有无梁式的活动地板

C. 仅有无梁式的活动地板

D. 满地铺地板

23. 半硬质聚氯乙烯地板分为（　　）。

A. 半硬质塑料地板砖和半硬质聚氯乙烯（PVC）地板

B. 环氧地板砖和半硬质聚氯乙烯（PVC）地板

C. 活动地板和PVA地板

D. 活动地板和橡胶地板

24. PVC地板铺贴前，对基层的要求之一（　　）。

A. 洁净、干燥、含水率小于8%
B. 洁净、干燥、含水率小于12%
C. 洁净、干燥、含水率小于15%
D. 洁净、干燥、含水率小于18%

25. 氯化聚乙烯（CPE）卷材地面完成后，常温条件下养护时间为（　　）。
A. 1～3d B. 5d C. 7d D. 10d

26. 整体面层含（　　）。
A. 砖面层 B. 地毯面层 C. 卷材面层 D. 涂料面层

27. 底层地面的基本构造包括（　　）。
A. 基础、垫层、找平层、隔离层（防潮层）、结合层、面层
B. 基土、垫层、找平层、隔离层（防潮层）、结合层、面层
C. 基层、垫层、找平层、隔离层（防潮层）、结合层、面层
D. 防水层、垫层、找平层、隔离层（防潮层）、结合层、面层

28. 找平层宜选用中粗砂，其含泥量及有机杂质都有明确规定（　　）。
A. 含泥量不大于3%，有机杂质不大于0.5%
B. 含泥量不大于5%，有机杂质不大于0.5%
C. 含泥量不大于3%，有机杂质不大于1%
D. 含泥量不大于5%，有机杂质不大于1%

29. 花木地板铺装后，刨光、磨光的次数应（　　）次，刨去的厚度应小于1.5mm。
A. 2 B. 3 C. 1 D. 5

30. 竹地板按结构分类有（　　）。
A. 双层胶合竹地板和多层胶合竹地板
B. 单层胶合竹地板和五层胶合竹地板
C. 单层胶合竹地板和双层胶合竹地板
D. 单层胶合竹地板和多层胶合竹地板

31. 梯段相邻踏步高差应不大于10mm，每踏步两端宽度差不大于（　　）mm。
A. 10 B. 12 C. 15 D. 20

32. 地面砖镶贴时扫浆应用（　　）。
A. 混合砂浆 B. 界面剂 C. 水泥砂浆 D. 清水

33. 镶贴地面陶瓷锦砖的常用方法（　　）。
A. 陶瓷锦砖依靠结合层粘贴在找平层上
B. 陶瓷锦砖依靠结合层粘贴在初步找平层上
C. 陶瓷锦砖在找平层上分块摆放
D. 陶瓷锦砖应用模具粘贴

34. 陶瓷锦砖镶贴接缝宽度应在（　　）前调整。
A. 水泥初凝 B. 水泥终凝 C. 扯下牛皮纸时 D. 随便

35. 冬期施工期限以外，当日最低气温低于（　　）℃时，也应执行冬期施工的有关规定。
A. −10 B. −5 C. −3 D. −2

36. 大理石或花岗石铺地面用干法施工时，结合层采用（　　）。
   A. 干铺1：2.5水泥砂　　　　　　　　B. 干铺1：2石灰砂
   C. 干铺1：3：9混合砂　　　　　　　D. 干铺1：3水泥加108胶水
37. 铺贴地面的水泥，按国家规定，水泥初凝时间不得早于（　　）。
   A. 1h　　　　　B. 45min　　　　　C. 1.5h　　　　　D. 2h
38. 水泥砂浆地面宜选用硅酸盐水泥或普通硅酸盐水泥，强度等级不小于（　　）。
   A. 62.5　　　　B. 52.5　　　　　C. 42.5R　　　　D. 42.5
39. 美术水磨石地面质量标准，表面平整度允许偏差（　　）。
   A. 5mm　　　　B. 3mm　　　　　C. 4mm　　　　　D. 2mm
40. 全面质量管理的范围是（　　）。
   A. 管因素　　　B. 管开始　　　　C. 管结果　　　　D. 管施工
41. 陶瓷锦砖铺贴后的脱纸时间不得大于（　　）min。
   A. 45　　　　　B. 40　　　　　　C. 50　　　　　　D. 60
42. 水磨石面层一般采用（　　）法。这样面层上洞眼可基本消除。
   A. 一浆二磨　　B. 一磨二浆　　　C. 二磨二浆　　　D. 二浆三磨
43. 砂浆的保水性用（　　）表示。
   A. 坍落度　　　B. 分层度　　　　C. 沉入度　　　　D. 针入度
44. 水磨石地面开磨，头遍采用粒度为（　　）砂轮。
   A. 200～80号　B. 120～180号　C. 60～80号　　D. 300～500
45. 普通水磨石地面最后一遍磨光，应等到强度达到后，用（　　）砂轮磨光。
   A. 220号　　　B. 180号　　　　C. 160号　　　　D. 80号
46. 水泥砂浆地面的砂浆稠度不应大于（　　）mm。
   A. 35　　　　　B. 45　　　　　　C. 55　　　　　　D. 70
47. 美术水磨石采用颜料应耐碱、耐光，掺入量应为水泥用量的（　　），或经试验确定。
   A. 3～6%　　　B. 8～10　　　　C. 11～18%　　　D. 19～20%
48. 用1：2水泥砂浆楼梯抹面，抹完24h后开始浇水养护，常温条件下不少于（　　）天。
   A. 3　　　　　B. 5　　　　　　　C. 7　　　　　　　D. 15
49. 现浇水磨石地面所用的石粒，除特殊要求外直径为（　　）。
   A. 3～5mm　　B. 6～16mm　　　C. 17～20mm　　D. 20～25mm
50. 抹楼梯防滑条时，要比楼梯踏步面（　　）。
   A. 高3～4mm　B. 高10mm　　　C. 低1～2mm　　D. 低2～3mm
51. 楼梯踏步防滑条要用（　　）。
   A. 1：1.5水泥金刚砂砂浆　　　　　B. 1：2水泥砂浆
   C. 重晶石砂浆　　　　　　　　　　D. 1：3.5水泥金刚砂砂浆
52. 整体面层地面施工后，养护时间不应少于（　　）d。
   A. 3　　　　　B. 5　　　　　　　C. 7　　　　　　　D. 10
53. 地面采用自流平、涂料铺设时，温度应控制在（　　）℃。

A. 1～4　　　　　B. 5～30　　　　C. 31～35　　　D. 0～5

54. 地面采用塑料板面层铺设时，温度应控制在（　　）℃。
   A. 1～5　　　　　B. 5～10　　　　C. 11～35　　　D. 10～30

55. 地面采用砂、石材料铺设时，温度应控制不低于（　　）℃。
   A. −3　　　　　　B. 0　　　　　　C. 5　　　　　　D. 10

56. 地面采用有机胶粘剂粘贴铺设时，温度应控制不低于（　　）℃。
   A. 0　　　　　　B. 5　　　　　　C. 10　　　　　　D. 15

57. 碎石垫层的厚度不应小于（　　）mm。
   A. 60　　　　　　B. 800　　　　　C. 100　　　　　D. 120

58. 陶粒混凝土的密度应在（　　）kg/m³之间。
   A. 600～800　　　B. 800～1400　　C. 1500～1800　D. 1900～2000

59. 铺设隔离层时，防水、防油渗材料应向上铺涂，在靠近柱、墙处，应高出面层（　　）mm。
   A. 100～150　　　B. 150～200　　C. 200～300　　D. 300～500

60. 有隔声要求的填充层，隔声层上部应设置保护层，设计无要求时，混凝土保护层的厚度不应小于（　　）mm。
   A. 30　　　　　　B. 50　　　　　　C. 70　　　　　　D. 100

61. 用于花岗石的打磨机械转速宜选用（　　）r/min，打磨时要有充足的冷却水。
   A. 1500～2000　　B. 2000～2500　　C. 2800～4500　D. 4500～4800

62. 石材地面打磨前，批嵌板缝或修补板面的胶浆，常温条件下，至少养护（　　）天，才能进行打磨。
   A. 1　　　　　　B. 3　　　　　　C. 5　　　　　　D. 7

二、多项选择题

1. 楼地面按照不同的使用功能和安全要求应具有的特点（　　）。
   A. 耐磨　　　　　B. 防潮　　　　　C. 防水　　　　　D. 防滑
   E. 防腐蚀　　　　F. 便于清洁

2. 按照楼地面工程分类整体面层包括（　　）。
   A. 水泥混凝土面层　　B. 水磨石面层　　C. 大理石面层
   D. 花岗石面层　　　　E. 涂料面层

3. 楼地面工程质量检验方法应符合下列规定（　　）。
   A. 检查空鼓，采用敲击的方法
   B. 检查防水隔离层，采用蓄水的方法
   C. 检查有防水要求的楼地面面层时，采用泼水方法
   D. 检查允许偏差时，采用各类工具尺和水准仪直测直量的方法
   E. 检查表面裂缝、脱皮、磨面和起砂等缺陷，采用观测的方法

4. 埋设在基层各构造层中的管线、支架的隐蔽工程验收在时间掌控上应该是（　　）。
   A. 后道工序施工前　　　　　　　B. 只有在面层施工前
   C. 面层施工后　　　　　　　　　D. 后道工序施工前及面层施工前

E. 分项工程验收前

5. 检验批合格质量规定（　　）。

A. 主控项目的质量经抽检均应合格

B. 允许偏差合格

C. 一般项目的质量经抽样检验合格

D. 具有完整的施工操作依据、质量验收记录

E. 企业总工程师签字确认

6. 水泥砂浆面层的强度等级、配合比，设计无要求时，应选用（　　）。

A. M10　　　　　B. 1∶3　　　　　C. M15

D. 1∶2　　　　　E. C20

7. 石材板块面层，需经养护多少天，达到一定多少强度后，才能上人打蜡（　　）。

A. 1d　　　　　　B. 3d　　　　　　C. 7d

D. 5MPa　　　　 E. 1.2MPa

8. 地砖铺设多少小时后，洒水养护，时间不应少于多少天（　　）。

A. 3d　　　　　　B. 5d　　　　　　C. 7d

D. 24h　　　　　 E. 12h

9. 铺设地毯，有的要刷胶粘剂，选用的胶粘剂应具备完整的条件（　　）。

A. 无毒　　　　　B. 不霉　　　　　C. 无味

D. 快干　　　　　E. 价格便宜

10. 地面金属弹簧玻璃面层应按相关工序铺设，材料准备主要包括（　　）。

A. 混凝土垫块　　　　　　　　　B. 金属弹簧和钢架格栅

C. 厚木板、中密度板　　　　　　D. 钢化玻璃

E. 由施工员确定

11. 活动地板是指（　　）。

A. 用于防尘和抗静电要求的活动地板　　B. 用于智能化布线系统的网络地板

C. 用于地板下部有通风要求的通风地板　　D. 用于文娱活动的地板

E. 可拆装的地板

12. 铺贴塑料板面层时，室内相对湿度和温度宜控制在一定范围（　　）。

A. 湿度不大于70%　　　　　　　B. 温度10～32℃之间

C. 湿度65%，温度25℃　　　　　D. 湿度80%，温度35℃

E. 湿度65%，温度5℃

13. 热辐射供暖地面，目前包括的有地面（　　）。

A. 以热水为热媒的低温热水地面辐射供暖地面

B. 以发热电缆为加热元件的地面辐射供暖地面

C. 以地下空调供暖的地面

D. 以电热毯供暖的地面

E. 用直流电供暖的地面

14. 加热管的填充层厚度、发热电缆填充层厚度，符合要求的是（　　）。

A. 加热管的60mm　　　　　　　B. 发热电缆的50mm

C. 加热管的 40mm　　　　　　　　D. 发热电缆的 40mm

E. 加热管不宜小于 50mm、发热电缆不小于 35mm

15. 热辐射供暖地面填充层施工过程中，应注意的事项（　　）。

A. 应防止油漆、沥青或其他化学溶剂接触污染加热管或发热电缆的表面

B. 严禁人员踩踏加热管和发热电缆

C. 严禁在加热管和发热电缆铺设区域穿凿、钻孔和钉射作业

D. 用机械缓慢振捣

E. 应注意连续施工

16. 板块面层包含（　　）。

A. 大理石面层　　　　　　　　　　B. 花岗石面层

C. 木地板面层　　　　　　　　　　D. 陶瓷锦砖面层

E. 预制板块

17. 对混凝土找平层的主要材料要求（　　）。

A. 选用不低于 42.5 级普通硅酸盐水泥或 32.5 级矿渣硅酸盐水泥

B. 石子粒径不大于找平层厚度的 2/3，含泥量不大于 2%

C. 宜用中粗砂，含泥量不大于 3%

D. 有机杂质含量不大于 0.5%

E. 选用自来水或可饮用水

18. 找平层抹平压实后，常温条件下养护（　　）。

A. 24h 后浇水养护　　　　　　　　B. 时间一般不少于 7d

C. 时间一般不少于 3d　　　　　　　D. 时间一般不少于 15d

E. 抹平压实后应立即浇水养护

19. 绝热材料应采用（　　）。

A. 导热系数小　　　　　　　　　　B. 能防水

C. 难燃或不燃　　　　　　　　　　D. 具有足够的承载能力

E. 孔隙率小

20. 分项工程质量验收的具体规定有（　　）。

A. 主控项目达到规范规定的质量标准，认定为合格

B. 一般项目 80% 以上的检查点（处），符合规范规定的质量要求

C. 其他检查点（处）不得有明显影响使用，且最大偏差值不超过允许偏差值的 50% 为合格

D. 观感质量认定为合格

E. 分项工程验收合格

21. 装饰楼地面平面图的内容，至少包括以下内容（　　）。

A. 定位轴线与编号，各房间位置和功能

B. 平面形状、尺寸与建筑结构的相互关系

C. 门窗位置尺寸、开启方式，墙柱断面形式、尺寸

D. 家具设施、软装摆设位置及数量

E. 表面饰面材料和工艺要求

F. 应用剖视符号，表面与平面图相关的各立面视图投影关系和视图编号

22. 大理石按质量标准分为（　　）等。
    A. 优等品　　　　　　　　　　　B. 一等品
    C. 二等品　　　　　　　　　　　D. 三等品
    E. 合格品

23. 抛光水磨石的光泽度，下述表达（　　）是正确的。
    A. 优等品不低于 45 光泽单位　　　B. 二等品不低于 30 光泽单位
    C. 一等品不低于 33 光泽单位　　　D. 合格品不低于 25 光泽单位
    E. 三等品不低于 20 光泽单位

24. 地砖中瓷质砖正确的几项技术指标（　　），适用于人流量大的地面。
    A. 抗弯强度不少于 8MPa　　　　B. 抗折强度不小于 25MPa
    C. 吸水率不大于 0.5%　　　　　D. 耐酸耐碱
    E. 耐磨度高

25. 水泥的初凝和终凝下述表达（　　）是正确的。
    A. 硅酸盐水泥的初凝不早于 45min，终凝不迟于 8.5h
    B. 普通硅酸盐水泥的初凝不早于 45min，终凝不迟于 10h
    C. 矿渣水泥的初凝不早于 45min，终凝不迟于 12h
    D. 火山灰水泥的初凝不早于 45min，终凝不迟于 10h
    E. 粉煤灰水泥的初凝不早于 30min，终凝不迟于 10h
    F. 白水泥的初凝不早于 45min，终凝不迟于 12h

26. 板（块）地面铺贴的水泥砂浆结合层，宜采用（　　）等水泥，强度等级不应小于 32.5。
    A. 硅酸盐水泥　　　　　　　　　B. 普通硅酸盐水泥
    C. 矿渣硅酸盐水泥　　　　　　　D. 火山灰质硅酸盐水泥
    E. 粉煤灰硅酸盐水泥

27. 花岗石按其加工方法分为（　　）等板材，其用途各有不同。
    A. 剁斧板材　　　　　　　　　　B. 机刨板材
    C. 粗磨板材　　　　　　　　　　D. 磨光板材
    E. 块材

三、判断题（正确写 A，错误写 B）

1. 楼地面又称建筑地面，在装饰装修时称：楼地面工程或建筑地面工程。（　　）
2. 经装饰装修后，楼地面应具有足够的强度、刚度和耐久性，能承受相应荷载带来的外力，能满足设计范围的使用功能和安全要求，能达到设计要求的装饰效果；同时，对建筑结构和构件达到一定的保护作用。（　　）
3. 建筑装饰主要是为了达到设计要求的装饰效果，不会对建筑结构和构件起到保护作用。（　　）
4. 底层地面的构造，包括：基土、垫层、找平层、隔离层（防潮层）、结合层、面层。（　　）

5. 有防水要求的建筑地面子分部工程的分项工程施工质量,每检验批抽查数量应按其房间总数随机检验不应少于4间,不足4间应全数检查。（ ）

6. 混凝土垫层应连续浇筑,间歇不得超过3h。（ ）

7. 对于有防水要求的楼地面找平层铺设前必须对立管、套管和地漏与楼板节点之间进行密封处理,并应进行隐蔽验收和蓄水试验,排水坡度应符合设计要求,达到规定后方可进行找平层施工。（ ）

8. 整体面层施工后,养护时间不应小于7d,抗压强度应达到1.2MPa后,方准上人行走,抗压强度应达到设计强度的70%后,方可正常使用。（ ）

9. 水磨石面层的结合层采用水泥砂浆时,强度等级应符合设计要求且不应小于M10。（ ）

10. 一般项目:应70%以上的检查点（处）,符合规范规定的质量要求;其他检查点（处）不得有明显影响使用,且最大偏差值不超过允许偏差值的50%为合格。（ ）

11. 木、竹楼地面空铺式通常是将木、竹面层固定在地垄墙的木格栅上,地垄墙上留有通风孔洞,主要适用于地面、较潮湿的楼面或应敷设管道需要架空的楼地面等。（ ）

12. 实木地板如采用硬木踢脚板,一般宽度为100mm,厚度为20mm。（ ）

13. 在地垄墙上铺毛地板,应斜铺,角度宜为30°或45°。（ ）

14. 中密度（强化）复合地板一般铺设在水磨石地面或毛地板上。（ ）

15. 竹地板的木龙骨间距一般为250mm。（ ）

16. 热辐射供暖地面在填充层的施工中,当基层达到强度后,可以用平板振动机振动。（ ）

17. 施工过程中与质量密切相关的协调,不仅指进度协调,还包括工种之间的协调,技术上的协调。（ ）

18. 楼地面是建筑物地下室地面、底（首）层地面和楼层地面的总称。（ ）

19. 有防水要求的建筑地面每检验批抽查数量按其房间总数随机检验不应少于3间,不足3间的全数检查。（ ）

20. 高层建筑的标准层可按每四层（不足四层按每四层计）划分检验批。（ ）

21. 检验批中主控项目:80%以上的检查点（处）符合规范规定的质量要求为合格。（ ）

22. 检验批合格条件:主控项目达到规范规定的质量要求,认定为合格。（ ）

23. 检验批是质量验收的基础,检验批的质量应按主控项目、一般项目、操作依据和质量验收记录进行验收。（ ）

24. 长条木地板铺贴排版原则之一,是"走道顺行、房间顺光"。（ ）

25. 热辐射供暖地面系统初始加热前,混凝土填充层的养护期不应少于21d。（ ）

26. 中密度（强化）复合木地板按外观尺寸偏差和含水率以及有关物理性能,分为特等品、一等品、合格品三个等级。（ ）

27. 实木复合地板按外观尺寸偏差和含水率以及有关物理性能,分为优等品、一等品、合格品三个等级。（ ）

28. 实木复合地板按外观尺寸偏差和含水率以及有关物理性能分等级,物理性能是指:耐磨、附着力、硬度。（ ）

29. 铺设地毯的房间，踢脚板下口应高于地面10mm左右。　　　　　　（　）
30. 有老年人使用的居室、卫生间的瓷砖地面将防滑作为选砖的首要指标。（　）
31. 地砖中瓷质砖吸水率应小于0.5%。　　　　　　　　　　　　　　　（　）

第7章　细部工程

一、单项选择题

1. 窗帘盒按照构造分为（　　）。
   A. 明装窗帘盒、暗装窗帘盒
   B. 明装窗帘盒、暗装窗帘盒和落地窗帘盒
   C. 木材窗帘盒、金属窗帘盒
   D. 明装窗帘盒、挂装窗帘盒
2. 全玻式中玻璃栏板的作用是（　　）。
   A. 既是围护构件，又是受力构件　　B. 仅是围维护构件
   C. 装饰作用　　　　　　　　　　　D. 构造作用
3. 对发纹不锈钢管的接头应采用（　　）。
   A. 应用焊接　　　　　　　　　　　B. 选用有内衬的专用配件或套管连接
   C. 螺栓连接　　　　　　　　　　　D. 榫
4. 石材踏步铺贴时，面板两侧都应拉面标高控制线，目的是（　　）。
   A. 使各级踏步高度一致　　　　　　B. 使各级踏步宽度一致、高度一致
   C. 使各级踏步高度一致、斜率一致　D. 为了美观
5. 踢脚线的高度一般为（　　）。
   A. 8～10（mm）　B. 100～200（mm）　C. 150～300（mm）　D. 30～36（mm）
6. 木踢脚线接缝处应做榫接或斜坡盖接，转角处应做成斜角对接，对接角度（　　）。
   A. 45°　　　　　B. 30°　　　　　C. 60°　　　　　D. 90°
7. 房屋建筑的造型饰面是指（　　）。
   A. 造型和饰面两部分　　　　　　　B. 造型完成后的表面装饰
   C. 用造型来装饰表面　　　　　　　D. 装饰构造的变化
8. 明装窗帘盒是（　　）。
   A. 双体窗帘盒　B. 双轨窗帘盒　　C. 单体窗帘盒　　D. 单轨窗帘盒
9. 窗帘盒净高度一般为（　　）。
   A. 100（mm）　B. 120～200（mm）　C. 200～250（mm）　D. 260（mm）
10. 窗台板长度比窗两端各出（　　）（mm）。
    A. 20～30　　　B. 50～60　　　C. 80　　　　　D. 100
11. 全玻式玻璃栏板应符合设计要求，嵌固应牢固，下部嵌固深度应大于（　　）。
    A. 100（mm）　B. 30～50（mm）　C. 60（mm）　　D. 80（mm）
12. 当护栏一侧距楼地面高度（　　）m及以上时，应使用钢化夹层玻璃。
    A. 8　　　　　B. 10　　　　　C. 9　　　　　D. 5
13. 玻璃栏板或扶手高度应控制在（　　）m。

A. 0.9～1.0　　　　B. 1.1～1.2　　　　C. 1.2～1.25　　　　D. 1.30

14. 木扶手断面宽度或高度超过（　　）mm时，宜做暗榫加固。
A. 50　　　　B. 30　　　　C. 90　　　　D. 70

15. 木花格的毛料尺寸应比净料尺寸大（　　）左右。
A. 5mm　　　　B. 50mm　　　　C. 60mm　　　　D. 30mm

16. 铝花格常用铝板材的厚度为（　　）。
A. 1.5mm　　　　B. 2mm　　　　C. 2～3mm　　　　D. 0.6～1.2mm

17. 房屋建筑的造型饰面包括（　　）两部分。
A. 设计和施工　　B. 设计和造型　　C. 设计和饰面　　D. 造型和饰面

18. 单轨窗帘盒的净宽度不小于（　　）。
A. 80mm　　　　B. 100mm　　　　C. 120mm　　　　D. 150mm

19. 双轨窗帘盒的净宽度应大于（　　）。
A. 100mm　　　　B. 120mm　　　　C. 130mm　　　　D. 150mm

20. 窗台板宽度根据内墙宽度及平面布置方案而定，一般为（　　）左右。
A. 100mm　　　　B. 150mm　　　　C. 180mm　　　　D. 200mm

21. 临空高度在24m以下时，栏杆高度不应低于（　　）m。
A. 0.9　　　　B. 1.0　　　　C. 1.05　　　　D. 1.10

22. 临空高度在24m以上时，栏杆高度不应低于（　　）m。
A. 1.0　　　　B. 1.10　　　　C. 1.15　　　　D. 1.20

23. 少年儿童专用活动场所，栏杆必须采取防止少年儿童攀登的构造措施，垂直栏杆的杆件净距不应大于（　　）mm。
A. 110　　　　B. 120　　　　C. 150　　　　D. 200

24. 当栏板玻璃最低点离一侧楼地面高度在3m或3m以上、5m或5m以下时，应使用公称厚度不小于（　　）mm钢化夹层玻璃。
A. 6.38　　　　B. 12　　　　C. 16.76　　　　D. 18

25. 当栏板玻璃最低点离一侧楼地面高度大于（　　）m时，不得使用承受水平荷载的栏板玻璃。
A. 5　　　　B. 6.38　　　　C. 8　　　　D. 10

26. 金属护栏、扶手管壁厚度应大于（　　）mm。
A. 1.2　　　　B. 1.5　　　　C. 2.0　　　　D. 3.0

27. 一般楼梯栏杆扶手安装（　　）。
A. 先拉统线，再由下而上安装扶手
B. 先安装起步栏杆和平台栏杆，再拉斜率控制线由下而上安装扶手
C. 先安装起步栏杆和平台栏杆，再拉斜率控制线由上而下安装扶手
D. 先安装起步栏杆和平台栏杆，再拉斜率控制线，由下而上安装或由上而下安装扶手都行

28. 用木螺钉固定木扶手，间距宜小于（　　）mm。
A. 300　　　　B. 400　　　　C. 500　　　　D. 600

29. 木扶手断面的宽度或高度超过70mm时，宜采用（　　）加固。
A. 钉接　　　　B. 胶接　　　　C. 明榫　　　　D. 暗榫

30. 不锈钢线条安装，一般以（　　）作为衬底。
    A. 水泥基层　　　B. 木基层　　　C. 石膏基层　　　D. 混合砂浆
31. 木装饰线的对拼方式，直拼时，在对口处应开成（　　）。
    A. 90°或60°　　B. 90°或45°　　C. 45°或30°　　D. 90°或30°
32. 木装饰线的对拼方式，采用角拼时，把木线条放在（　　）定位器上，用细锯锯裁，截口处不得有毛边。
    A. 30°　　　　　B. 45°　　　　　C. 60°　　　　　D. 90°
33. 石膏装饰线的防火极限（级）是（　　）。
    A. A1级　　　　B. A级　　　　C. B级　　　　　D. B1级
34. 石膏线安装采取临时固定措施，静置时间（　　）min后可取下支撑。
    A. 30　　　　　B. 20　　　　　C. 10～15　　　　D. 30～45
35. 塑料装饰线压边条下料时，在转角处应锯成（　　）斜角，以便拼接。
    A. 30°　　　　　B. 45°　　　　　C. 60°　　　　　D. 50°
36. 木踢脚线一般规格（　　）。
    A. 20～25mm厚、100～200mm高　　B. 10～20mm厚、100～200mm高
    C. 10～15mm厚、80～100mm高　　　D. 25～30mm厚、100～200mm高
37. 木踢脚线安装一般以（　　）为衬底。
    A. 水泥基层　　　B. 木基层　　　C. 环氧胶基层　　　D. 金属板基层
38. 石材踢脚线宜以室内地面（　　）。
    A. 同色同材　　　B. 异色同材　　C. 异材同色　　　D. 各做各的
39. 用于木花格制作的毛料，含水率应低于（　　）%。
    A. 8　　　　　　B. 12　　　　　C. 15　　　　　D. 18
40. 木花格的拼装应以（　　）为主。
    A. 钉接　　　　　B. 胶接　　　　C. 焊接　　　　　D. 榫接
41. 造型吊顶的吊杆用材、规格尺寸都应经设计计算确定，吊杆的间距应小于（　　）mm。
    A. 1800　　　　B. 1500　　　　C. 1200　　　　D. 1000
42. 造型吊顶上部空间≥（　　）m或吊顶荷载大，需设钢结构转换层，应经有资质的设计师设计确定。
    A. 2.0　　　　　B. 1.2　　　　　C. 1.8　　　　　D. 1.5
43. 水性涂料套色漏花墙涂刷时，漏花板每漏（　　）版次，应用干布或干棉纱擦去正面和背面的涂料，以防污染。
    A. 5～6　　　　B. 5～7　　　　C. 3～5　　　　D. 6～7
44. 釉面砖镶贴时如遇洗手池、镜框等部位，排版应以洗手池、镜框（　　）为中心往两面分贴。
    A. 左侧　　　　　B. 中心　　　　C. 右侧　　　　　D. 2/3
45. 镶贴饰面砖时如遇管线、灯具、卫生设备的支撑应（　　）粘贴。
    A. 预留孔洞　　　B. 拼凑镶贴　　C. 整砖套割　　　D. 后装管道
46. 陶瓷壁画镶贴前应弹（　　）线。
    A. 边框线　　　　B. 十字线　　　C. 分格线　　　　D. 边框线、十字线、分格线

47. 用1：2水泥砂浆楼梯抹面，抹完24h后开始洒水养护，常温条件下不少于（　　）天。
　　A. 3　　　　　　B. 5　　　　　　C. 7　　　　　　D. 15
48. 楼梯踏步防滑条粉刷要用（　　）。
　　A. 1：1.5水泥金刚砂砂浆　　　　　B. 1：2水泥砂
　　C. 重晶石砂浆　　　　　　　　　　D. 1：3.5水泥金刚砂砂浆
49. 橱框安装外型尺寸允许偏差（　　）mm。
　　A. 2　　　　　　B. 3　　　　　　C. 5　　　　　　D. 7
50. 窗台板两端距窗洞口长度允许偏差（　　）mm。
　　A. 5　　　　　　B. 4　　　　　　C. 3　　　　　　D. 2
51. 窗台板两端出墙厚度允许偏差（　　）mm。
　　A. 3　　　　　　B. 5　　　　　　C. 4　　　　　　D. 2
52. 室内单独花饰中心位置偏移允许偏差（　　）mm。
　　A. 1　　　　　　B. 12　　　　　C. 15　　　　　D. 20

二、多项选择题

1. 窗帘盒的长度设计无要求时，一般（　　）。
　　A. 由窗的洞口宽度确定　　　　　　B. 比窗的洞口宽度大250～360mm
　　C. 落地窗帘盒长度为房间净宽　　　D. 与设计商量决定　　E. 可任意确定
2. 窗台板的长度确定为（　　）。
　　A. 同窗宽　　　　　　　　　　　　B. 比窗两端各出50～60（mm）
　　C. 比窗两端各出30mm　　　　　　 D. 窗台板两端伸出的长度应一致
　　E. 100～120（mm）
3. 窗台板铺设时规定（　　）。
　　A. 窗台板不宜伸入窗框底下
　　B. 窗台板应伸入窗框底下，但铺设后与窗框接壤处，应嵌防水密封膏
　　C. 应比外窗台略高
　　D. 比下窗槛高
　　E. 窗台板与窗框接壤处，应嵌防水密封膏密封
4. 金属栏杆、扶手的流行趋势（　　）。
　　A. 现场加工，现场安装　　　　　　B. 工厂化加工，现场组装
　　C. 标准化　　　　　　　　　　　　D. 外发加工　　E. 联合承包
5. 装饰线条，按使用部位分有（　　）。
　　A. 挂镜线、门窗套线　　　　　　　B. 阴阳角线、收边收口线
　　C. 踢脚线　　　　　　　　　　　　D. 木装饰线、金属装饰线
　　E. 吊顶线
6. 木装饰线按使用要求，可制作成各种线条（　　）。
　　A. 直角线　　　B. 半圆线　　　C. 雕花线　　　D. 斜角线
　　E. 多角线

7. 石膏装饰线的优点是（ ）。
A. 不变形，不开裂　　　　　　　　B. 防火、防潮
C. 防蛀、不腐　　　　　　　　　　D. 质轻、易安装
E. 牢固韧性

8. 各种踢脚线的不同基层衬底为（ ）。
A. 木踢脚板以木基层为衬底
B. 聚氯乙烯塑料踢脚板以木基层为衬底
C. 氯化聚乙烯塑料卷材踢脚板以水泥类基层为衬底
D. 石材踢脚板以水泥类基层为衬底
E. 玻璃踢脚板既有以水泥类基层为衬底，也有木基层为衬底

9. 细部工程质量控制，应从多方面努力，主要包括（ ）。
A. 应用全面质量管理的理念和现代科技手段，从人、机、料、环、法、测等六个方面努力
B. 不断深化设计，编制针对性实施方案
C. 把好材料质量关
D. 做好针对性的技术、质量、安全交底
E. 做好过程检查和协调
F. 做好测量工作

10. 施工过程中，与质量密切相关的协调有（ ）。
A. 进度协调　　　B. 资金协调　　　C. 技术协调　　　D. 工种协调
E. 运输协调。

11. 装配式金属栏杆、扶手现场组装有（ ）等优点。
A. 产品精度高　　B. 施工速度快　　C. 安装质量好　　D. 施工成本低
E. 用户满意

12. 装饰线条按材料分主要有（ ）。
A. 踢脚线　　　　B. 木装饰线　　　C. 石膏装饰线　　D. 塑料装饰线
E. 金属装饰线　　F. 石材装饰线

13. 按作用分，金属装饰线条有（ ）。
A. 压条　　　　　B. 嵌条　　　　　C. 包边条　　　　D. 包角条
E. 装饰条

14. 铝合金成品线条具有（ ）等特点。
A. 轻质　　　　　B. 高强　　　　　C. 耐腐蚀　　　　D. 不易变形
E. 耐光、耐候性好

15. 室内装饰花格按功能分主要有（ ）。
A. 回纹花格　　　B. 花格隔断　　　C. 花格墙　　　　D. 花格门窗
E. 混凝土花格

16. 室内装饰按图案分花格有（ ）。
A. 背景花格　　　B. 雕刻花格　　　C. 方格花格　　　D. 回纹花格
E. 墙上花格

17. 造型饰面主要有（　　）。
   A. 外墙造型　　　　B. 吊顶造型　　　C. 墙与柱面造型　　D. 门窗造型
   E. 综合装饰造型
18. 细部工程分部（子分部）工程质量验收合格规定（　　）。
   A. 所含各分项工程质量均应验收合格　　B. 质量控制资料合格
   C. 有关安全及功能检验和抽样检测结果符合规定
   D. 上道工序验收合格　　　　　E. 观感质量验收符合要求
19. 内墙饰面的主要功能（　　）。
   A. 改善墙体物理性能　　B. 装饰室内环境　　C. 满足室内使用条件
   D. 保护墙体　　　　　　E. 仅为满足人的舒适度需要
20. 外墙是建筑物（　　）为目标的重要构造件，此外，混合结构的外墙还肩负着承担结构荷载的作用。
   A. 遮风挡雨　　　　B. 保温隔热　　　C. 防止噪声　　　D. 安全防护
   E. 美化环境
21. 建筑详图在细部装饰中常用，比例一般是（　　）。
   A. 1∶200　　　B. 1∶150　　　C. 1∶10　　　D. 1∶5
   E. 1∶30
22. 施工现场对水泥复检的主要技术指标包括（　　）。
   A. 密度　　　　B. 细度　　　C. 凝结时间　　　D. 安定性
   E. 强度　　　　F. 粘结力
23. 材料在建筑上所承受的外力，主要有（　　）等。
   A. 拉力　　　　B. 压力　　　C. 弯矩　　　　D. 剪力
   E. 支座反力
24. 门窗套安装的允许偏差（　　）。
   A. 对角线 5mm　　B. 正、侧面垂直度 3 mm　　C. 上口水平度 1 mm
   D. 上口直线度 3mm　E. 正面平直度 5 mm
25. 护栏和扶手安装的允许偏差（　　）。
   A. 护栏垂直度 3mm　　　　　　B. 栏杆间距 3mm
   C. 扶手直线度 4mm　　　　　　D. 扶手高度 3mm
   E. 扶手跨距 10mm

三、判断题（正确写 A，错误写 B）

1. 细部装饰不仅具有使用功能，还起着点缀、美化装饰面作用。　　　　（　　）
2. 全玻式玻璃栏板中扶手把栏板连接成整体并起着收口作用。　　　　（　　）
3. 钢化玻璃运到现场后，需要在玻璃上切割、钻孔和磨边的，应认真测量尺寸和间距，使误差减少到最小。　　　　（　　）
4. 楼梯常用的石材饰面板材厚度 18～20（mm）。　　　　（　　）
5. 木扶手安装，应先安装底层起步弯头和上一层平台弯头，再拉通线，保证斜率，然后由上往下安装扶手。　　　　（　　）

6. 塑料装饰线是以硬聚氯乙烯树脂为基料,加入一定比例的稳定剂、着色剂、增塑剂、填料等辅助材料,经拌和挤塑成型。( )
7. 木花格的木材含水率应控制在12%～18%之间。( )
8. 小型铝花格到现场后无须拼装,可直接按图纸进行安装。( )
9. 造型饰面施工关键在于饰面。( )
10. 吊顶造型主要有圆形、拱形、圆拱形、对称多边形等。( )
11. 细部工程各分项工程检验批按:同类制品每50间(处)划分为一个检验批,不足50间(处)也划分为一个检验批;每部楼梯划分为一个检验批。( )
12. 木楔和木基层板均应做防潮、防火、防蛀处理。( )
13. 固定窗帘盒的埋件中距按窗帘轨数而定,一般为800mm。( )
14. 玻璃栏板的构造设计主要考虑玻璃更换方便。( )
15. 装配式玻璃栏板中,通过栏杆和栏杆上的爪件把玻璃栏板、扶手连成一体。( )
16. 不锈钢线条的安装,以木基层为衬底,采用表面无钉的收边收口方法。( )
17. 玻璃踢脚线安装有两种方法,其中一种是灌水泥浆粘贴在平整的木基层板上。( )
18. 石材打磨程序应"由粗到细"、金刚砂软磨片选号应"从小到大"。( )
19. 成品石材地面铺设后或补浆、嵌缝后,常温条件下自然养护不少于1d。( )
20. 检验批的质量验收,应按主控项目和一般项目验收。( )
21. 室内工程同类涂刷墙面每个检验批应至少抽查10%,并不得少于3间,不足3间的应全数检查。( )
22. 检验批是质量验收的基础。( )
23. 细部工程质量控制,应运用全面质量管理理念和现代科技手段,从人、机、料、环、法、测等六个方面努力,加强管理、从严控制,不断总结提高。( )
24. 花饰的安装方法有粘结法、木螺丝固定法、螺栓固定法三种。( )
25. 砖雕不应在砖干燥时雕制。( )

第8章 防水工程

一、单选题

1. 常用的室内楼地面涂膜防水材料主要分( )大类。
A. 一   B. 二   C. 三   D. 四
2. 卫生间的防水基层必须采用( )的水泥砂浆找平。
A. 1:1   B. 1:2   C. 1:3   D. 1:5
3. 在找平施工时,地漏的周围应做成略低于地面的洼坑,找平层的坡度以( )为宜。
A. 2%   B. 1%   C. 3%   D. 0.2%
4. 阴、阳角处,要抹成半径不小于( )的小圆弧。

A. 10mm　　　B. 2cm　　　C. 2mm　　　D. 5mm
5. 淋浴房及门口需做止水带，高度为（　　）左右。
A. 10mm　　　B. 2cm　　　C. 15mm　　　D. 50mm
6. 防水层应从地面延伸到墙面，高出地面（　　）。
A. 100mm　　　B. 20cm　　　C. 300mm　　　D. 500mm
7. 淋浴房墙面的防水层高度不得低于（　　）。
A. 10cm　　　B. 20cm　　　C. 2000mm　　　D. 5000mm
8. 台盆处防水层高度不低于（　　）。
A. 500mm　　　B. 600mm　　　C. 800mm　　　D. 1000mm
9. 室温在20℃左右时，配好的聚氨酯涂料应在（　　）内用完。
A. 1h　　　B. 2h　　　C. 0.5h　　　D. 5h
10. 严禁在尚未完全固化的（　　）上进行其他工序的施工。
A. 涂膜防水层　　B. 保护层　　C. 成品地面　　D. 水泥砂浆
11. JS聚合物水泥防水层施工时温度不宜低于（　　）℃。
A. 10　　　B. 5　　　C. 0　　　D. 1
12. 基层有大于1mm的裂缝必须嵌平，在上面先做一层加无纺布的防水层加强，宽（　　）cm，裂缝居中。
A. 10　　　B. 5　　　C. 8　　　D. 1
13. 墙面与地面相交的阴角部位，先做一层加无纺布的防水层加强。宽（　　）cm，立面和平面各占10cm。
A. 10　　　B. 20　　　C. 8　　　D. 15
14. 游泳池砂浆找平层施工要采用（　　）水泥砂浆找平。
A. 1∶1　　　B. 1∶2　　　C. 1∶3　　　D. 1∶4
15. 游泳池砂浆找平层厚度（　　）mm。找平层需要平整。
A. 20　　　B. 10　　　C. 15　　　D. 5
16. 为了增强高分子防水层与砂浆找平层之间的粘结力，在找平层表面涂混凝土界面剂，界面剂要分两次涂刷，两次两次涂刷的方向要（　　）。
A. 交叉施工　　B. 横向施工　　C. 垂直施工　　D. 随意
17. JS聚合物防水涂料施工顺序原则上是（　　）。
A. 先易后难　先内后外　　　　B. 先难后易　先内后外
C. 先易后难　先外后内　　　　D. 先难后易　先外后内
18. 为了增强饰面粘结层与高分子防水层之间的粘结力，在干透的防水层表面涂混凝土界面剂，界面剂要分（　　）涂刷，两次方向要（　　）。
A. 两次　垂直　B. 一次　交叉　C. 一次　垂直　D. 两次　交叉
19. 涂膜防水层的平均厚度应符合设计要求，最小厚度不应小于设计值的（　　）。
A. 70%　　　B. 60%　　　C. 80%　　　D. 90%
20. 外墙防水层渗漏检查应在雨后或持续淋水（　　）后进行。
A. 30min　　　B. 15min　　　C. 1h　　　D. 40min
21. 蓄水试验时间不应小于（　　），并应由专人负责，做好记录。

A. 12h　　　　B. 24h　　　　C. 8h　　　　D. 32h

22. 室内防水工程应按防水施工面积每100m²抽查一处，每处不得小于10m²，且不得少于（　　）处。节点构造应全部进行检查。厨房、厕浴间等单间防水施工面积小于30m²时，按单间总量的20％抽查，且不得少于（　　）间。
A. 1　　　　B. 2　　　　C. 3　　　　D. 4

23. 防水等级为Ⅱ级的防水屋面防水层合理使用年限为（　　）。
A. 5年　　　　B. 10年　　　　C. 15年　　　　D. 25年

24. 普通卫生间地面防水要求墙面上返高度为（　　）cm。
A. 100　　　　B. 15　　　　C. 50　　　　D. 30

25. 室内游泳池水景防水施工时基层应保持干燥，含水率应不大于（　　）％，阴阳角处应做成圆弧形。
A. 5　　　　B. 1　　　　C. 10　　　　D. 9

26. 按设计要求的涂刷厚度，将配制好的Ⅰ型或Ⅱ型JS复合防水涂料均匀的涂刷在已干固的涂层上，并与上道涂层垂直涂刷，以保证涂层厚度的均匀性，每遍涂刷量以（　　）为宜，多遍涂刷以达到涂膜的厚度要求。
A. 1.5～2.0kg/m²　　　　B. 0.8～1.0kg/m²
C. 1.0～1.5kg/m²　　　　D. 2.0～2.5kg/m²

27. 屋面防水等级为Ⅰ级的防水层设防要求为（　　）。
A. 三道或三道以上防水设防　　　　B. 二道防水设防
C. 一道防水设防　　　　D. 四道防水设防

28. 卫生间楼地面氯丁胶乳沥青防水涂料施工后，进行蓄水试验，蓄水高度一般为（　　）mm，当无渗漏现象时，方可进行刚性保护层施工。
A. 5～10　　　　B. 10～20　　　　C. 20～30　　　　D. 50～100

29. 长期潮湿环境下使用的防水涂料必须具有较好的（　　）。
A. 耐水性　　　　B. 耐久性　　　　C. 耐腐性　　　　D. 环保性

30. 刚性防水材料主要指外加剂防水砂浆、聚合物水泥防水砂浆和（　　）。
A. 刚性无机防水材料　　　　B. 合成高分子防水材料
C. 自粘橡胶沥青卷材　　　　D. 刚性防水材料

31. 防水工程按设防材料的性能可分为刚性防水和（　　）。
A. 塑性防水　　　C. 柔性防水　　　B. 弹性防水　　　D. 碱性防水

32. 在防水施工时，对容易发生渗漏部位，应进行密封或加强处理，下列哪一项不属于容易发生渗漏部位（　　）。
A. 地漏　　　　B. 管根　　　　C. 阴阳角　　　　D. 墙面

33. 外墙防水施工材料主要包含聚合物水泥砂浆和（　　）。
A. JS防水材料　　　　B. 聚合物水泥基复合防水涂料
C. 刚性防水材料　　　　D. 沥青防水材料

二、多项选择题

1. 防水工程按设防材料的品种可分为（　　）金属防水等。
A. 卷材防水　　　B. 涂膜防水　　　C. 密封性防水

D. 混凝土和水泥砂浆防水　　　　E. 塑料板防水

2. 防水工程按设防材料的性能可分为（　　）。
A. 刚性防水　　B. 塑性防水　　C. 柔性防水
D. 弹性防水　　E. 碱性防水

3. 刚性防水材料主要指（　　）。
A. 外加剂防水砂浆　　　　　　B. 聚合物水泥防水砂浆
C. 刚性无机防水材料　　　　　D. 合成高分子防水材料
E. 自粘橡胶沥青卷材

4. 防水层的材料特性不同，基层含水率的要求也不同（　　）的防水基层应湿润。
A. 高聚物改性沥青卷材　　　　B. 合成高分子卷材
C. 以水泥基为粘结剂的卷材　　D. 无机类涂料的防水基层
E. 刚性无机防水材料

5. 聚合物水泥防水涂料施工步骤：基层处理→配制防水涂料→（　　）→稀撒砂粒→保护层饰面施工→防水层二次蓄水→防水层验收。
A. 涂刷底层防水层　　　　　　B. 细部加强层
C. 细部附加层　　　　　　　　D. 涂刷中、面层防水涂料
E. 防水层一次蓄水

6. 对（　　）等容易发生渗漏部位，应进行密封或加强处理。
A. 地漏　　B. 管根　　C. 阴阳角　　D. 地面　　E. 墙面

7. 游泳池防水施工步骤：游泳池基底、池墙面清理（阴阳角处理）→（　　）→水泥砂浆保护层→面层材料施工。
A. 涂刷第一道防水（直达到设计厚度）　B. 保护层施工完毕后布置水管
C. 浇筑细石混凝土　　　　　　D. 涂刷第二道防水（直达到设计厚度）
E. 蓄水试验24h

8. 合成高分子防水卷材与沥青油毡相比，具有哪些特点：（　　）。
A. 重量轻　　B. 延伸率大　　C. 低温柔性好
D. 色彩丰富　　E. 施工简便

9. 建筑室内涂料防水层的材料应满足（　　）要求。
A. 耐水性　　B. 耐久性　　C. 耐腐性
D. 可操作性　　E. 环保性

10. 卫生间楼地面聚氨酯防水施工，配制聚氨酯涂膜防水涂料的方法是（　　）。
A. 将聚氨酯甲、乙组分和二甲苯按1∶1.5∶0.3的比例配合搅拌均匀
B. 用电动搅拌器强力搅拌均匀备用
C. 涂料应随配随用
D. 一般在24h以内用完
E. 干燥4h以上，才能进行下一道工序

11. 防水工程按其使用材料可分为（　　）。
A. 卷材防水　　B. 涂膜防水　　C. 细石混凝土防水
D. 屋面防水　　E. 结构自防水

12. 室内防水施工材料主要有（　　）。
    A. 防水混凝土　　　B. 防水水泥砂浆　　C. 防水涂料
    D. 防水卷材　　　　E. 密封防水
13. 聚氨酯涂膜防水材料是双组分化学反应固化形成的高弹性防水涂料，施工时的优点有哪些（　　）。
    A. 成膜快　　　　B. 粘结强度高
    C. 延伸性能好　　D. 抗渗性能好　　E. 质感较硬
14. JS复合防水涂料特点有（　　）。
    A. 具有较高的抗拉强度和延伸率
    B. 涂层具有较强的耐久性、耐候性
    C. 它是靠水泥化和部分水分蒸发而固化，故可直接在潮湿的基层上涂布
    D. 粘接强度高
    E. 涂料呈乳白色，加颜料后可成为彩色涂层
15. 室内防水工程施工时必须具备哪些条件（　　）。
    A. 空气干燥　　B. 操作面清洁　　C. 适当温度　　D. 光线要求
    E. 工具要求

三、判断题（正确写A，错误写B）

1. 涂膜防水是指采用各种防水材料进行防水的一种新型防水做法。（　）
2. 柔性防水则是依据其防水作用的柔性材料做防水层，如卷材防水层、涂抹防水层、密封材料防水等。（　）
3. 两道设防或复合防水采用聚合物水泥、合成高分子涂料的最小厚度为1.0mm。（　）
4. 浴室、游泳池、水池采用合成高分子卷材的最小厚度为1.2mm。（　）
5. 厕所、卫生间、厨房间采用自粘橡胶沥青防水卷材的最小厚度为1.5mm。（　）
6. 两道设防或复合防水采用自粘聚酯胎改性沥青防水卷材的最小厚度为1.0mm。（　）
7. 长期潮湿环境下使用的防水涂料必须具有较好的耐水性能。（　）
8. 卫生间最常用的防水施工有聚氨酯防水和聚合物水泥防水涂料（JS复合防水涂料）。（　）
9. 卫生间的防水基层必须用1:3的水泥砂浆找平，要求抹平压光无空鼓，表面要坚实，不应有起砂、掉灰现象。（　）
10. 防水基层应基本呈干燥状态，含水率小于10%为宜。（　）
11. 对阴阳角、管道根部、地漏和排水沟口等部位更应认真清理，要用钢丝刷、砂纸和有机溶剂等将其彻底清除干净。（　）
12. 聚合物水泥防水涂料在厕浴间基层不易干燥的部位做防水层，具有独特的功效，该涂料具有比一般有机涂料干燥快、弹性模量低、体积收缩小、抗渗性好等优点。（　）
13. 防水施工时温度不宜低于10℃。（　）

14. 特别重要或对防水有特殊要求的建筑防水层使用年限为 20 年。　　　（　）
15. 淋浴房墙面的防水层高度不得低于 2000mm。　　　　　　　　　　（　）
16. 涂膜防水屋面子分部工程包含保温层、找平层、涂膜防水层、蓄水屋面。（　）
17. 施工时应注意成品保护，不得破坏防水层。　　　　　　　　　　　（　）
18. 厕浴间装饰工程全部完成后，工程竣工前可不进行二次蓄水试验。　（　）
19. 符合施工要求后方可进行第一次蓄水试验，水深 50～60mm，最浅处不低于 50mm，蓄水试验 24h 后无渗漏时为合格。　　　　　　　　　　　　　　（　）

第 9 章　幕墙工程

一、单项选择题

1. 幕墙是一种悬挂在建筑结构框架外侧的外墙围护构件，它的自重和所承受的风荷载、地震作用等通过锚接点以点传递方式传至（　　）。
   A. 地基基础　　　B. 建筑物主框架　　C. 横杆系统　　D. 立杆系统

2. （　　）是指进、出通风口设在外层，通过合理配置进出风口使室外空气进入热通道并有序流动的双层幕墙。
   A. 外通风幕墙　　　　　　　　　B. 内通风双层幕墙
   C. 外通风双层幕墙　　　　　　　D. 内通风幕墙

3. 点支承结构形式分类及标记代号为（　　）。
   A. DZC　　　　B. DY　　　　C. D　　　　D. DZ

4. 封闭式按照密闭形式分类及标记代号应为（　　）。
   A. FBS　　　　B. FB　　　　C. F　　　　D. FBX

5. GB/T 21086 DZ-SG-FB-BL-3.5 标记的幕墙特征为：（　　）。
   A. 点支式-索杆结构-封闭-玻璃，抗风压性能 3.5kPa
   B. 点支式-素钢结构-开放-玻璃，抗风压性能 3.5kPa
   C. 点支式-索杆结构-开放-玻璃，抗风压性能 3.5kPa
   D. 点支式-素钢结构-封闭-玻璃，抗风压性能 3.5kPa

6. GB/T 21086 GJ-BS-FB-SC-3.5 标记的幕墙特征为：（　　）。
   A. 钢架式-背拴-封闭-石材，抗风压性能 3.5kPa
   B. 钢架式-背拴-开放-石材，抗风压性能 3.5kPa
   C. 构件式-背拴-封闭-石材，抗风压性能 3.5kPa
   D. 构件式-背拴-开放-石材，抗风压性能 3.5kPa

7. GB/T 21086 DY-DJ-FB-ZB-3.5 标记的幕墙特征为：（　　）。
   A. 单体式-对接型-封闭-组合，抗风压性能 3.5kPa
   B. 单元式-对接型-封闭-组合，抗风压性能 3.5kPa
   C. 单元式-搭接型-封闭-组合，抗风压性能 3.5kPa
   D. 单体式-搭接型-封闭-组合，抗风压性能 3.5kPa

8. 现场在主体结构上安装立柱、横梁和各种面板是（　　）常用的构建形式。

A. 单元式幕墙　　B. 点支撑幕墙　　C. 开放式幕墙　　D. 构件式幕墙

9. 由各种墙面板与支承框架在工厂制成完整的幕墙结构基本单位，直接安装在主体结构上属于（　　）建筑幕墙。

A. 单元式　　　　B. 点支撑　　　　C. 开放式　　　　D. 构件式

10. 采光顶与金属屋面定义为由透光面板或金属面板与支承体系（支承装置与支承结构）组成的，与水平方向夹角小于（　　）的建筑外围护结构。

A. 45°　　　　　B. 60°　　　　　C. 90°　　　　　D. 75°

11. 雨篷通常包括（　　）；玻璃雨篷以（　　）居多，造型奇特美观。

A. 铝板雨篷和玻璃雨篷　　　点式幕墙
B. 铝塑板雨篷和玻璃雨篷　　点式幕墙
C. 铝板雨篷和玻璃雨篷　　　组合幕墙
D. 铝塑板雨篷和玻璃雨篷　　组合幕墙

12. 一般预埋件的锚筋不少于（　　）根，不宜多于（　　）根，其直径不宜小于（　　）mm，也不宜大于（　　）mm。

A. 4 8 8 25　　B. 3 8 6 20　　C. 4 8 6 25　　D. 3 8 8 20

13. 锚板厚度应大于锚筋直径的（　　）倍。

A. 1　　　　　　B. 0.8　　　　　C. 0.5　　　　　D. 0.6

14. 锚筋中心至锚板边缘距离不应小于（　　）d，且不小于（　　）mm。

A. 2 20　　　　B. 3 30　　　　C. 2 30　　　　D. 3 20

15. 对于受拉和受弯预埋件锚板的厚度应大于两锚筋间距的（　　）。

A. 1/2　　　　　B. 1/3　　　　　C. 1/8　　　　　D. 1/5

16. 对于受剪预埋件的锚筋间距不应大于（　　），且上、下两筋间距和锚筋距构件下边缘距离不应小于6d及70mm，左右两筋间距和锚筋距构件侧边缘距离不应小于3d及45mm。

A. 2cm　　　　　B. 300mm　　　　C. 4cm　　　　　D. 150mm

17. 龙骨安装时，相邻两根立柱安装标高偏差不应大于（　　）mm，同层立柱标高偏差不应大于（　　）mm。

A. 2 5　　　　　B. 3 5　　　　　C. 2 2　　　　　D. 3 10

18. 竖向龙骨垂直度偏差：当高度小于30m时，不应大于（　　）mm。

A. 5　　　　　　B. 10　　　　　C. 15　　　　　D. 20

19. 竖向龙骨垂直度偏差：高度大于90m时，不应大于（　　）mm。

A. 5　　　　　　B. 10　　　　　C. 25　　　　　D. 30

20. 相邻两根横向龙骨间距：当小于2m时，偏差不大于（　　）mm。

A. 2　　　　　　B. 1.5　　　　　C. 3　　　　　　D. 1

21. 相邻两根横向龙骨间距：当大于2m时，偏差不大于（　　）mm。

A. 2　　　　　　B. 1.5　　　　　C. 3　　　　　　D. 1

22. 同层横向龙骨水平高差：当长度小于35m时，不应大于（　　）mm。

A. 2　　　　　　B. 5　　　　　　C. 7　　　　　　D. 10

23. 上下立柱之间应有不小于（　　）mm的缝隙，并应采用芯柱连接。芯柱总长度不应小于（　　）mm。
　　A. 10　300　　　　B. 15　400　　　　C. 20　400　　　　D. 20　300

24. 玻璃板块安装每副幕墙均应按不同分格各抽查（　　）%，且总数不得少于（　　）个。
　　A. 5　20　　　　　B. 3　20　　　　　C. 5　10　　　　　D. 3　10

25. 每块玻璃下部应设不少于两块弹性定位垫块，垫块的宽度与槽口的宽度相同，长度不应小于（　　）mm，厚度不应小于（　　）mm。
　　A. 80　3　　　　　B. 90　2　　　　　C. 100　3　　　　D. 100　5

26. 橡胶条镶嵌应平整、密实，橡胶条长度宜比边框内槽口长（　　），其断口应留在四角；拼角处应粘结牢固。
　　A. 1.0%～3.0%　　B. 1.5%～2.0%　　C. 1.0%～2.0%　　D. 2.0%～3.0%

27. 开启窗、外开门应固定牢固。附件齐全，安装位置正确；窗、门框固定螺丝的间距应符合设计要求并不应大于（　　）mm，与端部距离不应大于（　　）mm。
　　A. 300　180　　　B. 200　150　　　C. 300　150　　　D. 200　100

28. 开启窗开启角度不宜大于（　　），开启距离不宜大于（　　）mm；外开门应安装限位器或闭门器。
　　A. 15°　200　　　B. 30°　300　　　C. 20°　300　　　D. 20°　200

29. 对石材幕墙应限制其应用高度，严禁建筑外墙石材采用湿贴工艺，无立柱干挂石材高度不得高于（　　）m。
　　A. 20　　　　　　B. 50　　　　　　C. 30　　　　　　D. 24

30. 钢销的孔位应根据石板的大小而定，边长不大于（　　）m时每边应设两个钢销，边长大于（　　）m时应采用复合连接。
　　A. 1.0　1.0　　　B. 1.0　1.5　　　C. 1.5　1.5　　　D. 1.5　2.0

31. 短槽式安装的石板加工，两短槽边距离石板两端部的距离不应小于石板厚度的（　　）倍且不应小于（　　）mm，也不应大于（　　）mm。
　　A. 2　85　180　　B. 3　60　200　　C. 2　85　200　　D. 3　85　180

32. 单层铝板折弯加工时，折弯外圆弧半径不应小于板厚的（　　）倍。
　　A. 1.5　　　　　B. 2　　　　　　　C. 2.5　　　　　　D. 3.0

33. 金属与石材幕墙构件应按同一种类构件的（　　）%进行抽样检查，且每种构件不得少于（　　）件。当有一个构件抽检不符合上述规定时，应加倍抽样复验，全部合格后方可出厂。
　　A. 3　5　　　　　B. 3　3　　　　　C. 5　5　　　　　D. 5　3

34. 幕墙工程防火构造应按防火分区总数抽查（　　）%，并不得少于（　　）处。
　　A. 5　3　　　　　B. 5　5　　　　　C. 3　3　　　　　D. 3　5

35. 为了保证幕墙构架与主体结构连接，设置预埋件的混凝土强度不宜低于（　　）。
　　A. C15　　　　　B. C25　　　　　C. C30　　　　　D. C35

二、多项选择题

1. 国家标准《建筑幕墙》GB/T 21086—2007对建筑幕墙的分类，建筑幕墙可分为（　　）。

A. 构件式幕墙　　B. 全玻璃幕墙　　C. 点支撑幕墙　　D. 木结构幕墙
E. 采光顶

2. 点支撑幕墙结构系统形式包括（　　）。
A. 张拉索　　B. 全玻璃　　C. 钢结构　　D. 自平衡　　E. 单索

3. 双层幕墙依照通风形式可分为（　　）。
A. 外通风　　B. 热通道通风　　C. 内通风　　D. 冷通道通风
E. 横纵管井通风

4. 按密闭形式分类及标记代号可以分为（　　）。
A. 封闭式　　B. 半开放式　　C. 半封闭式　　D. 组合式　　E. 开放式

5. 按面板材料幕墙可分为（　　）。
A. 玻璃幕墙　　B. 金属板幕墙　　C. 石材幕墙　　D. 组合面板幕墙
E. 明框幕墙

6. 构件式玻璃幕墙依照面板支承形式分为（　　）。
A. 隐框幕墙　　B. 半隐框幕墙　　C. 插接型幕墙　　D. 对接型幕墙
E. 明框幕墙

7. 单元式幕墙依照单元部件间接口形式可分为（　　）。
A. 插接型幕墙　　B. 连接型幕墙　　C. 搭接型幕墙　　D. 混合型幕墙
E. 对接型幕墙

8. 点支承玻璃幕墙面板支承形式可分为（　　）。
A. 钢结构幕墙　　B. 对穿钢筋幕墙　　C. 索杆结构幕墙　　D. 玻璃肋幕墙
E. 明框幕墙

9. 全玻幕墙面板支承形式包括（　　）。
A. 落地式　　B. 跨梁式　　C. 对穿螺杆式　　D. 吊挂式　　E. 钢结构

10. 双层幕墙包括（　　）的分类方式。
A. 内通风　　B. 外通风　　C. 混合通风　　D. 自然通风
E. 主动通风

11. 依据 GB/T 21086，幕墙标记中通常包括（　　）等内容。
A. 主参数　　B. 面板材料　　C. 密封形式　　D. 主要支撑结构形式
E. 面板支撑形式

12. 依据 GB/T 21086，幕墙标记中第二项通常标记（　　）内容。
A. 单元接口形式　　　　　　B. 主要支撑结构形式
C. 面板材料　　　　　　　　D. 主参数
E. 面板支承形式

13. 依据 GB/T 21086，幕墙标记中第三项通常标记（　　）内容。
A. 主要支撑结构形式　　　　B. 密闭形式
C. 双层幕墙通风方式　　　　D. 面板材料　　E. 主参数

14. GB/T 21086 GJ-YK-FB-BL-3.5 标记幕墙特征为：（　　）。
A. 构件式　　B. 隐框　　C. 封闭　　D. 玻璃
E. 单片玻璃厚度为 3.5m

15. GB/T21086 SM-MK-NT-BL-3.5 标记幕墙特征为：（　　）。
A. 单层　　　　B. 明框　　　　C. 外通风　　　　D. 玻璃
E. 抗风压性能 3.5kPa

16. 石材幕墙、人造板材幕墙面板支承形式包括（　　）。
A. 钢销　　　B. 通槽　　　C. 平挂　　　D. 嵌入　　　E. 背栓

17. 金属板面板材料包括（　　）。
A. 单层铝板　　B. 不锈钢板　　C. 微晶玻璃板　　D. 铝塑板　　E. 彩钢板

18. 幕墙按主要支承结构形式分为（　　）。
A. 构件式幕墙　　B. 单元式幕墙　　C. 点支撑幕墙　　D. 全玻幕墙
E. 双层幕墙

19. 单元式幕墙具有（　　）的特点。
A. 易实现工业化生产，降低人工费用，控制单元质量
B. 适应主体结构位移能力强，能有效吸收地震作用、温度变化、层间位移
C. 工期易控制
D. 单元式幕墙较适用于超高层建筑和纯钢结构高层建筑，尤其适用于有剪力墙和窗间墙的主体结构
E. 施工时有严格的施工顺序，必须按对插的次序进行安装

20. 石材挂接的方式有（　　）等。
A. 背栓式　　　B. 预埋铁板　　　C. 角钢固定　　　D. 铝合金挂件
E. 不锈钢挂件

21. 全玻幕墙的主要特点（　　）。
A. 施工工艺简单　B. 通透性好　　C. 加工工厂化　　D. 材料种类少
E. 维护维修不便、易于清洗

22. 点支承玻璃幕墙施工：（　　）。
A. 采用钢结构为支撑受力体系　　　B. 可以采用圆钢管钢杠做支撑受力体系
C. 可以采用鱼腹式钢铰支桁架做支撑受力体系
D. 由玻璃面板、支承结构构成的建筑幕墙
E. 选材灵活、施工简单

23. 检验全玻璃幕墙、点支撑玻璃幕墙的安装质量，应采用下列方法：（　　）。
A. 用表面应力检测仪检查玻璃应力
B. 与设计图纸核对，检查质量保证资料
C. 用皮尺检测轴线定位偏差
D. 用分度值为1mm的钢直尺或钢卷尺检查尺寸偏差
E. 用水平仪、经纬仪检查高度偏差

24. 开启窗、外开门应固定牢固。附件齐全，安装位置正确；下列说法正确的是（　　）。
A. 窗、门框固定螺丝的间距应符合设计要求并不应大于300mm
B. 窗、门框固定螺丝与端部距离不应大于180mm
C. 开启窗开启距离不宜大于200mm
D. 开启窗开启角度不宜大于30°

E. 外开门应安装限位器或闭门器

25. 玻璃幕墙四周与主体之间（　　）。

A. 使用采用干硬性材料填塞

B. 缝隙应采用防火保温材料严密填塞

C. 水泥砂浆与铝型材间应贴合严密

D. 内外表面应采用密封胶连续封闭，接缝严密不渗漏

E. 密封胶不应污染周围相邻表面

26. 石材幕墙施工中，钢销的孔位应根据石板的大小而定。并满足（　　）要求。

A. 孔位距离边端不得小于石板厚度的3倍，也不得大于180mm

B. 钢销间距不宜大于600mm

C. 边长不大于1.0m时每边应设三个钢销

D. 边长不大于1.5m时每边应设两个钢销

E. 边长大于1.0m时应采用复合连接

27. 石板的转角宜采用不锈钢支撑件或铝合金型材专用件组装，并符合：（　　）。

A. 当采用不锈钢支撑件组装时，不锈钢支撑件的厚度不应小于3mm

B. 当采用不锈钢支撑件组装时，不锈钢支撑件的厚度不应小于4mm

C. 当采用铝合金型材专用件组装时，铝合金型材壁厚不应小于4.5mm

D. 当采用铝合金型材专用件组装时，铝合金型材壁厚不应小于5mm

E. 当采用铝合金型材专用件组装时，连接部位的壁厚不应小于5mm

28. 单层铝板的固定耳子应符合设计要求。固定耳子可用（　　）等连接方式，并应位置准确，调整方便，固定牢固。

A. 焊接　　　　B. 铆接　　　　C. 绑扎

D. 直接冲压　　E. 胶粘

29. 单层铝板构件四周边应采用（　　）相结合的形式固定，并应做到构件刚性好，固定牢固。

A. 绑扎　　　　B. 铆接　　　　C. 螺栓　　　　D. 胶粘　　　E. 机械连接

30. 蜂窝铝板的加工应符合下列规定：（　　）。

A. 应根据组装要求决定切口的尺寸和形状，在切除铝芯时不得划伤蜂窝铝板外层铝板的内表面

B. 直角构件加工，折角应弯成圆弧状，角缝应采用硅酮耐候密封胶密封

C. 金属幕墙的女儿墙部分，应用单层铝板或不锈钢板加工成向外倾斜的盖顶

D. 边缘的加工，应将外层铝板折合90°，并将铝芯包封

E. 大圆弧角构件的加工，圆弧部位应填充防火材料

31. 金属幕墙的吊挂件、安装件应符合下列规定：（　　）。

A. 单元金属幕墙使用的吊挂件、支撑件，宜采用铝合金件或不锈钢件

B. 单元金属幕墙使用的吊挂件、支撑件，应具备可调整范围

C. 单元幕墙的吊挂件与预埋件的连接应采用穿透螺栓

D. 铝合金立柱的连接部位的局部壁厚不得小于10mm

E. 铝合金立柱的连接部位的局部壁厚不得小于5mm

32. 幕墙安装前施工单位应当委托有资质的检测机构进行（　　）检测。
A. 结构胶相容性　B. 气密性能　　C. 水密性能　　D. 抗风压性能
E. 平面内变形性能和热工性能

33. 幕墙防火构造的检验指标，应符合下列规定：（　　）。
A. 幕墙与楼板、墙、柱之间应按设计要求设置横向、竖向连续的防火隔断
B. 对高层建筑无窗间墙和窗槛墙的玻璃幕墙，应在每层楼板外沿设置耐火极限不低于1.00h，高度不低于0.80m的不燃烧实体裙墙
C. 同一块玻璃不宜跨两个分火区域
D. 检验幕墙防火构造，采用观察的方法进行检查
E. 检验幕墙防火构造，应在幕墙与楼板、墙、柱、楼梯间隔断处

34. 幕墙防火节点的检验指标，应符合下列规定：（　　）。
A. 构造必须符合设计要求
B. 防火材料的品种、耐火等级应符合设计和标准的规定
C. 防火材料应安装牢固，无遗漏，并应严密无缝隙
D. 防火层与幕墙和主体结构间的缝隙必须用防火密封胶严密封闭
E. 镀锌钢衬板应与铝合金型材紧密接触，并进行密封处理

35. 幕墙工程防雷措施的检验抽样，应符合下列规定：（　　）。
A. 有均压环的楼层数少于3层时，应全数检查
B. 多于3层时，抽查不得少于3层
C. 无均压环的楼层抽查不得少于2层，每层至少应检查3处
D. 幕墙所有金属框架应互相连接，形成导电通路
E. 对有女儿墙盖顶的必须检查，每层至少应查3处

36. 幕墙与主体结构防雷装置连接的检验指标，应符合下列规定：（　　）。
A. 连接材质、截面尺寸和连接方式必须符合设计要求
B. 连接点水平间距不应大于防雷引下线的间距，垂直间距不应大于均压环的间距
C. 连接点水平间距不应大于均压环的间距，垂直间距不应大于防雷引下线的间距
D. 女儿墙压顶罩板宜与女儿墙部位幕墙构架连接，女儿墙部位幕墙构架与防雷装置的连接节点宜明露
E. 检验幕墙与主体结构防雷装置的连接，应在幕墙框架与防雷装置连接部位，采用接地电阻仪或兆欧表测量和观察检查

37. 预埋件与幕墙连接应该：（　　）。
A. 螺栓紧固应有防松措施　　　　B. 采用楔形垫片和点焊连接
C. 焊接垫片应有足够的接触面和焊接面
D. 角钢连接件紧密贴合连接立柱
E. 可调节构造应用螺栓固定连接，并有防滑动措施

38. 玻璃幕墙的安装，必须提交工程所采用的玻璃幕墙产品的（　　）。
A. 空气渗透性能　　　　　　　　B. 风压变形性能的检验报告
C. 根据设计的要求，提交保温隔热性能等的检验报告

D. 雨水渗透性能
E. 根据设计的要求，提交包括平面内变形性能

三、判断题（正确写 A，错误写 B）

1. 幕墙的设计是经规定程序批准并具有资质的单位设计，图纸须盖有该工程设计单位验证认可的出图章，并附有结构设计计算书。（   ）
2. 幕墙施工质量的好坏，主要取决于建设单位的管理水平和技术素质。（   ）
3. 根据幕墙工程管理的规定，幕墙工程的施工单位必须具有建筑幕墙工程施工质量企业资质等级，并根据相应资质等级承接幕墙安装工程。幕墙的安装施工应单独编制施工组织设计方案。（   ）
4. 预埋件的锚筋应放在外排主筋的外侧。（   ）
5. 预埋件的锚筋应放在外排主筋的内侧。（   ）
6. 预埋件、连接件之间的焊缝应平整，焊渣表面应做好防锈涂刷。（   ）
7. 在安装幕墙连接件与预埋件的连接时，需预安装，对偏差较大的预埋件可采用焊垫片，或补打膨胀螺栓的方法予以调整。（   ）
8. 焊接垫片应有足够的接触面和焊接面，其强度应达到预埋件锚板要求。可采用楔形垫片连接，严禁点焊连接。（   ）
9. 施工中先用钢板对夹立柱，然后在将钢板焊接定位。（   ）
10. 角钢连接件与立柱间应保证紧密贴合，防止位移形变。（   ）
11. 角钢连接件与立柱接触面之间，应加设耐热、耐久、绝缘和防腐的硬质有机材料垫片。不同金属接触面应采用绝缘垫片做隔离措施。螺栓紧固应有防松措施。（   ）
12. 与铝合金接触的螺钉及金属配件应采用不锈钢或铝制品。（   ）
13. 梁、柱连接节点同一连接处的连接螺栓不应少于两个，适当应采用自攻螺钉固定。（   ）
14. 上下立柱之间应有不小于 15mm 的缝隙，并应采用芯柱连接。（   ）
15. 芯柱与立柱应紧密接触。芯柱与下柱之间应采用铁螺栓固定。（   ）
16. 凡铝合金接触的螺栓及金属配件应采用不锈钢或轻金属制品。（   ）
17. 立柱上固定横梁角码必须水平，位置正确，这是横梁安装准确的保证。横梁与立柱之间应设置橡胶垫，并应安装严密，不渗漏。（   ）
18. 立柱应采用螺栓与角码连接，并再通过角码与预埋件或钢构件连接。（   ）
19. 立柱与角码采用不同金属材料时应采用绝缘垫片分隔。（   ）
20. 采用自攻螺钉固定承受水平荷载的玻璃压条，压条的固定方式、固定点数量应符合设计要求。（   ）
21. 不得采用自攻螺钉固定承受水平荷载的玻璃压条。（   ）
22. 当压板有防水要求时，必须满足设计要求；排水孔的形状、位置、数量应符合设计要求，且排水通畅。（   ）
23. 玻璃与槽口间的空隙应有支撑垫块和定位垫块，其材质、规格、数量和位置应符合设计和规范要求。不得用硬性材料填充固定。（   ）
24. 玻璃与槽口间的空隙应有支撑垫块和定位垫块，其材质、规格、数量和位置应符

合设计和规范要求,现场可以使用小木方辅助填充固定。　　　　　　　(　)

25. 单片玻璃高度大于 4m 时,应使用吊夹或采用点支撑方式使玻璃悬挂。(　)

26. 点支承玻璃幕墙应使用钢化玻璃,不得使用普通浮法玻璃。　　　　(　)

27. 点支承玻璃幕墙使用普通浮法玻璃时,应加强结构保证悬挂。　　　(　)

28. 窗、门框的所有型材拼缝和螺钉孔宜注耐候密封胶,外表整齐美观。除不锈钢材料外,所有附件和固定件应作防腐处理。　　　　　　　　　　　　　(　)

29. 窗、门框的所有型材拼缝和螺钉孔宜注耐候密封胶,外表整齐美观。所有附件和固定件均应作防腐处理。　　　　　　　　　　　　　　　　　　(　)

30. 玻璃幕墙四周与主体之间的缝隙,应采用防火保温材料严密填塞,水泥砂浆不得与铝型材直接接触,不得采用干硬性材料填塞。　　　　　　　　　　(　)

31. 玻璃幕墙四周与主体之间的缝隙,应采用防火保温材料严密填塞,水泥砂浆应与铝型材紧密贴合。　　　　　　　　　　　　　　　　　　　　　(　)

32. 玻璃幕墙四周与主体之间应保证空缝间隙,以满足结构变形缝要求。(　)

33. 幕墙转角、上下、侧边、封口及与周边墙体的连接构造应牢固并满足密封防水要求,外表应整齐美观。　　　　　　　　　　　　　　　　　　　(　)

34. 幕墙玻璃与室内装饰之间的间隙不宜少于 10mm。　　　　　　　　(　)

35. 钢化玻璃表面不得有伤痕。　　　　　　　　　　　　　　　　　(　)

36. 热反射玻璃的膜面不得暴露于室外。　　　　　　　　　　　　　(　)

37. 对热反射玻璃膜面,在光线明亮处,以手指按住玻璃面,通过实影、虚影判断膜面朝向。　　　　　　　　　　　　　　　　　　　　　　　　　(　)

38. 保温材料应安装牢固,并应与玻璃保持 30mm 以上的距离。　　　(　)

39. 保温材料应与玻璃严密贴合,保证安装牢固。　　　　　　　　　(　)

40. 冬季取暖的地区,保温棉板的隔气铝箔面应朝向室内,无隔气铝箔面时应在室内侧有内衬隔气板。　　　　　　　　　　　　　　　　　　　　　　(　)

41. 冬季取暖的地区,保温棉板的隔气铝箔面应朝向室外,无隔气铝箔面时应在室外侧有内衬隔气板。　　　　　　　　　　　　　　　　　　　　　　(　)

42. 全隐框玻璃幕墙设计具有大面造型美观的特点,适宜在我国城市建设中推广。(　)

43. 明框和半隐框玻璃幕墙外片玻璃应采用夹层玻璃、不得使用均质钢化玻璃或超白玻璃。(　)

44. 明框和半隐框玻璃幕墙外片玻璃应采用夹层玻璃、均质钢化玻璃或超白玻璃。(　)

45. 外开启扇应有防玻璃脱落的构造措施。　　　　　　　　　　　　(　)

46. 对石材幕墙应限制其应用高度,严禁建筑外墙石材采用湿贴工艺,无立柱干挂石材高度不得高于 30m。　　　　　　　　　　　　　　　　　　　　(　)

47. 对石材幕墙应限制其应用高度,严禁建筑外墙石材采用湿贴工艺,无立柱干挂石材高度不得高于 50m。　　　　　　　　　　　　　　　　　　　　(　)

48. 石板连接部位应无崩坏、暗裂等缺陷;其他部位崩边不大于 5mm×20mm,或缺角不大于 20mm 时可修补后使用,但每层修补的石板数不应大于 2%,且宜用于里面不明显部位。(　)

49. 钢销的孔位应根据石板的大小而定,孔位距离边端不得小于石板厚度的 3 倍,也

不得大于100mm。（　　）

50. 钢销的孔位应根据石板的大小而定，边长不大于1.0m时每边应设两个钢销，边长大于1.0m时应采用复合连接。（　　）

51. 钢销的孔位应根据石板的大小而定，钢销间距不宜大于600mm。（　　）

52. 已加工好的石板应立置通风良好的仓库内，堆放角度不应小于85°。（　　）

53. 石板经切割或开槽等工序后均应将石屑用水冲干净，石板与不锈钢挂件间应采用环氧树脂型石材专用结构胶粘结。（　　）

54. 单层铝板折弯加工时，折弯外圆弧半径不应小于板厚的1.5倍。（　　）

55. 单层铝板的固定耳子应符合设计要求。固定耳子可采用焊接、胶粘、铆接或在铝板上直接冲压而成，并应位置准确，调整方便，固定牢固。（　　）

56. 单层铝板构件四周边应采用绑扎、铆接、螺栓或胶黏与机械连接相结合的形式固定，并应做到构件刚性好，固定牢固。（　　）

57. 在加工过程中铝塑复合板严禁与水接触。（　　）

58. 在切割铝塑复合板内层铝板和聚乙烯塑料时，应保证割透聚乙烯塑料以确保弯折，并不得划伤外层铝板的内表面。（　　）

59. 打孔、切口等外露聚乙烯塑料及角缝，应用中性硅酮耐候密封胶密封。（　　）

60. 打孔、切口等外露聚乙烯塑料及角缝，应用酸性硅酮耐候密封胶密封。（　　）

61. 金属与石材幕墙构件应按同一种类构件的3%进行抽样检查，且每种构件不得少于3件。当有一个构件抽检不符合上述规定时，应加倍抽样复验，全部合格后方可出厂。（　　）

62. 构件出厂时，应附有构件合格证书。构件安装前应检查制造合格证，不合格的构件不得安装。（　　）

63. 金属、石材幕墙与主体结构连接的预埋件，应在主体结构施工后按设计要求埋设。（　　）

64. 金属、石材幕墙与主体结构连接的预埋件，应在主体结构施工时按设计要求埋设。（　　）

65. 预埋件应牢固，位置准确，预埋件的位置误差应按设计要进行复查。当设计无明确要求时，预埋件位置差不应大于30mm。（　　）

66. 预埋件应牢固，位置准确，预埋件的位置误差应按设计要进行复查。当设计无明确要求时，预埋件位置差不应大于20mm。（　　）

67. 幕墙工程防火构造应按防火分区总数抽查5%，并不得少于3处。（　　）

68. 对高层建筑无窗间墙和窗槛墙的玻璃幕墙，应在每层楼板外沿设置耐火极限不低于0.50h，高度不低于0.30m的不燃烧实体裙边。（　　）

69. 防火材料不得与幕墙玻璃直接接触，防火材料朝玻璃面处宜采用装饰材料覆盖。（　　）

70. 防火材料的品种、材料、耐火等级和铺设厚度，必须符合设计的规定。（　　）

71. 防火层与幕墙和主体结构间的缝隙必须用中性硅酮结构密封胶严密封闭。（　　）

72. 镀锌钢衬板应与铝合金型材紧密贴合，并应进行密封处理。（　　）

73. 女儿墙压顶罩板宜与女儿墙部位幕墙构架连接，女儿墙部位幕墙构架与防雷装置的连接节点宜明露。（   ）

74. 幕墙金属框架与防雷装置的连接应紧密可靠，应采用焊接或机械连接，形成导电通路。（   ）

75. 幕墙金属框架与防雷装置的连接应紧密可靠，连接点水平间距不应大于均压环的间距，垂直间距不应大于防雷引下线的间距。（   ）

76. 幕墙是一种悬挂在建筑结构框架外侧的外墙围护构件，它的自重和所承受的风荷载、地震作用等通过锚接点以点传递方式传至建筑物主框架，幕墙构件之间的接缝和连接用现代建筑技术处理，使幕墙形成连续的墙面。（   ）

77. 幕墙是一种悬挂在建筑结构框架外侧的外墙围护构件，它的自重和所承受的风荷载、地震作用等通过锚接点以面传递方式传至地基基础，幕墙构件之间的接缝和连接用现代建筑技术处理，使幕墙形成连续的墙面。（   ）

78. 按主要支承结构形式分类及标记代号"GJ"表示钢架式支撑结构。（   ）

79. 按主要支承结构形式分类及标记代号"GJ"表示构件式支撑结构。（   ）

80. 按主要支承结构形式分类及标记代号"DZ"表示独立支撑结构。（   ）

81. 按主要支承结构形式分类及标记代号"DZ"表示点支撑结构。（   ）

82. 按主要支承结构形式分类及标记代号"SM"表示索膜组合支撑结构。（   ）

83. 按主要支承结构形式分类及标记代号"SM"表示双层幕墙支撑结构。（   ）

84. 铝塑复合材料通常归类为非金属板面材料。（   ）

85. 铝塑复合材料通常归类为金属板面材料。（   ）

86. 单元式幕墙单元部件间通常使用插接（CJ）、搭接（DJ）、连接（LJ）接口形式。（   ）

87. 单元式幕墙单元部件间通常使用插接（CJ）、对接（DJ）、连接（LJ）接口形式。（   ）

88. 国家标准《建筑幕墙》GB/T21086-2007对建筑幕墙的分类，建筑幕墙可分为构件式幕墙、全玻璃幕墙、点支撑幕墙、双层幕墙、屋面等。（   ）

89. 单元式幕墙较适用于超高层建筑和纯钢结构高层建筑，尤其适用于有剪力墙和窗间墙的主体结构。（   ）

90. 由于单元式幕墙主要在室内施工安装，主体结构适应能力较差，故不适用于有剪力墙和窗间墙的主体结构。（   ）

91. 单元式幕墙接缝处多使用胶条密封，不使用耐候胶，不受天气对打胶的影响，工期易控制。（   ）

92. 单元式幕墙较适用于超高层建筑和纯钢结构高层建筑。（   ）

93. 大面积使用新型彩釉玻璃，从材料划分上此类幕墙属于人造板材幕墙。（   ）

94. 点支承玻璃幕墙由玻璃面板、点支承装置和支承结构构成。（   ）

95. 点支承玻璃幕墙由玻璃面板、点支承装置构成。（   ）

96. 由于点支承玻璃幕墙采用钢结构为支撑受力体系，所用的钢结构可以是圆钢管钢杠，也可以是鱼腹式钢铰支桁架，但不宜使用其他铰支桁架形式。（   ）

97. 双层幕墙是由外层幕墙、热通道和内层幕墙（或门、窗）构成，且在热通道内能够形成空气有序流动的建筑幕墙。（　　）

98. 进、出通风口设在内层，利用通风设备使室外空气进入热通道并有序流动的是内通风双层幕墙。（　　）

99. 进、出通风口设在外层，通过合理配置进出风口使室内空气进入热通道并有序流动的是外通风双层幕墙。（　　）

100. 由透光面板或金属面板与支承体系（支承装置与支承结构）组成的，与水平方向夹角小于60°的建筑外围护结构可以算作采光顶与金属屋面范畴。（　　）

第10章　门窗工程

一、单项选择题

1. 木门安装前工序检查内容不包括（　　）。
   A. 门洞尺寸（洞口高度、宽度、墙体厚度、洞口和墙体垂直度等）
   B. 墙面施工（涂料、腻子、墙砖、墙面垂直度和平整度等）
   C. 地砖、门槛石、吊顶等完成情况
   D. 外墙涂料

2. 以下不是成品木门套进场检查验收的必查内容的是（　　）。
   A. 规格尺寸　　　　　　　　B. 木皮和涂饰要求
   C. 开启方向　　　　　　　　D. 所用材料的含水率

3. 不可以用在多孔砖墙上固定门套的方法是（　　）。
   A. 射钉　　　B. 木螺丝　　　C. 膨胀螺丝　　　D. 木楔

4. 使用发泡剂时门套与墙体间的留缝值应控制在（　　）mm左右。如果缝隙太大，不宜使用发泡剂固定。防火门必须使用符合防火等级的相关材料。
   A. 20　　　B. 2　　　C. 200　　　D. 5

5. 木门三只合页的安装，中间合页的位置宜安装在（　　）。
   A. 中间　　　　　　　　　　B. 距上合页净200mm
   C. 距上合页净600mm　　　　D. 以上都不合适

6. 预留的门窗洞口周边，应抹（　　）mm厚的1：3水泥砂浆，并用木抹子搓平、搓毛。
   A. 5～10　　　B. 10～20　　　C. 2～4　　　D. 20～25

7. 固定片的位置应距窗角、中竖框、中横框150～200mm，固定片之间的间距应小于或等于（　　）mm。
   A. 500　　　B. 200　　　C. 5000　　　D. 250

8. 根据设计图纸及门扇的开启方向，确定门框的安装位置，并把门框装入洞口，安装时采取防止门框变形的措施，无下框平开门应使两边框的下脚低于地面标高线，其高度差宜为（　　）mm，带下框平开门或推拉门使下框低于地面标高线，其高度差宜为10mm。然后将上框的一个固定片固定在墙体上，并调整门框的水平度、垂直度和直角度，并用木楔临时定位。其允许偏差应符合规定。

A. 50　　　　B. 30　　　　C. 5　　　　D. 20

9. 根据设计图纸及门扇的开启方向，确定门框的安装位置，并把门框装入洞口，安装时采取防止门框变形的措施，无下框平开门应使两边框的下脚低于地面标高线，其高度差宜为30mm，带下框平开门或推拉门使下框低于地面标高线，其高度差宜为（　　）mm。然后将上框的一个固定片固定在墙体上，并调整门框的水平度、垂直度和直角度，并用木楔临时定位。其允许偏差应符合规定。

A. 20　　　　B. 30　　　　C. 10　　　　D. 50

10. 拼樘料与砖墙联接时，应先将拼樘料两端插入预留洞中，然后应用强度等级为（　　）的细石混凝土浇灌固定。

A. C20　　　B. C30　　　C. C10　　　D. C50

11. 门窗洞口墙体厚度方向的预埋铁件中心线，如设计无规定时，距内墙面：38～60系列为（　　）mm，90～100系列为150mm。

A. 100　　　B. 200　　　C. 300　　　D. 500

12. 铝合金门窗洞口墙体厚度方向的预埋铁件中心线，如设计无规定时，距内墙面：38～60系列为100mm，90～100系列为（　　）mm。

A. 20　　　　B. 150　　　C. 100　　　D. 50

13. 门窗框与墙体安装缝隙的密封填充材料选用柔性材料时，应充满填塞缝隙。铝合金门窗框外侧和墙体室外二次粉刷间应留（　　）mm深槽口用建筑密封胶密实填缝。

A. 50～80　　B. 1～2　　　C. 5～8　　　D. 15～25

14. 窗洞墙体室内外二次粉刷（装饰）不应超过铝合金门窗框边（　　）mm。

A. 1　　　　B. 8　　　　C. 10　　　　D. 3

15. 铝合金门窗横向或竖向组合时，宜采取套插，搭接宽度宜大于（　　）mm。

A. 20　　　　B. 5　　　　C. 10　　　　D. 3

16. 将两门（窗）框与拼樘料卡接时，应用紧固件双向拧紧，其间距应不大于（　　）mm距两端间距不大于180mm；紧固件端头及拼樘料与门（窗）框间的缝隙应采用嵌缝膏进行密封处理。

A. 500　　　B. 80　　　C. 100　　　D. 30

17. 将两门（窗）框与拼樘料卡接时，应用紧固件双向拧紧，其间距应不大于500mm距两端间距不大于（　　）mm；紧固件端头及拼樘料与门（窗）框间的缝隙应采用嵌缝膏进行密封处理。

A. 100　　　B. 800　　　C. 210　　　D. 180

18. 副框固定后．在洞口内外侧用水泥砂浆等抹至副框与主框接触面平，当外侧抹灰时应用片材将抹灰层与门窗框临时隔开，其厚度为（　　）mm。待外抹灰层硬化后，撤去片材，预留出宽度为5mm、深度为6mm的嵌缝槽，待门窗固定后，用中性硅酮密封胶密封门窗外框边缘与副框间隙及嵌缝槽处。

A. 5　　　　B. 10　　　　C. 20　　　　D. 18

19. 镀膜玻璃应装在多层中空玻璃的（　　），单面镀膜层应朝向室内。

A. 最内层　　B. 最外层　　C. 第二层　　D. 第三层

20. 门窗套饰面板一般采用胶合板（切片板呈旋片板），厚度不小于（　　）mm（也可采用其他贴面板材），颜色、花纹要尽量相似。
    A. 10　　　　　B. 5　　　　　C. 8　　　　　D. 3

21. 防火门应比安装洞口尺寸小（　　）mm左右，门框应与墙身连接牢固，空隙用耐热材料填实。
    A. 10　　　　　B. 15　　　　C. 20　　　　D. 13

22. 根据《建筑装饰装修工程质量验收规范》GB 50210的规定，木门窗工程中，胶合板门横楞和上下冒头应分别钻透气孔，数量为（　　）。
    A. 各钻一个　　B. 各钻二个　　C. 各钻二个以上　　D. 不限制

23. 影响木材正常使用阶段变形稳定性的含水率指标是（　　）。
    A. 平衡含水率　B. 纤维饱和点　C. 标准含水率　D. 干燥含水率

24. 木质门高在2000～2500mm的采用合页安装法一般用（　　）合页。
    A. 2只　　　　B. 3只　　　　C. 3只以上　　D. 2只或3只

25. 门锁一般安装在高出地面的（　　）位置处。
    A. 800～850mm
    B. 900～950mm
    C. 1000～1050mm
    D. 1100～1150mm

26. 铝合金门窗安装洞口预埋铁件的间距必须与门窗框上设置的联接件配套。门窗框上铁脚间距一般为（　　）。
    A. 300mm　　　B. 400mm　　　C. 500mm　　　D. 600mm

27. 防火门的防火等级分为三级，其中乙级防火门耐火极限是（　　）。
    A. 1.5h　　　　B. 1.2h　　　　C. 0.9h　　　　D. 0.6h

28. 防火门高度最高不能超过（　　）。
    A. 2.5m　　　　B. 2.8m　　　　C. 3.0m　　　　D. 3.5m

29. 在传统的木门现场制作安装工程中，修刨门扇边梃时，应将相对两扇同时修刨，以免门扇边梃宽窄不一。启口缝搭接宽度，一般为（　　）。
    A. 6mm　　　　B. 9mm　　　　C. 12mm　　　D. 15mm

30. 塑钢窗、铝合金窗框固定片的位置应距窗角、中竖框、中横框（　　），固定片之间的间距应小于或等于（　　）。
    A. 150～200mm，500mm
    B. 200～300mm，300mm
    C. 150～200mm，300mm
    D. 200～300mm，500mm

31. 自动感应门上部机箱层横梁一般采用（　　）槽钢。
    A. 12号　　　　B. 14号　　　　C. 16号　　　　D. 18号

32. 铝合金窗玻璃面积在（　　）时，必须使用安全玻璃。
    A. $\geq 1m^2$　　B. $\geq 1.2m^2$　　C. $\geq 1.5m^2$　　D. $\geq 2m^2$

33. 门窗工程的保修期为（　　）。
    A. 1年　　　　B. 2年　　　　C. 5年　　　　D. 质量终身制

34. 木门合页安装时，如遇木节时，应（　　）。
    A. 将螺丝直接敲入　　　　　　B. 先钻孔塞入木塞，再拧螺丝
    C. 先钻孔，再用玻璃胶固定螺丝　　D. 斜向拧入

35. 在装修改造时如果原防火分区卷帘门顶部无卷帘箱，则需做如下处理：（   ）。
   A. 无需做任何改动　　　　　　　　B. 需增加钢质卷帘箱
   C. 需增加石膏板卷帘箱　　　　　　D. 需增加铁皮卷帘箱
36. 自动感应门安装后，对探测传感系统和机电装置进行反复调试，不属于重点控制的是下列（   ）。
   A. 感应灵敏度　　B. 探测距离　　C. 开闭速度　　D. 传动噪音
37. 不属于不锈钢防火门主要优点的是（   ）。
   A. 防火　　　　　B. 防盗　　　　C. 保温　　　　D. 价格低
38. 铝合金窗的三性试验不包括（   ）。
   A. 水密性　　　　B. 隔音性能　　C. 抗风压　　　D. 气密性
39. 装饰木门合页安装的常规缺陷不包括（   ）。
   A. 螺丝松动、斜向　　　　　　　　B. 数量不足
   C. 合页槽深浅不一　　　　　　　　D. 螺丝十字图案不在同一方向
40. 住宅建筑外窗窗台距楼面、地面的净高低于（   ）m时，应有防护设施。
   A. 0.90　　　　　B. 0.8　　　　　C. 1.2　　　　　D. 1.5
41. 超过（   ）m高度的木质门，宜内衬钢质或铝合金型材，防止门因过高而弯曲变形。
   A. 2.1　　　　　B. 2.5　　　　　C. 3.0　　　　　D. 1.5
42. 门套顶板的安装中，长度小于等于1m时，应在中间设置一个固定点，门套顶板长度大于1m时，中间固定点的间距宜在（   ）mm，对称分布。
   A. 100～200　　　B. 50～60　　　C. 80～100　　　D. 500～600

二、多项选择题

1. 特殊门窗包括（   ）等。
   A. 防火门　　　B. 自动门　　　C. 旋转门　　　D. 纱门　　　E. 卷帘门
2. 门套基层制作需满足的基本要求是（   ）等。
   A. 垂直度　　　B. 方正度　　　C. 牢固度　　　D. 平整度
   E. 安装作业时的环境温度5℃以上
3. 窗的构造尺寸应包括预留洞口与待安装窗框的间隙及墙体饰面材料的厚度。下列间隙中符合的有：（   ）mm。
   A. 清水墙10　　　　　　　　　　　B. 墙体外饰面抹水泥砂浆或贴马赛克15～20
   C. 墙体外饰面贴釉面瓷砖5～10　　D. 墙体外饰面贴釉面瓷砖20～25
   E. 墙体外饰面贴大理石或花岗岩板40～50
4. 洞口宽度与高度（洞口宽度高度<2400时）的允许偏差合理的是（   ）。
   A. 未粉刷墙面±10　　　　　　　　B. 未粉刷墙面±40
   C. 已粉刷墙面±5　　　　　　　　　D. 已粉刷墙面±30
   E. 加气块墙面±50
5. 组合窗的洞口，应在拼樘料的对应位置设预埋件或预留孔洞。当洞口需要设置预埋件时，应检查预埋件的数量规格及位置。预埋件的数量应和固定片的数量一致；其标高

和坐标位置应正确。以下允许的的偏差是：（   ）。

A. 预埋件的标高偏差不大于 30mm

B. 预埋件的标高偏差不大于 10mm

C. 埋件位置和设计位置的偏差不大于 50mm

D. 埋件位置和设计位置的偏差不大于 20mm

E. 预埋件的水平偏差不大于 50mm

6. 当门窗与墙体固定时，先固定上框，然后固定边框，固定方法正确的是（   ）。

A. 混凝土墙洞口应采用射钉或塑料膨胀螺丝固定

B. 砖墙洞口采用塑料膨胀螺钉或金属膨胀螺丝固定，并不得固定在砖缝处

C. 加气混凝土小型砌体洞口，采用射钉或塑料膨胀螺丝固定

D. 设有预埋铁件的洞口采用焊接的方法固定，也可先在预埋件上按紧固件规格打基孔，然后用紧固件固定

E. 下框与墙体的固定：窗盘下应采用防水砂浆粉刷

7. 一般门窗玻璃安装要点正确的是（   ）。

A. 安装时不要使玻璃撞击框架，以避免玻璃边部破碎

B. 有严重剥落或边部因破碎而变粗糙的玻璃不能使用

C. 玻璃底边在垫块附件如有斜角或喇叭式边时，应将此边转到顶部

D. 垫块的摆放应方便操作

E. 垫块应按图纸要求位置摆放，不得移动

8. 符合现行国家标准《高层民用建筑设计防火规范》GB 50045 中的有关规定的是（   ）。

A. 乙级耐火极限 1.5h   B. 丙级耐火极限 0.3h

C. 甲级耐火极限 1.2h   D. 乙级耐火极限 0.9h

E. 丙级耐火极限 0.6h

9. 钢制防火门的门扇骨架允许偏差为（   ）mm。

A. 门扇骨架的长和宽±3   B. 门扇骨架的弯曲度每米长度内≤0.5

C. 门扇骨架的对角线长度＜3   D. 门扇骨架的平面外扭翘度＜4

E. 门扇骨架的平面外扭翘度＜9

10. 木制防火门的外形尺寸允许偏差为（   ）mm。

A. 门框宽度和高度，允许偏差为±6mm

B. 门框和门扇的平面平整度允许偏差 1.5mm

C. 门框和门扇两对角线长度允许偏差 3mm

D. 门扇关闭后与门框的配合缝隙，为 1.5～2.5mm

E. 门框宽度和高度，允许偏差为±3mm

11. 下列为木制品的优点的有（   ）。

A. 质轻、有较高的强度   B. 容易加工   C. 纹理美观

D. 不易燃   E. 防火

12. 下列是铝合金门窗质量标准的有（   ）。

A. 建筑外门窗的安装必须牢固。在砌体上安装门窗严禁用射钉固定

B. 铝合金门窗应在现场完成后做淋水试验
C. 住宅建筑外窗窗台距楼面、地面的净高低于 1.20m 时, 应有防护设施
D. 铝合金门窗推拉门窗扇开关力应不大于 100N
E. 铝合金门窗推拉门窗扇开关力应不大于 200N

13. 木制防火门外形尺寸的质量标准为: ( )。
A. 门框宽度和高度, 允许偏差为±3mm
B. 门框和门扇的平面平整度允许偏差 1.5mm
C. 门框和门扇两对角线长度允许偏差 3mm
D. 门扇关闭后与门框的配合缝隙, 为 3~5mm
E. 门扇关闭后与门框的配合缝隙, 为 5~8mm

14. 在装饰工程中, 用到的一般门窗都有哪些 ( )。
A. 木门窗 B. 塑料门窗 C. 铝合金门窗
D. 钢质门窗 E. 防爆门

15. 木门扇固定安装方式主要有以下哪几种: ( )。
A. 合页安装法 B. 地弹簧安装法 C. 滑轮轨道安装法
D. 滑撑安装法 E. 旋转安装法

16. 卷帘门广泛用于以下哪些建筑场所 ( )。
A. 银行 B. 商场 C. 医院 D. 仓库 E. 工厂

17. 影响推拉门的安装质量, 具体包括 ( )。
A. 上轨道安装的牢固性及水平度 B. 上、下滑轮、导轨的质量
C. 地面及墙壁要保证横平竖直 D. 门扇的规格和自重
E. 制作门的合格的材料

18. 防火门的防火等级分为 ( )。
A. 甲级耐火极限 1.2h B. 乙级耐火极限 0.9h
C. 丙级耐火极限 0.6h D. 丁级耐火极限 0.3h
E. 甲级耐火极限 2h

19. 弹簧门的安装要点正确的是 ( )。
A. 顶轴套板和回转轴套的轴孔中心线必须在同一垂线上, 并与门扇底面垂直
B. 将顶轴装于门框顶部, 并适当留出门框与门扇顶部之间的缝隙, 以保证门扇启闭灵活
C. 安装底座时需注意使板面与地面(含装饰面层)保持在同一标高上
D. 安装门扇应在混凝土凝结强度达到 75% 后
E. 启闭调速可以通过不同方向拧"油泵调节螺钉"来调节

20. 门窗框与墙体联接的正确做法 ( )。
A. 门窗框与墙体的间隙每边应控制在 40~50mm 左右, 用水泥砂浆填充密实
B. 门窗框安装时必须满足门窗扇开启方向的设计要求
C. 门窗框与墙体接触面需做好防腐处理
D. 门窗框与墙体的间隙每边应控制在 10~20mm 左右, 用水泥砂浆填充密实

E. 门窗框与墙体的间隙每边应控制在 50~80mm 左右，用水泥砂浆填充密实

三、判断题（正确写 A，错误写 B）

1. 门安装前检查门洞尺寸主要有：洞口高度、宽度、墙体厚度、洞口和墙体垂直度等。（　）
2. 开箱检查门扇质量包括以下的内容：规格尺寸、外观形状、表面质量、开启方向、五金安装孔位等。（　）
3. 预留的门窗洞口周边，应抹 2~4mm 厚的 3∶1 水泥砂浆，并用木抹子搓平、搓毛。（　）
4. 门窗安装应在洞口尺寸符合规定且验收合格，并办好工种间交接手续后，方可进行。（　）
5. 门窗框与洞口之间的缝隙内腔采用闭孔泡沫塑料、发泡聚苯乙烯等弹性材料分层填塞，填塞不宜过紧。对于保温、隔声等级要求较高的工程，采用相应的隔热、隔声材料填塞。填塞后，撤掉临时固定用木楔或垫块，其空隙应采用闭孔弹性材料填塞。（　）
6. 铝合金门窗安装的位置，必须符合设计要求，开启方向根据现场确定。（　）
7. 门窗扇上若粘有水泥砂浆时，应在其硬化前，用铁片或刀具清除干净。（　）
8. 铝合金窗框安装完成后，窗下坎与边框、中立框的框角节点缝隙处要抹建筑密封胶，防止框角向内窗台渗水。（　）
9. 建筑密封胶施工方法：如设计未规定填缝材料时，清理后应填塞柔性材料，在框外侧留密封槽口，填嵌防水建筑密封胶。（　）
10. 铝合金门窗安装采用钢副框时，应采取绝缘措施。（　）
11. 不要在玻璃附近进行焊接、喷砂、酸洗，否则会对玻璃强度和外观产生影响。（　）
12. 如果必须进行酸洗时，可用帆布或木板类材料保护玻璃，酸洗后 12h 用清水冲洗玻璃。（　）
13. 若油漆、混凝土、石膏、灰泥或其他类似的材料粘在玻璃表面上，应立即用清水或相应的溶剂洗净，否则会对玻璃表面有侵蚀作用。（　）
14. 可用刀片等物刮镀膜玻璃的膜面。（　）
15. 安装双层玻璃时，玻璃夹层四周应嵌入中隔条，中隔条应保证密封、不变形、不脱落，玻璃槽及玻璃内表面应干燥、清洁。（　）
16. 镀膜玻璃应装在玻璃的最外层，单面镀膜层应朝向室外。（　）
17. 门窗套制作所使用的木材应采用干燥的木材，含水率不应大于 12%。腐朽、虫蛀的木材不能使用。（　）
18. 木材防水剂能防止木材因吸水潮湿引起的发花、发霉、腐化和生白蚁等现象。（　）
19. 甲级防火门耐火极限 2h。（　）
20. 乙级防火门耐火极限 0.9h。（　）

21. 丙级防火门耐火极限 0.6h。（   ）
22. 防火门专业生产厂家应取得专业的生产许可证并经国家相关部门认可，同时还应取得国家行政主管部门的相应的资质证书，在资质范围内生产。（   ）
23. 防火门安装应和门扇开启方向的反面墙面相平。（   ）
24. 防火门安装应注意尺寸准确，外框平直，避免锯刨，若有不可避免的锯刨，锯刨面必须涂刷防火涂料一度。（   ）
25. 防火门安装五金部位剖凿后，在剖凿处应涂刷防火涂料一度。（   ）
26. 防火门与墙体联接应用膨胀螺丝，如用木砖可以不作防火处理。（   ）
27. 防火门必须安装闭门器。（   ）
28. 门窗框与墙体连接固定时，其中的木塞不需要做防腐处理。（   ）

第11章 建筑安装工程

一、单项选择题

1. 在给排水的施工安装工程中，常用的材料主要有管材、附件、（   ）及辅助材料。
   A. 阀门   B. 截止阀   C. 蝶阀   D. 止回阀

2. 管道系统安装完后应进行综合水压试验。水压试验时应（   ），待水充满后进行加压。当压力升到规定值时，停止打压，认真检查整个管道系统，确认各处接口和阀门均无渗漏现象，再持续稳压到规定时间，观察其压力下降在允许范围内，并经有关人员验收认可后，填写好水压试验记录，办理交接手续。
   A. 排净空气   B. 检查管道   C. 清理管道   D. 放水

3. 室内给水管道的水压试验必须符合设计要求。当设计未注明时，各种材质的给水管道系统试验压力均为工作压力的（   ）倍，但不得小于（   ）MPa。
   A. 1.5，0.6   B. 0.6，1.5   C. 1.5，0.7   D. 1.5，1.5

4. 排水塑料管必须按设计要求及位置装设伸缩节。如设计无要求时，伸缩节间距不得大于（   ）m。
   A. 1   B. 2   C. 3   D. 4

5. 给水水平管道应有（   ）的坡度坡向泄水装置。
   A. 2%～5%   B. 2‰～5‰   C. 5‰～10‰   D. 5%～10%

6. 高层建筑中明设排水塑料管道应按设计要求设置阻火圈或（   ）。
   A. 防水套管   B. 柔性套管   C. 刚性套管   D. 防火套管

7. 在连接2个及2个以上大便器或3个及3个以上卫生器具的污水横管上应设置（   ）。
   A. 检修口   B. P弯   C. 存水弯   D. 清扫口

8. 室内排水的水平管道与水平管道、水平管道与立管的连接，应采用（   ）三通或（   ）四通和（   ）斜三通或（   ）斜四通。
   A. 90° 90° 90° 90°   B. 45° 45° 45° 45°

C. 90° 90° 45° 45°　　　　　　　　D. 45° 45° 90° 90°

9. 采暖管道选用焊接钢管时，管径小于或等于 DN32 的宜（　　）连接。
A. 焊接　　　B. 螺纹　　　C. 法兰　　　D. 卡箍

10. 蒸汽、热水采暖系统水压试验，应以系统顶点工作压力加（　　）MPa 作水压试验，同时在系统顶点的试验压力不小于（　　）MPa。
A. 0.1　0.3　　B. 0.2　0.5　　C. 1　1.5　　D. 0.5　1

11. 金属电线管布线，其主要优点是安全可靠，能防止灰尘、潮气、蒸汽及腐蚀性气体的侵蚀；能防止机械损伤；能防止因线路短路而发生的火灾。适用于（　　）和（　　）线路的明、暗敷设及吊顶内和护墙板内的敷设。
A. 动力　照明　　B. 照明　控制　　C. 照明　弱电　　D. 弱电　动力

12. 室内金属管配线暗配管的施工顺序正确的是（　　）。
A. 施工准备→确定箱、盒位置并安装→预制加工→安装调整及扫管→进出管路及暗管敷设→管内穿线
B. 施工准备→预制加工→进出管路及暗管敷设→确定箱、盒位置并安装→安装调整及扫管→管内穿线
C. 施工准备→预制加工→确定箱、盒位置并安装→安装调整及扫管→进出管路及暗管敷设→管内穿线
D. 施工准备→预制加工→确定箱、盒位置并安装→进出管路及暗管敷设→安装调整及扫管→管内穿线

13. 金属线槽安装完后，经过清扫后即可敷设导线，线槽内导线的规格和数量应符合设计要求。当设计无规定时，包括绝缘层在内的导线总截面积不应大于线槽截面的（　　）。强、弱电线路应分槽敷设。
A. 55%　　　B. 65%　　　C. 40%　　　D. 70%

14. 垂直敷设的电缆每隔（　　）m 处应加以固定。水平敷设的电缆，在电缆的首尾两端、转弯及每隔（　　）m 处进行固定，对电缆在不同标高的端部也应进行固定。
A. 1.5～2　5～10
B. 5～10　1.5～2
C. 0.5～1　5～10
D. 1.5～2　15～20

15. 配管通过伸缩缝或沉降缝时，应设（　　）装置。
A. 接地　　　B. 跨接　　　C. 补偿　　　D. 防雷

16. 离表面的净距不应小于（　　）mm。配管不得出现半明半暗的现象。
A. 30　　　B. 15　　　C. 25　　　D. 5

17. 镀锌钢管、普利卡管不得熔焊跨接接地线，应以专用接地线卡跨接，跨接线采用黄绿双色铜芯软导线，截面积不小于（　　）mm²。
A. 4　　　B. 6　　　C. 2.5　　　D. 10

18. 当绝缘导管在砌体上剔槽埋设时，应采用强度等级不小于 M10 的水泥砂浆抹面保护，保护层厚度大于（　　）。
A. 10mm　　　B. 15mm　　　C. 20mm　　　D. 8mm

19. 灯具重量大于（　　）时，固定在螺栓或预埋吊钩上；软线吊灯，灯具重量 0.5kg 及以下时，采用软电线自身吊装；大于 0.5kg 的灯具采用吊链，且软电线编叉在吊

链内，使电线不受力；灯具固定牢固可靠，不使用木楔。每个灯具固定用螺钉或螺栓不少于2个；当绝缘台直径在75mm及以下时，采用1个螺钉或螺栓固定。

    A. 3kg　　　　　B. 5kg　　　　　C. 4kg　　　　　D. 2kg

20. 游泳池和类似场所灯具（水下灯及防水灯具）的等电位联结应可靠，且有明显标识，其电源的专用漏电保护装置应全部检测合格。自电源引入灯具的导管必须采用绝缘导管，严禁采用金属或有金属护层的导管。

    A. 金属或有金属护层的导管　　　　B. 硬聚氯乙烯管（PVC-U）
    C. 塑料管有聚乙烯管（PE）　　　　D. 氯化聚氯乙烯管（PVC-C）

21. 金属线槽应进行可靠的接地和接零，全长不少于（　　）处与接地或接零联接。

    A. 1　　　　　　B. 2　　　　　　C. 3　　　　　　D. 4

22. 下列说法正确的是（　　）。

    A. 安装在重要场所的大型灯具的玻璃罩，应采取防止玻璃罩碎裂后向下溅落的措施
    B. 当设计无要求时，电缆桥架水平安装的支架间距为1.8～3m；垂直安装的支架间距不大于2m
    C. 三相或单相的交流单芯电缆，可以单独穿于钢导管内
    D. 同一路径无防干扰要求的线路，不可敷设于同一金属线槽内

23. 所谓通风就是采用自然和机械方法，对室内空间进行（　　），使其符合卫生和安全的要求。

    A. 换气　　　　　B. 空气调节　　　　C. 除菌　　　　　D. 除湿

24. 施工单位进行通风空调深化设计如有重大设计变更，应征得（　　）的确认。

    A. 业主代表　　　B. 监理工程师　　　C. 项目总工　　　D. 原设计人员

25. 制作非金属复合风管板材的覆面材料必须为（　　）材料。

    A. 耐火　　　　　B. 不燃　　　　　C. 不燃B级　　　D. 难燃B级

26. 风管及部件的（　　）与材质应符合施工验收规范规定。

    A. 形式　　　　　B. 规格　　　　　C. 数量　　　　　D. 板材厚度

27. 排烟系统的风管板材厚度若设计无要求时，可按（　　）系统风管板厚选择。

    A. 常压　　　　　B. 低压　　　　　C. 中压　　　　　D. 高压

28. 通风与空调系统联合试运转及测试调整由（　　）单位负责组织实施。

    A. 建设　　　　　B. 施工　　　　　C. 设计　　　　　D. 监理

29. 通风与空调工程中水系统的镀锌钢管管孔径小于DN100的采用（　　）连接。

    A. 法兰　　　　　B. 焊接　　　　　C. 螺纹　　　　　D. 卡箍式

30. 空调水系统和制冷系统管道绝热施工，应在（　　）结束后进行。

    A. 风管系统强度与严密性检验合格
    B. 管路系统强度与严密性检验合格
    C. 风管系统强度与严密性检验合格和防腐处理
    D. 管路系统强度与严密性检验合格和防腐处理

31. 空调系统带冷（热）源的正常联合试运转，不应少于（　　）小时，当竣工季节与设计条件相差较大时，例如夏季可仅作带冷源的试运转，冬季可仅作带热源的试运转。

    A. 24　　　　　　B. 16　　　　　　C. 12　　　　　　D. 8

32. 某工程的空调系统设计的工作压力为 1000Pa,其风管系统应按（　　）风管制作和安装的要求施工。
    A. 常压　　　　B. 低压　　　　C. 中压　　　　D. 高压

33. 在穿越防火分区或防爆区时,应设预埋管和防护套管,其钢板厚度不应小于（　　）。
    A. 1.2mm　　　B. 1.5mm　　　C. 1.6mm　　　D. 2.0mm

34. 在防火分区的风管应（　　）。
    A. 顺气流　　　B. 逆气流　　　C. 加设风阀　　　D. 加设防火阀

35. 汇集建筑物内外的各类信息。需要标准化、规范化的（　　）来保证各智能化系统之间按通信协议进行信息交换。
    A. 端口　　　　B. 接口　　　　C. 接头　　　　D. 节点

36. 综合布线系统是一种集成化通用传输系统,利用（　　）或光缆来传输智能化建筑物内的信息。
    A. 同轴电缆　　B. 电话线　　　C. 视频线　　　D. 双绞线

37. （　　）是一种在建筑物和建筑群中信息传输的网络系统,是整个智能大厦的神经脉络。
    A. 网络系统　　B. 电话系统　　C. 综合布线系统　　D. 视频系统

38. 办公自动化系统的核心是（　　）,其工作流程为信息的输入与生成、信息的存储与管理、信息的分发与传送。
    A. 提高功能　　B. 提高效率　　C. 提高价值　　D. 处理信息

39. 局内缆线、接线端子板等主要器材的电气应抽样测试。当湿度在75%以下用250V兆欧表测试时,电缆芯线绝缘电阻应不小于（　　）兆欧。
    A. 200　　　　B. 100　　　　C. 50　　　　D. 10

40. 室外天线和卫星接收机（在机房内）的连接线不应超过30m,若超过30m,则在传输过程中应使用（　　）,使到达卫星接收机输入端的信号有一定的电平。
    A. 放大器　　　B. 缩小器　　　C. 压缩器　　　D. 扩大器

41. 视频安防系统,从摄像机引出的电缆应至少留有（　　）的余量,以利于摄像机的转动。
    A. 2m　　　　B. 1m　　　　C. 3m　　　　D. 4m

42. 摄像机宜安装在监视目标附近不易受到外界损伤的地方,室内安装高度以（　　）为宜。
    A. 3～5m　　　B. 2.5～5m　　C. 2～4m　　　D. 4～6m

43. 摄像机的光轴与电梯轿厢的两个面壁成45°角,并且与轿厢顶棚成（　　）俯角为适宜。
    A. 45°　　　　B. 25°　　　　C. 30°　　　　D. 50°

44. 智能建筑工程安装中的线管预埋、直埋电缆和接地工程等都属于隐蔽工程,这些工程在下道工序施工前,应由（　　）进行隐蔽工程检查验收。
    A. 工程督导　　B. 质检部门　　C. 安检部门　　D. 监理人员

45. 在工程正式验收前,应由（　　）进行预验收,检查有关技术资料、工程质量,发现问题时,及时提出整改意见。

A. 建设单位　　　B. 监理单位　　　C. 施工单位　　　D. 设计单位

46. 智能化系统需正常运行（　　）并记录。

A. 三个月　　　B. 二个月　　　C. 一个月　　　D. 四个月

47. 门磁、门锁、出门按钮的可能会有部分线路从门框内走线和出线，该部分工作内容请（　　）单位给予配合。

A. 监理单位　　　B. 建设单位　　　C. 装饰单位　　　D. 土建单位

48. 大开间办公区域地板集合出线口，装饰地面要为弱电单位留好（　　）孔。

A. 出水　　　B. 排气　　　C. 圆　　　D. 走线

49. 装饰需要显示屏系统的考虑长宽高便于开孔，还要考虑显示屏体的净重量以便（　　）处理，安装现场有必要考虑屏体底座的承重能力。

A. 拆除　　　B. 加固　　　C. 移动　　　D. 更换

50. 摄像机、投影机镜头前（　　）内不可安装灯光、空调出风口及消防喷淋头。

A. 2m　　　B. 3m　　　C. 1m　　　D. 1.5m

51. 投影幕前（　　）灯光可以开关或者调节、灯光光源要求色温统一、

A. 1m　　　B. 2m　　　C. 3m　　　D. 4m

52. 投影幕后墙玻璃部分需要有不透光中性色调颜色的窗帘（如蓝色、米黄色等）家具颜色要求避免黑色、或白色、桌面避免使用容易（　　）的材料。

A. 折射　　　B. 反光　　　C. 挥发　　　D. 溶解

二、多项选择题

1. 给水塑料管和复合管可以采用（　　）及等形式。

A. 橡胶圈接口　　　B. 粘接接口　　　C. 专用管件连接
D. 热熔连接　　　E. 法兰连接

2. 热水供应系统的管道应采用（　　）。

A. 塑料管　　　B. 复合管　　　C. 不锈钢管　　　D. 铜管　　　E. 铸铁管

3. 热水管道穿过（　　）等处必须设置钢套管。

A. 楼板　　　B. 梁　　　C. 墙体　　　D. 基础　　　E. 容器

4. 雨水管道宜使用（　　）等材料。

A. 塑料管　　　B. 铸铁管　　　C. 镀锌钢管　　　D. 混凝土管　　　E. 铜管

5. 管道连接操作不当，最易造成漏水、渗水，必须从哪几个方面采取有效的措施（　　）。

A. 套丝过硬或过软而引起连接不严密

B. 填料填绕不当

C. 活接头处漏放垫片

D. 管道焊接时，靠墙处或不易操作处漏焊或未焊牢

E. 管道松接处蹬踩受力过大，造成接头不严密而漏水

6. 卫生器具不论档次高低，基本质量要求必须是（　　）和经久耐用。

A. 内表面光滑　　　B. 不渗水　　　C. 耐腐蚀　　　D. 耐冷热

E. 便于洗刷清洁

7. 卫生器具安装的共同要求，就是（　　），使用方便，性能良好。
   A. 平　　　　B. 稳　　　　C. 准　　　　D. 牢　　　　E. 不漏

8. 建筑给水、排水及采暖工程的检验和检测应包括下列主要内容（　　）。
   A. 承压管道系统和设备及阀门水压试验
   B. 排水管道灌水、通球及通水试验
   C. 雨水管道灌水及通水试验
   D. 给水管道通水试验及冲洗、消毒检测
   E. 卫生器具通水试验，具有溢水功能的器具满水试验

9. 卫生器具安装注意事项（　　）。
   A. 搬运和安装陶瓷、搪瓷卫生器具时，应注意轻拿轻放，避免损坏
   B. 若需动用气焊时，对已做完装饰的房间墙面、地面，应用铁皮遮挡
   C. 卫生设备安装前，要将上、下水接口临时堵
   D. 卫生设备安装后要将各进入口堵塞好，并且要及时关闭卫生间
   E. 工程竣工前，须将瓷器表面擦拭干净

10. （　　）等排水口接头，应通过旋紧螺母来实现，不得强行旋转落水口，落水口与盆底相平或略低于盆底。
    A. 固定洗脸盆　　B. 洗手盆　　C. 洗涤盆　　D. 浴缸
    E. 热水器废水

11. 下列对电缆敷设施工质量控制要点说法正确的有：（　　）。
    A. 电缆沿桥架敷设前，应防止电缆排列不整齐，出现严重交叉现象
    B. 双吊杆固定的托盘或梯架内敷设电缆，应将电缆直接在托盘或梯架内安放滑轮施放，电缆不得直接在托盘或梯架内拖拉
    C. 电缆在桥架内应排列整齐，不应交叉，应敷设一根，整理一根，卡固一根
    D. 垂直敷设的电缆每隔 1.5～2m 处应加以固定。水平敷设的电缆，在电缆的首尾两端、转弯及每隔 5～10m 处进行固定，对电缆在不同标高的端部也应进行固定
    E. 电缆固定可以用尼龙卡带、绑线或电缆卡子进行固定

12. 下列对配管、配线施工注意事项说法正确的有：（　　）。
    A. 砌体墙内剔槽配管，宜用专用机械进行，槽宽应大于管子外径的 1.2 倍，深度应考虑为管径加 15 mm 的保护层厚度，保护层采用强度等级不小于 M10 的水泥砂浆抹面
    B. 金属导管穿过伸缩缝或沉降缝时应设有电气连通补偿装置，采用跨接方法连接
    C. 同一交流回路的导线应穿在同一金属导管内，不得一根导线穿一根管子
    D. 同一建筑物内的导线，其绝缘层颜色选择应一致，保护线（PE 线）应采用黄绿相间色；N 线用淡蓝色；相线用：L1（A）相黄色、L2（B）相绿色、L3（C）相红色
    E. 不同回路、不同电压和交流与直流的导线，可以穿入同一根管子内

13. 下列对灯具安装说法正确的是（　　）。
    A. 灯具固定要牢固可靠，不使用木楔
    B. 灯具重量大于 3 kg 时，应固定在螺栓或预埋吊钩上

C. 软线吊灯，当灯具重量在 0.5 kg 及以下时，采用软电线自身吊装；大于 0.5 kg 的灯具采用吊链，且软电线编叉在吊链内，使电线不受力

D. 当灯具距地面高度小于 2.4 m 时，灯具的可接近裸露导体必须接地或接零可靠，并应有专用接地螺栓，且有标识

E. 事故照明灯具应有特殊标志，并有专用供电电源

14. 开关、插座施工质量控制点正确的有（　　）。

　　A. 单相两孔插座，面对插座的右孔或上孔与相线联接，左孔或下孔与零线联接。单相三孔插座，面对插座的右孔与相线联接，左孔与零线联接

　　B. 接地（PE）或接零（PEN）线在插座间可以串联联接

　　C. 单相三孔、三相四孔及三相五孔插座接地（PE）或接零（PEN）线接在上孔。插座的接地端子不与零线端子联接

　　D. 同一场所的三相插座，接线的相序应一致

　　E. 相同型号并列安装及同一室内开关安装高度应一致，且应控制有序，不错位

15. 下来属于建筑电气工程质量验收范围的是：（　　）。

　　A. 主要设备、器具、材料的合格证和进场验收记录

　　B. 隐蔽工程记录

　　C. 电气设备交接试验记录

　　D. 接地电阻、绝缘电阻测试记录

　　E. 建筑照明通电试运行记录

16. 专用灯具施工质量控制要点正确的有（　　）。

　　A. 行灯灯体及手柄绝缘要良好，要坚固、耐热、耐潮湿

　　B. 手术台上无影灯的供电方式由设计选定，通常由双回路引向灯具

　　C. 游泳池及类似场所灯具（水下灯及防水灯具）的局部等电位联结应可靠，且有明显标识，其电源的专用漏电保护装置应全部检测合格

　　D. 应急照明灯的电源除正常电源外，另有一路电源供电

　　E. 防爆灯具必须符合防爆要求，必须有出厂合格证

17. 通风空调工程系统调试的主要内容包含：（　　）。

　　A. 风量测定与调整　　　　　　B. 单机试运转

　　C. 综合效能测定与调整　　　　D. 系统无生产负荷联合试运转及调试

　　E. 系统带生产负荷联合试运转及调试

18. 空调系统通常由空气处理设备、空调风系统、（　　）等组成。

　　A. 热源　　　　B. 冷源　　　　C. 电系统　　　　D. 水系统

　　E. 控制、调节系统

19. 通风与空调工程的风管系统按其工作压力（P）划分为（　　）系统。

　　A. 无压　　　B. 低压　　　C. 中压　　　D. 高压　　　E. 超高压

20. 通风与空调工程主要施工内容包括：风管及其配件的制作与安装、（　　）等。

　　A. 电气系统安装　　　　　　　B. 空调水系统安装

　　C. 防排烟联动安装　　　　　　D. 系统调试

　　E. 防腐与绝热工程

21. 风管安装时，其支吊架或托架不宜设置在（　　）处。
   A. 风口处　　B. 阀门　　C. 风管法兰　　D. 检查门
   E. 自控装置
22. 风管系统施工的主要内容包括（　　）等。
   A. 风管制作　　　　　　　　B. 风管部件制作
   C. 风管系统安装　　　　　　D. 风机安装
   E. 风机系统的严密性实验
23. 风管系统的绝热材料应采用不燃或难燃材料，其（　　）应符合设计要求，所用胶黏剂应与管材材质相匹配，且对人体无害，符合环保要求。
   A. 材质　　B. 密度　　C. 规格　　D. 形状　　E. 厚度
24. 所谓空气调节，就是采用专用设备对空气进行处理，为室内或密闭空间制造人工环境，使其空气的（　　）达到生活或生产所需的要求。
   A. 温度　　B. 湿度　　C. 流速　　D. 密度　　E. 洁净度
25. 智能建筑指通过将建筑物的（　　）根据用户的需求进行最优化组合，从而为用户提供一个高效、舒适、便利的人性化建筑环境。
   A. 结构　　B. 设备　　C. 服务　　D. 管理　　E. 舒适
26. 智能建筑其技术基础主要由（　　）所组成。
   A. 现代建筑技术　　B. 现代电脑技术　　C. 现代通信技术
   D. 现代控制技术　　E. 现代生产技术
27. 信息网络系统是应用（　　）等先进技术和设备构成的信息网络平台。
   A. 计算机技术　　B. 通信技术　　C. 多媒体技术　　D. 信息安全技术
   E. 行为艺术
28. 通信网络系统是建筑物内（　　）的基础设施。
   A. 语音　　B. 数据　　C. 图像传输　　D. 视频　　E. 音频
29. 建筑设备自动化系统（BAS）将建筑物或建筑群内的电力、照明、空调、给排水、电梯和自动扶梯等系统，以集中（　　）为目的构成的综合系统。
   A. 监视　　B. 控制　　C. 管理　　D. 处理　　E. 安排
30. 根据建筑安全防范管理的需要，综合运用（　　）和各种现代安全防范技术构成的用于维护公共安全、预防刑事犯罪及灾害事故。
   A. 电子信息技术　　　　　　B. 计算机网络技术
   C. 视频防监控技术　　　　　D. 高空架设技术
   E. 信息传输技术
31. 信息网络系统主要由（　　）集线器、网关、路由器和数据库等网络设备及软件构成。
   A. 计算机网络　　B. 服务器　　C. 工作站　　D. 软件　　E. 显示器
32. 通信网络系统是指将多个通信系统以一定的（　　）组合而成的完整体系，是传递信息所需要的一切技术设备的总和。
   A. 拓扑结构　　B. 组织结构　　C. 线性结构
   D. 矩形结构　　E. 环形结构

33. 通信网络系统是智能建筑中应用最普遍的系统。该系统包括（　　）等各子系统及相关设施。
   A. 通信系统　　　　　　　　B. 卫星数字电视
   C. 有线电视系统　　　　　　D. 公共广播
   E. 音视频系统

34. 电话交换系统是以程控数字用户交换机为中心构建的语音通信系统，主要由（　　）所组成。
   A. 电话机　　　B. 用户线　　　C. 中继线
   D. 电话交换机　E. 话筒

35. 有线电视系统一般由（　　）组成。
   A. 信号源　　　B. 前端设备　　C. 传输干线
   D. 用户分配网络　E. 电源系统

36. 随着楼宇现代化和智能化水平的提高，公共广播及紧急广播系统已经成为现代智能大厦中不可缺少的部分。按用途可以分为（　　）。
   A. 业务性广播系统　B. 服务性广播　C. 火灾事故紧急广播系统
   D. 娱乐广播　　　　E. 国防广播

37. 智能建筑工程施工全过程一般可分为（　　）阶段。
   A. 施工准备　　B. 施工　　　　C. 调试开通
   D. 竣工验收　　E. 运行阶段

38. 智能建筑工程验收分为（　　）三个阶段进行。
   A. 隐蔽工程验收　　　　　　B. 分项工程验收
   C. 竣工工程验收　　　　　　D. 分部工程验收
   E. 检验批验收

39. 装修单位配合开孔应注意的事项有（　　）三项。
   A. 大小　　　B. 点位　　　C. 角度　　　D. 深度　　　E. 长度

40. 会议室四周墙壁尽量采用（　　）等反射强的材料。
   A. 软包吸音材料　　　　　　B. 地面材料为地毯
   C. 天花避免使用金属　　　　D. 泡沫材料
   E. 有机玻璃

41. 投影室墙体投影机一侧全部涂（　　）。
   A. 乳胶　　　B. 黑色　　　C. 哑光　　　D. 白色　　　E. 镜面

三、判断题（正确写 A，错误写 B）

1. 管径 120mm 的镀锌钢管应采用螺纹连接，套丝扣时破坏的镀锌层表面及外露螺纹部分应做防腐处理。（　　）

2. 给水管道必须采用与管材相适应的管件，生活给水系统所涉及的材料必须达到饮用水卫生标准。（　　）

3. 冷热水管道同时安装：上、下平行安装时热水管应在冷水管上方，垂直平行安装时热水管应在冷水管右侧。（　　）

4. 给水水平管道应有 5‰～8‰ 的坡度坡向泄水装置。（　　）
5. 水表应安装在便于检修，不受曝晒、污染和冻结的地方。（　　）
6. 管道冲洗、消毒：管道在试压完成后即可冲洗。冲洗应用自来水连续进行，应保证有充足的流量，并应进行消毒，经有关部门取样检验，符合国家《生活饮用水标准》方可使用。（　　）
7. 热水管道穿过楼板、梁、墙体和基础等处可以不设置钢套管。（　　）
8. 冷却系统的废水不可与雨水合流。（　　）
9. 热水干管管线较长时，应考虑自然补偿或装设一定数量的伸缩器，以免管道由于热胀冷缩被破坏。（　　）
10. 生活粪便污水可与雨水合流。（　　）
11. 被有机杂质污染的生产污水可与生活粪便污水合流。（　　）
12. 高层建筑中明设排水塑料管道应按设计要求设置阻火圈或防火套管。（　　）
13. 在桥架内电力电缆的总截面（包括外护层）不应大于桥架有效横断面的 40%，控制电缆不应大于 50%。（　　）
14. 砌体墙内剔槽配管，宜用专用机械进行，槽宽应大于管子外径的 1.2 倍，深度应考虑为管径加 20mm 的保护层厚度，保护层采用强度等级不小于 M10 的水泥砂浆抹面。（　　）
15. 金属导管穿过伸缩缝或沉降缝时应设有电气连通补偿装置，采用跨接方法连接。（　　）
16. 同一交流回路的导线应穿在同一金属导管内，可以一根导线穿一根管子。（　　）
17. 金属线槽应进行可靠的接地和接零，全长不少于 1 处与接地或接零联接。（　　）
18. 灯具重量大于 3kg 时，应固定在螺栓或预埋吊钩上。（　　）
19. 当灯具距地面高度小于 2.4m 时，灯具的可接近裸露导体必须接地或接零可靠，并应有专用接地螺栓，且有标识。（　　）
20. 大型花灯的固定及悬吊装置，应按灯具重量的 3 倍做过载试验。（　　）
21. 照明系统通电连续试运行时间，公用建筑为 24h，民用住宅为 8h。（　　）
22. 空气调节，就是采用专用设备对空气进行处理，为室内或密闭空间制造人工环境，使其空气的温度、湿度、流速、洁净度达到生活或生产所需的要求。（　　）
23. 根据《通风与空调工程施工质量验收规范》规定，防排烟系统柔性短管的制作材料必须为耐燃材料。（　　）
24. 风管、部件及空调设备绝热施工后可进行通风与空调工程竣工验收。（　　）
25. 镀锌钢管一般采用焊接连接，当管径大于 DN100 时，可采用卡箍、法兰或丝纹连接。（　　）
26. 空调水系统和制冷系统管道的绝热施工，应在管路系统强度与严密性检验合格和防腐处理结束后进行。（　　）
27. 通风与空调系统联合试运转及调试由施工单位负责组织实施，设计单位、监理和建设单位参与。（　　）
28. 防排烟系统与火灾自动报警系统联合试运行及调试后，控制功能应正常，信号应正确，风量、正压必须符合设计与消防规范的规定。（　　）

29. 风管系统工作压力 $P=500Pa$ 为中压系统。　　　　　　　　　　（　　）
30. 电源电缆和通信电缆宜合并走道敷设。　　　　　　　　　　　　（　　）
31. 合用走道时应将他们分别在电缆走道的一边敷设。　　　　　　　（　　）
32. 总配线架的位置应符合设计规定，位置误差应小于10cm。　　　　（　　）
33. 控制器的交流电源应单独敷设，严禁与信号线或低压直流电源线穿在同一管内。

（　　）
34. 火灾自动报警系统由建设方验收。　　　　　　　　　　　　　　（　　）

第12章　软装配饰工程

一、单项选择题

1. 软装配饰可分为家具、灯具、床品布艺、（　　）等四大类。
   A. 饰品　　　　　B. 窗帘　　　　　C. 艺术品　　　　D. 工艺品
2. 软装配饰是一门关于整体环境、空间美学、（　　）、生活功能、个性偏好等多种元素的综合性、创造性前沿学科。
   A. 艺术品　　　　B. 工艺品　　　　C. 饰品　　　　　D. 陈设艺术
3. 装饰性陈设包括：（　　）、工艺品、纪念品、观赏动、植物。
   A. 饰品　　　　　B. 窗帘　　　　　C. 艺术品　　　　D. 工艺品
4. 综合性陈设配置是指：（　　）。
   A. 室内灯具　　　B. 窗帘　　　　　C. 室内布艺织物　D. 工艺品
5. 欧式家具特点：线条复杂，重视雕工；色系鲜艳；（　　）。
   A. 工艺复杂　　　B. 造型简洁　　　C. 装饰讲究　　　D. 装饰简洁
6. 室内饰品陈设原则：（　　）、灵活多变、空间层次丰富、主次分明，注重观赏效果。
   A. 以少胜多　　　B. 整体统一　　　C. 格调统一　　　D. 色彩丰富
7. （　　）是植物制造营养物质的能源。
   B. 光照　　　　　B. 水　　　　　　C. 养料　　　　　D. 温度
8. 植物进行光合作用的重要原料是（　　）。
   A. 光照　　　　　B. 水　　　　　　C. 养料　　　　　D. 温度
9. （　　）提醒人们对安全因素的注意、防止发生事故、保障安全的图形标识。
   A. 警告标识　　　B. 提示性标识　　C. 公共信息标识　D. 禁止标识
10. （　　）是地中海风格独特的美学产物。
    A. 木制家具　　　B. 石材家具　　　C. 铁艺家具　　　D. 塑料家具
11. 中式家具分为（　　）家具和清式家具。
    A. 现代　　　　　B. 金属　　　　　C. 明式　　　　　D. 实木

二、多项选择题

1. 软装配饰是，是融合（　　）、（　　）、（　　）于一体的，更趋人性化，以人为本的对空间的二度陈设与修饰。

A. 艺术　　　　B. 装饰性　　　　C. 技术　　　　D. 材料
2. 室内软装配饰涉及的范围极广。可分为（　）、（　）及（　）的三大类。
A. 饰品　　　　　　　　　　　B. 综合性陈设元素
C. 装饰性陈设元素　　　　　　D. 功能性陈设元素
E. 工艺品
3. 艺术品的价值体现为（　）、（　）、（　）、（　）等。
A. 艺术价值　　B. 装饰价值　　C. 历史价值　　D. 经济价值
E. 收藏价值
4. 功能性陈设指具有（　）和（　）的陈设。
A. 实用性　　　B. 装饰性　　　C. 使用价值　　D. 观赏性
5. 古代所谓的"三缬"也即我们今天的（　）、（　）和（　）。
A. 蜡染　　　　B. 扎染　　　　C. 夹染　　　　D. 渲染
6. 窗帘的主要功能：(1) 调节室内外光线；(2) 遮断来自外部的视线；(3) 保温隔热；(4)（　）；(5)（　）；
A. 降低噪声　　B. 防风、防尘　C. 分割空间　　D. 丰富空间层次
7. 装饰织物的作用：（　）、（　）、（　）。
A. 保温隔热　　　　　　　　　B. 对空间的分隔性
C. 装饰性　　　　　　　　　　D. 实用性
8. 画品摆放的四项原则：（　）、（　）、（　）、（　）。
A. 中心对称式　B. 错落式　　　C. 连排式　　　D. 上下对齐式
9. 观赏植物的种类，根据观赏对象的不同，将其分为（　）、（　）、（　）等。
A. 观叶植物　　B. 观花植物　　C. 观果植物　　D. 观赏植物
10. 根据家具的安装方式还可分为：（　）、（　）。
A. 固定家具　　B. 木制家具　　C. 塑料家具　　D. 活动家具

三、判断题（正确写 A，错误写 B）

1. 织物之美是质感、肌理、色彩与图案的巧妙结合。（　）
2. 功能性陈设指具有实用性和使用价值的陈设。（　）
3. 室内软装配饰涉及的范围极广，可分为功能性陈设元素、装饰性陈设元素。
（　）
4. 装饰性陈设一般不考虑实用性及物质功能。（　）
5. 室内观赏植物种类很多，以插花和盆栽为主。（　）
6. 灯具是每个室内空间必需的功能性陈设品。（　）
7. 设计精美的室内观赏植物种类，其观赏价值并不重要，重要的是其实用价值。
（　）
8. 室内空间多采用混合照明方式，即一般照明和局部照明相结合的布局。（　）
9. 室内饰品陈设是固定不变的。（　）
10. 织物具有吸声、隔声、隔热等性能。（　）

第13章 施工项目管理概论

一、单项选择题

1. 下面不属于项目特征的是（　　）。
   A. 项目的一次性　　　　　　　　B. 项目目标的明确性
   C. 项目的临时性　　　　　　　　D. 项目作为管理对象的整体性
2. 下列不属于施工项目管理任务的是（　　）。
   A. 施工安全管理　　　　　　　　B. 施工质量控制
   C. 施工人力资源管理　　　　　　D. 施工合同管理
3. 下列选项不属于施工总承包方的管理任务的是（　　）。
   A. 必要时可以代表业主方与设计方、工程监理方联系和协调
   B. 负责施工资源的供应组织
   C. 负责整个工程的施工安全、施工总进度控制、施工质量控制和施工的组织等
   D. 代表施工方与业主方、设计方、工程监理方等外部单位进行必要的联系和协调等
4. 下列不属于矩阵式项目组织优点的是（　　）。
   A. 职责明确，职能专一，关系简单
   B. 兼有部门控制式和工作队式两种组织的优点
   C. 能以尽可能少的人力，实现多个项目管理的高效率
   D. 有利于人才的全面培养
5. 施工项目管理的目标是（　　）。
   A. 施工的效率目标、施工的环境目标和施工的质量目标
   B. 施工的成本目标、施工的进度目标和施工的质量目标
   C. 施工的成本目标、施工的速度目标和施工的质量目标
   D. 施工的成本目标、施工的进度目标和施工的利润目标
6. 矩阵式项目组织适用于（　　）。
   A. 小型的、专业性较强的项目
   B. 同时承担多个需要进行项目管理工程的企业
   C. 大型项目、工期要求紧迫的项目
   D. 大型经营性企业的工程承包
7. 施工项目管理组织，是指为进行施工项目管理、实现组织职能而进行组织系统的（　　）三个方面。
   A. 设计与建立、组织运行和组织重组　　B. 建立与运行、组织优化和组织调整
   C. 设计与建立、组织运行和组织调整　　D. 建立与运行、组织优化和组织重组
8. 反映一个组织系统中各子系统之间或各元素（各工作部门）之间指令关系的是（　　）。
   A. 组织结构模式　　B. 组织分工　　C. 工作流程组织　　D. 工作分解结构
9. 不属于组织论中重要组织工具的是（　　）。

A. 项目结构图　　B. 组织结构图　　C. 工程结构图　　D. 合同结构图

10. 项目目标动态控制的核心是在项目实施的过程中定期进行（　　）的比较。

A. 项目目标计划值和偏差值　　　　B. 项目目标实际值和偏差值
C. 项目目标计划值和实际值　　　　D. 项目目标当期值和上一期值

11. 不属于运用动态控制原理控制施工进度的步骤是（　　）。

A. 施工成本目标的逐层分解
B. 在施工过程中对施工成本目标进行动态跟踪和控制
C. 如有必要（即发现原定的施工进度目标不合理，或原定的施工进度目标无法实现等），则应调整施工进度目标
D. 定期对施工进度的计划值和实际值进行比较

12. 不属于项目目标动态控制的纠偏措施是（　　）。

A. 组织措施　　　　　　　　　　B. 管理措施（包括合同措施）
C. 经济措施　　　　　　　　　　D. 处置

13. 调整进度管理的方法和手段，改变施工管理和强化合同管理等属于（　　）的纠偏措施。

A. 组织措施　　B. 管理措施　　C. 经济措施　　D. 进度措施

14. 针对项目体量、难易程度以及能力特长，实行（　　），责任落实到人，加大推行力度。

A. 统筹管理　　B. 专人管理　　C. 统一管理　　D. 分区管理

15. 对重点、难点方案应进行（　　）及质量通病交底。

A. 专项技术交底　　B. 实物交底　　C. 一般技术交底　　D. 口头交底

二、多项选择题

1. 下面属于项目的特征的是（　　）。

A. 项目的一次性　　　　　　　　B. 项目目标的明确性
C. 项目的临时性　　　　　　　　D. 项目作为管理对象的整体性
E. 项目的生命周期性

2. 施工阶段项目管理的任务，就是通过施工生产要素的优化配置和动态管理，以实现施工项目的（　　）管理目标。

A. 质量　　B. 成本　　C. 进度　　D. 安全　　E. 环境

3. 属于部门控制式项目组织缺点的是（　　）。

A. 各类人员来自不同部门，互相不熟悉
B. 不能适应大型项目管理需要，而真正需要进行施工项目管理的工程正是大型项目
C. 不利于对计划体系下的组织体制（固定建制）进行调整
D. 不利于精简机构
E. 具有不同的专业背景，难免配合不力

4. 属于工作队式项目组织优点的有（　　）。

A. 项目经理从职能部门抽调或招聘的是一批专家，他们在项目管理中配合，协同工作，可以取长补短，有利于培养一专多能的人才并充分发挥其作用

B. 各专业人才集中在现场办公，减少了扯皮和等待时间，办事效率高，解决问题快

C. 由于减少了项目与职能部门的结合部，项目与企业的结合部关系弱化，故易于协调关系，减少了行政干预，使项目经理的工作易于开展

D. 不打乱企业的原建制，传统的直线职能制组织仍可保留

E. 项目经理无须专门训练便容易进入状态

5. 建设部规定必须实行监理的工程是（   ）。

A. 国家重点建设工程

B. 大中型公用事业工程

C. 成片开发建设的住宅小区工程

D. 利用外国政府或者国际组织贷款、援助资金的工程

E. 学校、影剧院、体育场馆项目

6. 装饰项目前期策划主要包括（   ）。

A. 质量管理的策划　　　　　　B. 进度与资源配置策划

C. 成本管理策划　　　　　　　D. 施工测量放线策划

E. 职业健康安全与环境管理的策划

7. 施工员配合项目经理编制的施工组织设计包括（   ）。

A. 安全　　　B. 进度　　　C. 成本　　　D. 技术　　　E. 施工方案

三、判断题（正确写A，错误写B）

1. 项目管理是为使项目取得成功所进行的针对施工成本和主要施工部位的规划、组织、控制与协调。（   ）

2. 组织结构模式和组织分工都是一种相对动态的组织关系。而工作流程组织则可反映一个组织系统中各项工作之间的逻辑关系，是一种静态关系。（   ）

3. 项目组织结构图应主要表达出业主方的组织关系，而项目的参与单位等有关的各工作部门之间的组织关系则应省略。（   ）

4. 在一个建设工程项目实施过程中，其管理工作的流程、信息处理的流程以及设计工作、物资采购和施工的流程组织都属于工作流程组织的范畴。（   ）

5. 在动态控制的工作程序中收集项目目标的实际值，定期（如每两周或每月）进行项目目标的计划值和实际值的比较是必不可少的。（   ）

6. 一个项目是指一个整体管理对象，在按其需要配置生产要素时，必须以总体效益的提高为标准。虽然内外环境是不断变化的，但是管理和生产要素的配置是不变的。

（   ）

7. 常用的组织结构模式包括职能组织结构、线性组织结构和矩阵组织结构等。

（   ）

8. 项目前期策划包含的内容较多，项目部不同岗位的管理人员的前期策划内容也不一致，本文主要阐述前期策划中涉及施工员岗位的内容，主要包括：装饰项目质量管理的策划、进度与资源配置的策划、成本管理的策划、职业健康安全与环境管理的策划。

（   ）

第14章 施工项目质量管理

一、单项选择题

1. 质量控制和质量管理的关系是（　　）。
   A. 质量控制是质量管理的一部分
   B. 质量管理是质量控制的一部分
   C. 质量管理和质量控制相互独立
   D. 质量管理和质量控制相互包容

2. 不属于影响项目质量因素中人的因素是（　　）。
   A. 建设单位
   B. 政府主管及工程质量监督
   C. 材料价格
   D. 供货单位

3. 以下关于质量控制说法正确的是（　　）。
   A. 质量控制是指确定质量方针及实施质量方针的全部职能及工作内容，并对其工作效果进行评价和改进的一系列工作
   B. 质量控制是质量管理一部分，是致力于满足质量要求的一系列相关活动
   C. 只要具备相关的作业技术能力，就能产生合格的质量
   D. 质量控制是围绕质量方针采取的一系列活动

4. 对质量活动过程的监督控制属于（　　）。
   A. 事前控制　　B. 事中控制　　C. 事后控制　　D. 事后弥补

5. 事前控制、事中控制和事后控制属于（　　）。
   A. 三全控制原理
   B. PDCA循环
   C. 三阶段控制原理
   D. 质量的动态管理

6. 在施工阶段，通过对施工全过程、全面的质量监督管理、协调和决策，保证竣工项目达到投资决策所确定的质量标准，此质量控制目标属于（　　）。
   A. 监理单位的控制目标
   B. 施工单位的控制目标
   C. 建设单位的控制目标
   D. 供货单位的控制目标

7. PDCA循环中，质量计划阶段的主要任务是（　　）。
   A. 明确目标并制定实现目标的行动方案
   B. 展开工程的施工工艺活动
   C. 对计划实施过程进行各种管理
   D. 对质量问题进行原因分析，采取措施予以纠正

8. 建设工程项目质量的形成过程，体现了从目标决策，目标细化到目标实现的系统过程，而质量目标的决策是（　　）的职能。
   A. 建设单位
   B. 设计单位
   C. 项目管理咨询单位
   D. 建设项目工程总承包单位

9. 工程项目的施工方案中，施工的技术、工艺、方法和机械、设备、模具等施工手段的配置属于（　　）。
   A. 施工技术方案
   B. 施工组织方案
   C. 施工管理方案
   D. 施工控制方案

10. 初步设计文件，符合规划、环境等要求，设计规范等属于设计交底中的（　　）。
　　A. 施工注意事项　　　　　　　　B. 设计意图
　　C. 施工图设计依据　　　　　　　D. 自然条件
11. 为使施工单位熟悉有关的设计图纸，充分了解拟建项目的特点、设计意图和工艺与质量要求，减少图纸的差错，消灭图纸中的质量隐患，要做好（　　）的工作。
　　A. 设计交底、图纸整理　　　　　B. 设计修改、图纸审核
　　C. 设计交底、图纸审核　　　　　D. 设计修改、图纸整理
12. 工序质量控制的实质是（　　）。
　　A. 对工序本身的控制　　　　　　B. 对人员的控制
　　C. 对工序的实施方法的控制　　　D. 对影响工序质量因素的控制
13. 施工质量控制的依据不包括（　　）。
　　A. 工程建设合同　　B. 技术文件　　C. 法律法规　　D. 业主的要求
14. 下面有关"三阶段"控制原理的说法，正确的是（　　）。
　　A. 事前控制、事中控制和事后控制构成了质量控制的系统过程
　　B. 事前控制就是对质量活动结束的评价认定
　　C. 事中控制就是对质量活动的行为约束
　　D. 事后控制就是对质量活动结果的评价认定
15. 施工质量计划应由（　　）进行编制。
　　A. 监理单位　　　B. 设计单位　　　C. 施工单位　　　D. 业主单位
16. 直接指导现场施工作业技术活动和管理工作的纲领性文件是（　　）。
　　A. 施工组织设计文件　　　　　　B. 施工计划
　　C. 项目管理规划大纲　　　　　　D. 施工项目建设大纲
17. 按照工程重要程度，单位工程开工前，应由企业或项目技术负责人组织全面的（　　）。
　　A. 组织管理　　　B. 责任分工　　　C. 进度安排　　　D. 技术交底
18. 施工总承包单位对分包单位编制的施工质量计划（　　）。
　　A. 需要进行指导和审核，但不承担相应施工质量的责任
　　B. 需要进行指导和审核，并承担相应施工质量的连带责任
　　C. 不需要审核，但应承担相应施工质量的连带责任
　　D. 需要进行指导和审核，并承担施工质量的全部责任
19. 技术交底是施工组织设计和施工方案的具体化，施工作业技术交底的内容必须具有（　　）。
　　A. 可行性和可操作性　　　　　　B. 计划性和可行性
　　C. 可监督性和可实施性　　　　　D. 计划性和可监督性
20. 因施工方对施工图纸的某些要求不甚明白，需要设计单位明确或确认的过程，称为（　　）。
　　A. 设计变更　　　B. 设计联络　　　C. 设计交底　　　D. 技术核定
21. 根据我国相关文件规定，质量验收的基本单元是（　　）。
　　A. 分项工程　　　　　　　　　　B. 检验批

C. 检验批和分项工程　　　　　　　D. 分部工程

22. 建设工程施工质量验收时，对涉及结构安全和使用功能的重要分部工程，应进行（　　）检测。
    A. 安全　　　　B. 功能性　　　　C. 抽样　　　　D. 试验

23. 单位工程的观感质量应由验收人员进行现场检查，最后由（　　）确认。
    A. 总监理工程师　　　　　　　　B. 建设单位代表
    C. 设计单位代表　　　　　　　　D. 各单位验收人员共同

24. 严重影响使用功能或工程结构安全，存在重大质量隐患的质量事故属于（　　）。
    A. 一般质量事故　　B. 重大质量事故　　C. 操作责任事故　　D. 严重质量事故

25. 某建设工程发生一起质量事故，导致50人重伤，直接经济损失5100万元，则该起质量事故属于（　　）。
    A. 一般事故　　　　B. 严重事故　　　　C. 较大事故　　　　D. 重大事故

26. 某建设工程发生一起质量事故，导致3人死亡，45人重伤，则该其质量事故属于（　　）。
    A. 一般事故　　　　B. 严重事故　　　　C. 较大事故　　　　D. 重大事故

27. 某工程建设项目由于分包单位购买的工程材料不合格，导致其中某部分工程质量不合格。在该事件中，施工质量监控主体是（　　）。
    A. 施工总承包单位　　B. 材料供应单位　　C. 分包单位　　D. 建设单位

28. 施工质量事故的处理应按一定的程序进行，事故调查报告的主要内容不包括（　　）。
    A. 事故处理方案　　　　　　　　B. 事故发生后采取的临时防护措施
    C. 事故情况　　　　　　　　　　D. 工程概况

29. 建设工程质量监督档案按（　　）建立。
    A. 单位工程　　　　B. 单项工程　　　　C. 分项工程　　　　D. 分部工程

30. 政府对建设工程质量监督的职能是（　　）。
    A. 监督检查工程建设各方主体的质量行为和工程实体的施工质量
    B. 监督检查工程建设投资主体的建设行为和施工单位的施工质量
    C. 监督检查工程建设各方主体的建设行为和工程设计、施工质量
    D. 监督检查工程建设投资主体的质量行为和施工单位的施工质量

31. 工程开工前，监督机构要审查按建设程序规定的，必须办理的各项建设（　　）是否齐全完备。
    A. 备案手续　　　　B. 交工手续　　　　C. 开工手续　　　　D. 行政手续

二、多项选择题

1. 质量控制是质量管理的一部分，是致力于满足质量要求的一系列相关活动，这些活动主要包括（　　）。
    A. 设定标准　　　　　　　　　　B. 保证
    C. 测量结果　　　　　　　　　　D. 评价
    E. 纠偏

2. 下列关于质量控制与质量管理的说法中，正确的有（   ）。

　A. 质量控制就是质量管理，两者概念不同，实质相同

　B. 质量控制是质量管理的一部分

　C. 质量控制是质量控制的一部分

　D. 质量控制是在明确的质量目标和具体的条件下通过行动方案和资源配置追求实现预期质量目标的系统过程

　E. 质量管理是在明确的质量目标和具体的条件下通过行动方案和资源配置追求实现预期质量目标的系统过程

3. 来自于全面质量管理 TQC 思想的三全管理包括（   ）。

　A. 全面质量控制　　　　　　　　B. 全过程质量控制

　C. 全员参与质量管理　　　　　　D. 全方位质量控制

　E. 全社会质量控制

4. 质量管理的 PDCA 循环中，有关实施的要求主要包括以下的内容（   ）。

　A. 制定质量记录方式

　B. 根据质量管理计划进行行动方案的部署和较低

　C. 确定质量目标

　D. 提出项目质量管理的工作程序

　E. 将质量管理计划的各项规定和安排落实到具体的资源配置和作业技术活动中

5. 影响建设工程项目质量的管理因素，主要是（   ）。

　A. 决策因素　　　　　　　　　　B. 设计技术因素

　C. 建筑市场因素　　　　　　　　D. 组织因素

　E. 经济因素

6. 以下关于建设工程项目质量的形成过程，说法正确的是（   ）。

　A. 建设工程项目质量的形成过程，贯穿于整个建设项目的决策过程和各个工程项目的设计与施工过程

　B. 业主的需求和法律法规的要求，是决定建设工程项目质量目标的主要依据

　C. 建设工程项目质量目标的具体定义过程为建设工程设计阶段

　D. 建设工程项目质量目标实现的最重要和最关键的过程在施工阶段，包括施工准备过程和作业技术活动过程

　E. 建设工程项目质量目标的识别过程在前期的可能性研究阶段，在与识别建设意图和需求

7. 下列影响建设工程项目质量的因素中，属于可控因素的有（   ）。

　A. 社会因素　　　　　　　　　　B. 人的因素

　C. 技术因素　　　　　　　　　　D. 管理因素

　E. 环境因素

8. 施工质量事前预控途径包括（   ）。

　A. 施工图纸会审和设计交底　　　B. 工程测量定位和标高基准点的控制

　C. 施工技术复核　　　　　　　　D. 施工分包单位的选择和资质的审查

　E. 施工机械设备及工器具的配置与性能控制

9. 监理单位的建设工程质量控制手段包括（　　）等。
A. 审核施工质量文件　　　　　　　B. 平行检测
C. 施工指令　　　　　　　　　　　D. 结算支付控制
E. 全面质量监督管理

10. 关于施工质量控制点，下列说法正确的有（　　）。
A. 建设工程项目中的所有部位和环节均应设为质量控制点
B. 质量控制点的设置应由监理工程师决定
C. 质量控制点一经设置好就不会再改变
D. 质量控制点的实施主要是通过控制点的动态设置和动态跟踪管理来实现
E. 关键技术、重要部位以及新材料、新技术、新设备、新工艺等均可列为质量控制点

11. 影响工程质量的因素中，对人控制的目的在于（　　）。
A. 避免人的失误
B. 全面提高人的素质，以适应工程需要
C. 便于对影响工程质量的因素进行综合控制
D. 调动人的主观能动性，以便用人的工作质量去保证工程质量
E. 预防为主，防止质量事故

12. 施工作业质量自控的有效制度是（　　）。
A. 质量例会制度　　　　　　　　　B. 质量会诊制度
C. 质量自检制度　　　　　　　　　D. 质量挂牌制度
E. 质量验收制度

13. 对建设工程项目结构主要部位除了常规检查外，在分部工程验收时还需进行监督，即建设单位将（　　）分别签字的质量验收证明在验收后三天内报监督机构备案。
A. 施工方　　　　　　　　　　　　B. 设计方
C. 监理方　　　　　　　　　　　　D. 建设方
E. 政府方

14. 需要对施工作业交底进行监督的单位有（　　）。
A. 业主方　　　　　　　　　　　　B. 设计方
C. 施工总承包方　　　　　　　　　D. 工程监理机构
E. 施工分包方

15. 分项工程质量验收合格的规定是（　　）。
A. 所含的检验批均应符合合格的质量规定　B. 质量验收记录应完整
C. 质量控制资料应完整　　　　　　D. 观感质量应符合要求
E. 主要功能项目应符合相关规定

16. 承发包人之间所进行的建设工程项目竣工验收，通常分为（　　）三个环节进行。
A. 资料验收　　　　　　　　　　　B. 验收准备
C. 实体验收　　　　　　　　　　　D. 预验收
E. 正式验收

17. 施工验收质量控制包括（　　）。

A. 主体工程验收 B. 隐蔽工程验收
C. 检验批验收 D. 分项工程
E. 单位工程验收

18. 工程质量事故按事故造成的损失程度可以分为（　　）。
A. 一般事故 B. 严重事故
C. 较大事故 D. 重大事故
E. 特别重大事故

19. 施工质量事故发生的原因有（　　）。
A. 技术原因 B. 管理原因
C. 人为事故原因 D. 自然灾害原因
E. 社会经济原因

20. 施工质量事故处理的基本方法由（　　）。
A. 表面处理 B. 加固处理
C. 返工处理 D. 修补处理
E. 不作处理

21. 政府在对工程建设各参与方行使建设工程质量监督职能时，需要对（　　）的质量行为进行监督。
A. 建设单位 B. 施工单位
C. 监理单位 D. 设计单位
E. 承包单位

22. 县级以上政府建设主管部门及其他相关主管部门履行监督检查职责时，有权采取的措施有（　　）。
A. 要求被检查单位提供有关工程质量的文件及资料
B. 进入被检查单位的施工现场进行检查
C. 发现重大质量问题时可以下达停工令
D. 进入被检查单位的质量管理部门进行检查
E. 发现质量问题时责令改正

23. 建设工程项目质量政府监督机构在工程开工前的质量检查包括（　　）。
A. 检查项目施工方的质保体系 B. 审查施工组织设计文件
C. 检查工程建设各方的相关文件 D. 审查施工承包合同
E. 检查各方资质证书

三、判断题（正确写A，错误写B）

1. 所有验收，必须办理书面确认手续，否则无效。（　　）
2. 采购物资应符合设计文件、标准、规范、相关法规及承包合同要求，如果项目部另有附加的质量要求，则不应予以满足。（　　）
3. 单位工程质量监督报告，应当在竣工验收之日起4天内提交竣工验收备案部门。（　　）
4. 建设工程质量监督档案按单位工程建立。（　　）
5. 根据我国相关文件规定，质量验收的基本单元是检验批和分项工程。（　　）

6. 工序质量控制的实质是对工序的实施方法的控制。（　　）
7. 严重影响使用功能或工程结构安全，存在重大质量隐患的质量事故属于重大质量事故。（　　）
8. 工程项目的施工方案中，施工的技术、工艺、方法和机械、设备、模具等施工手段的配置属于施工技术方案。（　　）
9. 施工质量事故的处理应按一定的程序进行，事故调查报告的主要内容不包括事故处理方案。（　　）
10. 工程开工前，监督机构要审查按建设程序规定的，必须办理的各项建设备案手续是否齐全完备。（　　）
11. 某工程建设项目由于分包单位购买的工程材料不合格，导致其中某部分工程质量不合格。在该事件中，施工质量监控主体是施工总承包单位。（　　）
12. PDCA 循环中，质量计划阶段的主要任务是明确目标并制定实现目标的行动方案。（　　）
13. 事前控制、事中控制和事后控制属于三阶段控制原理。（　　）
14. 建设工程施工质量验收时，对涉及结构安全和使用功能的重要分部工程，应进行安全检测。（　　）
15. 影响建设工程项目质量的管理因素，主要是决策因素和经济因素。（　　）
16. 施工质量事故处理的基本方法由表面处理、加固处理、修补处理和不作处理。（　　）

第15章　施工项目进度管理

一、单项选择题

1. 横道图表的水平方向表示工程施工的（　　）。
A. 持续时间　　B. 施工过程　　C. 流水节拍　　D. 间歇时间
2. 横道图中每一条横道的长度表示流水施工的（　　）。
A. 持续时间　　B. 施工过程　　C. 流水节拍　　D. 间歇时间
3. 影响项目进度的因素中，（　　）影响最多。
A. 人的因素　　　　　　　　B. 环境、社会因素
C. 水文地质与气象因素　　　D. 管理因素
4. 依次施工的缺点是（　　）。
A. 由于同一工种工人无法连续施工造成窝工，从而使得施工工期较长
B. 由于工作面拥挤，同时投入的人力、物力过多而造成组织困难和资源浪费
C. 一种工人要对多个工序施工，使得熟练程度较低
D. 容易在施工中遗漏某道工序
5. 某工程包括 A、B、C、D 四个施工过程，无层间流水。根据施工段的划分原则，分为四个施工段，每个施工过程的流水节拍为 2 天。又知施工过程 C 与施工过程 D 之间存在 2 天的技术间歇时间，那工期为（　　）天。

A. 10　　　　　B. 16　　　　　C. 18　　　　　D. 19

6. 进度控制的目的是（　　）。
A. 通过控制以实现工程的进度目标　　　B. 进度计划的编制
C. 论证进度目标是否合理　　　　　　　D. 跟踪检查进度计划

7. 随着项目的进展，进度控制是一个（　　）的管理过程。
A. 动态　　　　B. 静态　　　　C. 封闭　　　　D. 开放

8. 建设工程项目总进度目标的控制是（　　）项目管理的任务。
A. 施工方　　　B. 供货方　　　C. 管理方　　　D. 业主方

9. （　　）进度控制的任务是控制整个项目实施阶段的工作进度。
A. 设计方　　　B. 施工方　　　C. 监理方　　　D. 业主方

10. 由不同功能的计划构成的建设工程项目进度计划系统不包括（　　）。
A. 实施性进度计划　　　　　　　　　B. 指导性控制计划
C. 控制性进度计划　　　　　　　　　D. 决策性控制计划

11. 下列说法错误的是（　　）。
A. 横道图上所能表达的信息量较少，不能表示活动的重要性
B. 横道图不能确定计划的关键工作、关键路线与时差
C. 横道图适用于手工编制计划
D. 横道图能清楚表达工序（工作）之间的逻辑关系

12. 下列（　　）不属于编制项目进度控制的工作流程。
A. 定义项目进度计划系统的组成
B. 各类进度计划的编制程序
C. 审批程序和计划调整程序
D. 确定项目进度计划系统的内容

13. 建设工程项目进度控制的管理观念方面存在的主要问题不包括（　　）。
A. 缺乏动态控制的观念
B. 缺乏进度计划系统的观念
C. 缺乏计划系统集成控制的观念
D. 缺乏进度计划多方案比较和优选的观念

14. 进度控制工作包含了大量的组织和协调工作，而（　　）是组织和协调的重要手段。
A. 非正式沟通　　B. 正式沟通　　C. 会议　　　　D. 信息沟通

15. 在某大型工程项目的实施过程中，由于"下情不能上传，上情不能下达"，导致项目经理不能及时作出正确决策，拖延了工期。为了加快实施进度，项目经理修正了信息传递工作流程。这种纠偏措施属于动态控制的（　　）。
A. 组织措施　　B. 管理措施　　C. 经济措施　　D. 技术措施

16. 下列各项措施中，（　　）是建设工程项目进度控制的组织措施。
A. 用横道图法编制进度计划　　　　　B. 进行有关进度控制的会议的组织设计
C. 优选项目设计、施工方案　　　　　D. 选择合理的合同结构

17. 建设工程项目进度控制的技术措施涉及对（　　）的选用。

A. 设计人员和构成　　　　　　　　B. 设计机构和施工人员
C. 设计技术和施工技术　　　　　　D. 软技术和硬技术

18. 在下列进度控制纠偏措施中，属于管理措施的是（　　）。
A. 落实加快工程进度所需的资金　　B. 改变施工方法和改变施工机具
C. 调整进度管理的方法和手段　　　D. 调整项目管理工作流程和班子人员

19. 在进度控制措施中，下列（　　）是属于经济措施。
A. 采用现代化的信息技术
B. 改变施工技术、施工方法和施工机械的方案
C. 确定资金供应的条件
D. 进行有关进度控制会议的设计

20. 为了实现进度目标，比较分析工程物资的采购模式属于进度控制的（　　）。
A. 组织措施　　　B. 管理措施　　　C. 经济措施　　　D. 技术措施

21. 建设工程项目进度控制中经济措施包括（　　）。
A. 优化项目设计方案　　　　　　　B. 编制资源需求计划
C. 分析和论证项目进度目标　　　　D. 选择项目承发包模式

22. 为了实现进度目标，应选择合理的合同结构，以避免过多的合同交界面而影响工程的进展，这属于进度控制的（　　）。
A. 组织措施　　　B. 管理措施　　　C. 经济措施　　　D. 技术措施

23. 建设工程项目进度控制的管理措施不包括（　　）。
A. 重视信息技术的应用
B. 选择承发包模式
C. 用工程网络计划的方法编制的进度计划
D. 编制项目进度控制的工作流程

24. 对进度计划进行多方案比选，体现合理使用资源，合理安排工作面，是工程进度控制的（　　）。
A. 组织措施　　　B. 管理措施　　　C. 经济措施　　　D. 技术措施

25. 下列为加快进度而采取的各项措施中，属于技术措施的是（　　）。
A. 重视计算机软件的应用　　　　　B. 编制进度控制工作流程
C. 实行班组内部承包制　　　　　　D. 用大模板代替小钢模

26. 建设工程项目进度控制措施中，采用信息技术辅助进度控制属于进度控制的（　　）。
A. 组织措施　　　B. 管理措施　　　C. 经济措施　　　D. 技术措施

27. 下列进度控制措施中，属于管理措施的是（　　）。
A. 建立进度控制的会议制度　　　　B. 分析影响项目工程进度的风险
C. 制定项目进度控制的工作流程　　D. 选用有利的设计和施工技术

28. 在进度控制中，分析项目实施过程中，各项工作环节之间的关系及确定关键路线等，都是十分重要的（　　）。
A. 组织措施　　　B. 管理措施　　　C. 经济措施　　　D. 技术措施

29. 为了实现进度目标，比较分析工程物资的采购模式属于进度控制的（　　）。

A. 组织措施　　　B. 管理措施　　　C. 经济措施　　　D. 技术措施
30. 进度纠偏的措施有多种，属于进度纠偏的技术措施的是（　　）。
A. 调整进度管理方法　　　　　　B. 调整工作流程组织
C. 改变施工方法　　　　　　　　D. 强化合同管理

二、多项选择题

1. 建设工程进度控制的主要工作环节包括（　　）。
A. 进度目标的分析和论证　　　　B. 编制进度计划
C. 定期跟踪进度计划的执行情况　D. 研究进度控制的措施
E. 调整进度计划
2. 下列（　　）属于承包人的进度计划。
A. 施工准备工作计划　　　　　　B. 施工总进度计划
C. 单位工程施工进度计划　　　　D. 分部分项工程进度计划
E. 施工招标投标工作计划
3. 项目总进度目标论证时应调研和收集的资料包括（　　）。
A. 了解和收集项目决策阶段有关项目进度目标确定的情况和资料
B. 收集与进度有关的该项组织、管理、经济和技术资料
C. 了解和调查该项目的总体部署
D. 了解和调查该项目的总体部署
E. 了解和调查该项目实施的环境条件
4. 横道图进度计划的优点包括（　　）。
A. 适用于手工编制计划　　　　　B. 能够清楚的表达活动的持续时间
C. 表达方式较为直观　　　　　　D. 能清楚表达活动时间的逻辑关系
E. 可以与劳动力计划结合
5 横道图进度计划法存在的问题包括（　　）。
A. 表达直观
B. 难以适应大的进度计划系统
C. 计划调整只能以手工方式进行
D. 不能确定计划的关键工作、关键路线与时差
E. 工序（工作）之间的逻辑关系可以设法表达，但不易表达清楚
6. 下列属于进度纠偏的管理措施的是（　　）。
A. 调整项目管理班子成员　　　　B. 调整进度管理的方法和手段
C. 强化合同管理　　　　　　　　D. 改变施工方法
E. 调整项目管理组织结构
7. 下列（　　）措施属于进度控制的组织措施。
A. 建立进度计划审核制度和进度计划实施中的检查分析制度
B. 建立过程进度报告制度及进度信息沟通网络
C. 加强合同管理，协调合同工期和进度计划之间的关系
D. 建立进度协调会议制度

E. 重视信息技术在进度控制中的应用

8. 进度控制的措施包括（　　）。
A. 行政措施　　　　　　　　　　　B. 经济措施
C. 管理措施　　　　　　　　　　　D. 组织措施
E. 技术措施

9. 下列（　　）措施属于进度控制的技术措施。
A. 优化设计，尽量选用新技术、新工艺、新材料
B. 制定与进度计划相适应的资源保证计划
C. 优化施工方案
D. 优化工艺之间的逻辑关系，缩短持续时间，加快施工进度
E. 建立图纸审查、工程变更和设计变更管理制度

10. 在项目组织结构中，应由（　　）负责进度控制工作。
A. 总承包公司　　　　　　　　　　B. 专门的工作部门
C. 符合进度控制岗位资格的专人　　D. 分包人
E. 项目管理部门

11. 建设工程项目进度控制的经济措施涉及（　　）。
A. 资金需求计划　　　　　　　　　B. 资金供应的条件
C. 资金供应计划　　　　　　　　　D. 资金需求的条件
E. 经济激励措施

12. 在进度控制组织设计中，各项工作任务和相应的管理职能应在（　　）中标示并落实。
A. 任务分工表　　　　　　　　　　B. 结构分析图
C. 管理职能分工表　　　　　　　　D. 工作流程图
E. 合同结构图

13. 建设工程项目进度控制的组织措施包括有（　　）。
A. 进度控制任务分工表和管理职能分工表的编制
B. 制定进度控制的工作流程
C. 编制资源需求计划
D. 进行进度控制会议的组织设计
E. 设置专门的工作部门和配备专门的控制人员

14. 关于施工总进度计划的作用，下列说法中正确的有（　　）。
A. 确定总进度目标
B. 确定单位工程的工期和进度
C. 确定里程碑事件的进度目标
D. 作为编制资源进度计划的基础
E. 形成建设工程项目的进度计划系统

三、判断题（正确写 A，错误写 B）

1. 进度控制的目的是通过控制以实现工程的进度目标。　　　　　　　　　　　（　　）

2. 影响项目进度的因素中，管理因素影响最多。（   ）
3. 建设工程项目的总进度目标的分析和论证，应在招标工作阶段前进行。（   ）
4. 施工方进度控制的任务是依据施工组织设计对施工进度的要求控制施工进度。（   ）
5. 大型建设工程项目总进度目标论证的核心工作是编制总进度规划。（   ）
6. 横道图适用于手工编制计划，但不能清楚表达工序之间的逻辑关系。（   ）
7. 资金需求计划是工程融资的重要依据。（   ）
8. 依次施工的缺点是一种工人要对多个工序施工，使得熟练程度较低。（   ）
9. 选择项目承发包模式是一种属于进度控制的经济措施。（   ）
10. 在进度控制措施中，确定资金供应条件是属于经济措施。（   ）
11. 为了实现进度目标，比较分析工程物资的采购模式属于进度控制的管理措施。（   ）
12. 在进度控制中，分析项目实施过程中，各项工作环节之间的关系及确定关键路线等，都是十分重要的技术措施。（   ）
13. 建设工程项目进度控制的技术措施涉及对设计技术和施工技术的选用。（   ）
14. 进度纠偏的措施有多种，属于进度纠偏的技术措施的是改变施工方法。（   ）
15. 为加快进度而采取的各项措施中，用大模板代替小钢模是属于技术措施。（   ）
16. 为了实现进度目标，比较分析工程物资的采购模式属于进度控制的管理措施。（   ）

第16章　施工项目成本管理

一、单项选择题

1. 在施工成本管理过程中，（   ）贯穿于施工项目从投标阶段开始直到项目竣工验收的全过程，而且是企业全面成本管理的重要环节。
　　A. 成本考核　　B. 成本分析　　C. 成本控制　　D. 成本预测
2. 在成本形成过程中，对施工项目成本进行的对比评价和总结工作，称为（   ）。
　　A. 施工成本控制　　B. 施工成本计划　　C. 施工成本管理　　D. 施工成本分析
3. 施工项目成本是施工项目在施工中所发生的全部（   ）的总和。
　　A. 管理费用　　B. 建设费用　　C. 生产费用　　D. ABC
4. 理想的项目成本管理结果应该是（   ）。
　　A. 承包成本＞计划成本＞实际成本　　B. 计划成本＞承包成本＞实际成本
　　C. 计划成本＞实际成本＞承包成本　　D. 承包成本＞实际成本＞计划成本
5. 不属于施工组织总设计技术经济指标的是（   ）。
　　A. 劳动生产率　　B. 投资利润率　　C. 项目施工成本　　D. 机械化程度
6. 施工项目的成本管理的最终目标是（   ）。
　　A. 低成本　　B. 高质量　　C. 短工期　　D. ABC
7. 下列哪项资料属于施工成本计划的编制依据（   ）。
　　A. 设计概算　　B. 投资估算　　C. 合同报价书　　D. 竣工决算

8. 建立进度控制小组，将进度控制任务落实到个人，属于施工项目进度控制措施中的（　　）。
   A 组织措施　　　　B. 技术措施　　　　C. 经济措施　　　　D. 合同措施

9. 施工项目成本计划是（　　）编制的项目经理部对项目施工成本进行计划管理的指导性文件。
   A. 施工开始阶段　　　　　　　　B. 施工筹备阶段
   C. 施工准备阶段　　　　　　　　D. 施工进行阶段

10. 成本分析的内容分为事前的成本预测分析、（　　）、事后的成本监控。
    A. 事中的成本分析　　　　　　　B. 过程中的成本分析
    C. 日常的成本分析　　　　　　　D. 施工中的成本分析

11. 施工成本控制中最具实质性的一步是（　　），因为通过它最终达到有效控制施工成本的目的。
    A. 比较　　　　　B. 检查　　　　　C. 预测　　　　　D. 纠偏

12. 施工项目成本控制工作从施工项目（　　）开始直到竣工验收，贯穿于全过程。
    A. 设计阶段　　　B. 投标阶段　　　C. 施工准备阶段　　D. 正式开工

13. 建设工程项目施工成本管理的组织措施之一是（　　）。
    A. 编制施工成本控制工作流程图
    B. 制定施工方案并对其进行分析论证
    C. 进行工程风险分析并制定防范性对策
    D. 防止和处理施工索赔

14. 在实施施工成本管理的多项措施中，分解施工成本管理目标、进行风险分析和偏差原因分析是施工成本管理的（　　）。
    A. 组织措施　　　B. 技术措施　　　C. 经济措施　　　D. 合同措施

15. 施工成本管理合同措施的主要内容之一是处理合同执行过程中的（　　），以控制施工成本。
    A. 违约问题　　　B. 控制问题　　　C. 索赔问题　　　D. 纠纷问题

16. 施工措施费目标成本的编制，以施工图预算其他直接费为收入依据，按施工方案和施工现场条件，预计（　　）、场地清理费、检验试验费、生产工具用具费、标准化与文明施工等发生的各项费用。
    A. 二次搬运费　　B. 现场水电费　　C. 场地租借费　　D. ABC

17. 项目管理的核心任务是项目的（　　）。
    A. 质量控制　　　B. 进度控制　　　C. 目标控制　　　D. 投资控制

18. 施工成本预测的工作是在施工项目（　　）进行。
    A. 施工以前　　　B. 施工前期　　　C. 施工中期　　　D. 施工后期

19. 会议是进度控制的（　　）。
    A. 管理措施　　　B. 技术措施　　　C. 组织措施　　　D. 经济措施

20. 进度控制的目的是（　　）。
    A. 通过控制以实现工程的进度目标　　B. 进度计划的编制
    C. 论证进度目标是否合理　　　　　　D. 跟踪检查进度计划

21. 施工项目目标成本的确定，人工、材料、机械的价格（　　）。
   A. 按市场价取定
   B. 按投标报价文件规定取定
   C. 按现行机械台班单价、周转设备租赁单价取定
   D. 按实际发生价取定

22. 在实施施工成本管理的多项措施中，分解施工成本管理目标、进行风险分析和偏差原因分析是施工成本管理的（　　）。
   A. 组织措施　　　B. 技术措施　　　C. 经济措施　　　D. 合同措施

23. 施工成本计划是确定和编制施工项目在计划期内的（　　）等的书面方案。
   A. 生产费用　　　　　　　　　　B. 预算成本
   C. 固定成本　　　　　　　　　　D. 成本水平

24. 项目经理部对作业队分包成本的控制，不包括（　　）。
   A. 作业队成本的节约或超支　　　B. 工程量和劳动定额的控制
   C. 钟点工的控制　　　　　　　　D. 对作业队的奖罚

25. 在施工项目目标责任成本的控制划分责任中形成三级责任中心，即班组责任中心、项目经理部责任中心、公司责任中心。其中公司责任中心负责控制的成本属于（　　）。
   A. 制造成本　　　　　　　　　　B. 使用成本
   C. 责任成本　　　　　　　　　　D. 目标责任成本

26. 施工成本受多种因素影响而发生变动，作为项目经理应将成本分析的重点放在（　　）的因素上。
   A. 外部市场经济　　　　　　　　B. 业主项目管理
   C. 项目自身特殊　　　　　　　　D. 内部经营管理

27. 项目成本核算的核心任务是项目的（　　）。
   A. 组织协调　　B. 目标控制　　C. 合同管理　　D. 风险管理

28. 对于分包工程，在签订经济合同的时候，特别要坚持"以施工图预算控制合同金额"的原则，绝不允许（　　）。
   A. 合同金额超过施工图预算　　　B. 施工图预算超过合同金额
   C. 合同金额超过施工预算　　　　D. 施工预算超过合同金额

29. 分包成本的目标成本的编制，以预算部门提供的分包项目施工图预算为收入依据，按施工预算编制的分包项目施工预算的工程量，单价按（　　），计算分包项目的目标成本。
   A. 指导价　　　　　　　　　　　B. 市场价
   C. 合同约定的下浮率　　　　　　D. 定额站提供的中准价

30. 施工成本控制的正确工作步骤是（　　）。
   A. 预测-比较-分析-检查-纠偏　　B. 预测-分析-比较-检查-纠偏
   C. 检查-比较-分析-预测-纠偏　　D. 比较-分析-预测-纠偏-检查

二、多项选择题

1. 计划成本对于（　　），具有十分重要的作用。

A. 降低施工项目成本　　　　　　　B. 建立和健全施工项目成本管理责任制
C. 控制施工过程中生产费用　　　　D. 加强企业的经济核算
E. 加强项目经理部的经济核算

2. 施工成本分析的基本方法包括（　　）等。
A. 比较法　　　　　　　　　　　　B. 因素分析法
C. 判断法　　　　　　　　　　　　D. 偏差分析法
E. 比率法

3. 施工员的成本管理责任有（　　）。
A. 根据项目施工的计划进度，及时组织材料、构件的供应，保证项目施工的顺利进行，防止因停工待料造成的损失
B. 严格执行工程技术规范和以预防为主的方针，确保工程质量，减少零星修补，消灭质量事故，不断降低质量成本
C. 根据工程特点和设计要求，运用自身的技术优势，采取实用、有效的技术组织措施和合理化建议
D. 严格执行安全操作规程，减少一般安全事故，消灭重大人身伤亡事故和设备事故，确保安全生产，将事故减少到最低限度
E. 走技术和经济相结合的道路，为提高项目经济效益开拓新的途径

4. 施工成本计划是确定和编制施工项目在计划期内的（　　）等的书面方案。
A. 生产费用　　　　　　　　　　　B. 预算成本
C. 固定成本　　　　　　　　　　　D. 成本水平
E. 可变成本

5. 施工成本控制可分为（　　）等控制内容和工作。
A. 程序控制　　　　　　　　　　　B. 事先控制
C. 过程控制　　　　　　　　　　　D. 事后控制
E. 全员控制

6. 项目成本控制的重心应放在项目经理部，控制环节包括（　　）。
A. 计划预控　　　　　　　　　　　B. 过程预控
C. 纠偏预控　　　　　　　　　　　D. 投标预控
E. 竣工审计

7. 属于施工项目质量控制系统建立程序的有（　　）。
A. 确定控制系统各层面组织的工程质量负责人及其管理职责，形成控制系统网络架构
B. 确定控制系统组织的领导关系、报告审批及信息流转程序
C. 制订质量控制工作制度
D. 部署各质量主体编制相关质量计划
E. 按规定程序完成质量计划的审批，形成质量控制依据

8. 有效控制建设工程造价的组织措施包括（　　）。
A. 重视工程设计多方案的选择　　　B. 明确工程造价管理职能分工
C. 严格审查施工组织设计　　　　　D. 采取对节约投资的有力奖励措施

E. 明确造价控制者及其任务

9. 以下属施工成本管理任务的是（　　）。
A. 施工成本策划　　　　　　　　B. 成本预测
C. 施工成本计划　　　　　　　　D. 施工成本控制
E. 施工成本核算与分析

10. 下列关于分部分项工程成本分析的表述正确的是（　　）。
A. 分部分项工程成本分析的对象是拟完成的分部分项工程
B. 分析的方法是进行预算成本、目标成本和实际成本的"三算"对比
C. 预算成本来自投标报价成本
D. 目标成本来自施工预算

11. 施工项目成本核算的第一个基本环节是按照规定的成本开支范围，分阶段地对施工费用进行归集，计算出施工费用的额定发生额和实际发生额，核算所提供的各种成本信息，（　　），作为反馈信息指导下一步成本控制。
A. 是成本预测、成本计划的结果
B. 是成本计划、成本控制的结果
C. 又成为成本分析和成本考核等环节的依据
D. 又成为成本分析和成本计划等环节的依据
E. 又成为成本计划和成本考核等环节的依据

12. 分包工程成本核算要求包括（　　）。
A. 包清工工程，纳入人工费一外包人工费内核算
B. 对机械作业分包产值统计的范围，不仅统计分包费用，还包括物耗价值
C. 部位分项分包工程，纳入结构件费内核算
D. 双包工程，是指将整幢建筑物以包工包料的形式分包给外单位施工的工程。可根据承包合同取费情况和发包（双包）合同支付情况，即上下合同差，测定目标盈利率
E. 以收定支，人为调节成本

13. 成本偏差的控制，分析是关键，纠偏是核心。成本纠偏的措施包括（　　）。
A. 组织措施　　　　　　　　　　B. 合同措施
C. 经济措施　　　　　　　　　　D. 技术措施
E. 环境措施

三、判断题（正确写 A，错误写 B）

1. 施工项目成本是指建筑企业以施工项目作为成本核算对象的施工过程中所消耗的生产资料转移价值和劳动者的必要劳动所创造的价值的数字形式。（　　）
2. 施工预算就是施工图预算。（　　）
3. 一般来说，一个施工项目成本计划应包括从开工到竣工所必需的施工成本。
（　　）
4. 项目的整体利益和施工方本身的利益是对立统一关系，两者有其统一的一面，也有其对立的一面。（　　）

5. 直接成本是指施工过程中直接耗费的构成工程实体或有助于工程形成的各项支出，包括人工费、材料费、机械使用费和施工措施费等。（   ）

6. 项目的账表和管理台账不仅可以用于项目成本的核算，还可以用于对项目成本管理工作的分析、评价和考核。（   ）

第17章　施工项目安全管理与职业健康

一、单项选择题

1. 在一个施工项目中，（   ）是安全管理工作的第一责任人。
   A. 工程师　　　　B. 项目经理　　　C. 安全员　　　　D. 班组长

2. 安全生产管理是实现安全生产的重要（   ）。
   A. 作用　　　　　B. 保证　　　　　C. 依据　　　　　D. 措施

3. 安全是（   ）。
   A. 没有危险的状态　B. 没有事故的状态　C. 舒适状态　　　D. 人员免遭不可承受危险的伤害

4. 我国安全生产的方针是（   ）。
   A. 安全责任重于泰山　　　　　　　B. 安全第一、质量第一
   C. 管生产必须管安全　　　　　　　D. 安全第一、预防为主、综合治理

5. 施工单位应当设立安全生产（   ）机构，配备专职安全生产管理人员。
   A. 检查　　　　　B. 监督　　　　　C. 监理　　　　　D. 管理

6. 施工单位对可能造成损害的地下管线、毗邻建筑物、构筑物等，应当采取（   ）。
   A. 防范措施　　　B. 安全保护措施　C. 专项防护措施　D. 隔离措施

7. 施工单位（   ）依法对本单位的安全生产工作全面负责。
   A. 董事长　　　　　　　　　　　　B. 总经理
   C. 主要负责人　　　　　　　　　　D. 分管安全生产的负责人

8. （   ）是建筑施工企业所有安全规章制度的核心。
   A. 安全检查制度　　　　　　　　　B. 安全技术交底制度
   C. 安全教育制度　　　　　　　　　D. 安全生产责任制度

9. （   ）对建设工程项目的安全施工负责。
   A. 专职安全管理人员　　　　　　　B. 施工单位负责人
   C. 项目负责人　　　　　　　　　　D. 项目技术负责人

10. （   ）是依据国家法律法规制定的，项目全体员工在生产经营活动中心必须贯彻执行同时也是企业规章制度的重要组成部分。
    A. 项目经理聘任制度　　　　　　　B. 安全生产责任制度
    C. 项目管理考核评价制度　　　　　D. 材料及设备的采购制度

11. 施工安全管理体系的建立，必须适用于工程施工全过程的（   ）。
    A. 安全管理和控制　　　　　　　　B. 进度管理和控制

C. 成本管理和控制　　　　　　　　D. 质量管理和控制

12. 安全生产6大纪律中规定，（　　）以上的高处、悬空作业、无安全设施的，必须系好安全带，扣好保险钩。

　　A. 2m　　　　B. 3m　　　　C. 4m　　　　D. 5m

13. 电焊工作地点（　　）以内不得有易燃、易爆材料。

　　A. 5m　　　　B. 6m　　　　C. 8m　　　　D. 10m

14. 施工安全教育主要内容不包括（　　）。

　　A. 现场规章制度和遵章守纪教育

　　B. 本工种岗位安全操作及班组安全制度、纪律教育

　　C. 安全生产须知

　　D. 交通安全须知

15. （　　）应进行针对性的安全教育。

　　A. 上岗前　　　　　　　　　　B. 法定节假日前后

　　C. 工作对象改变时　　　　　　D. ABC

16. 安全教育和培训要体现（　　）的原则，覆盖施工现场的所有人员，贯穿于从施工准备、工程施工到竣工交付的各个阶段和方面，通过动态控制，确保只有经过安全教育的人员才能上岗。

　　A. 安全第一，预防为主　　　　B. 安全保证体系

　　C. 安全生产责任制　　　　　　D. 全面、全员、全过程

17. 安全检查的主要内容是（　　）。

①查思想；②查管理；③查隐患；④查整改；⑤查事故处理。

　　A. ②③④　　B. ①②③④　　C. ①②⑤　　D. ①②③④⑤

18. 横杆长度大于（　　）时，必须加设栏杆柱，栏杆柱的固定及其与横杆的连接，其整体构造应在任何一处能经受任何方向的1000N的外力。

　　A. 1m　　　　B. 2m　　　　C. 2.5m　　　D. 3m

19. 电梯井必须设不低于（　　）的金属防护门。

　　A. 1.2m　　　B. 1.3m　　　C. 1.5m　　　D. 2m

20. 凡高度在（　　）以上建筑物施工的必须支搭安全水平网，网底距地不小于3m。

　　A. 4m　　　　B. 5m　　　　C. 6m　　　　D. 7m

21. 当采用钢丝绳卡固接时，与钢丝绳直径匹配的绳卡的规格、最后一个绳卡距绳头的长度不得小于（　　）。

　　A. 120mm　　B. 130mm　　C. 140mm　　D. 150mm

22. 安全立网面应与水平面垂直，并与作业边缘最大间缝不超过（　　）。

　　A. 5cm　　　B. 10cm　　　C. 15cm　　　D. 20cm

23. 焊把线长度一般不超过（　　），并不准有接头。

　　A. 10m　　　B. 20m　　　C. 30m　　　D. 40m

24. 建筑施工专项方案实施前，（　　）应当向现场管理人员和作业人员进行安全技术交底。

　　A. 编制人员　　　　　　　　　B. 项目技术负责人

C. 专职安全生产管理人员　　　　D. 编制人员或项目技术负责人

25. （　　）是我国安全生产管理体制的基础。

A. 群众监督参与　　　　　　　　B. 社会广泛支持
C. 部门依法监管　　　　　　　　D. 企业全面负责

26. 建筑起重机械设备（　　）置于或者附着于该设备的显著位置。

A. 产品合格证书　　　　　　　　B. 使用说明书
C. 操作证书　　　　　　　　　　D. 登记标志

27. 安全带的正确挂扣应该是（　　）。

A. 同一水平　　B. 低挂高用　　C. 高挂低用　　D. 使操作方便

28. （　　）是保护人身安全的最后一道防线。

A. 个体防护　　B. 隔离　　　　C. 避难　　　　D. 救援

29. 施工专项方案经论证后，专家组应当提交论证报告，对论证的内容提出明确的意见，并在论证报告上签字。该报告作为（　　）。

A. 专项方案实施的最终依据
B. 专项方案修改的结论，不得擅自改动
C. 专项方案补充措施，以附件形式附在方案后面作参考
D. 专项方案修改完善的指导意见

30. 建筑物施工现场内，火灾中对人员威胁最大的是（　　）。

A. 火焰　　　　B. 烟气　　　　C. 可燃物　　　D. 红外辐射

二、多项选择题

1. 编制施工安全技术措施应符合下列（　　）的要求。

A. 根据不同分部分项工程的施工方法和施工工艺可能给施工带来的不安全因素，相应的施工安全技术措施，真正做到从技术上采取措施保证其安全实施
B. 使用的各种机械动力设备、用电设备等给施工人员可能带来危险因素，从安全保险装置等方面采取的技术措施
C. 针对施工现场及周围环境，可能给施工人员或周围居民带来危害，以及材料、设备运输带来的不安全因素，从技术上采取措施，予以保护
D. 施工中有毒有害、易燃易爆等作业，可能给施工人员造成的危害，从技术上采取措施，防止伤害事故
E. 制定的施工安全技术措施需符合各地颁布的施工安全技术规范及标准

2. 一般工程施工阶段的安全技术措施包括（　　）。

A. 安全技术应与施工生产技术统一，各项安全技术措施必须在根应的工序施工前落实好
B. 安全技术措施中应注明设计依据，并附有计算、详图和文字说明
C. 操作者严格遵守相应的操作规程，实行标准化作业
D. 针对采用的新工艺、新技术、新设备、新结构制定专门的施工安全技术措施
E. 在明火作业现场有防火防爆措施

3. 施工准备阶段现场准备的安全技术措施包括（　　）的内容。

A. 按施工总平面图要求做好现场施工准备

B. 电器线路，配电设备符合安全要求，有安全用电防护措施

C. 场内道路畅通，设交通标志，危险地带设危险信号及禁止通行标志

D. 保证特殊工种使用工具、器械质量合格，技术性能良好

E. 现场设消防栓，有足够的有效的灭火器材、设施

4. 金属脚手架工程安全技术交底内容正确的是（　　）。

A. 架设金属扣件双排脚手架时，应严格执行国家行业和当地建设主管部门的有关规定

B. 架设前应严格进行钢管的筛选，凡严重锈蚀、薄壁、弯曲及裂变的杆件不宜采用

C. 脚手架的基础除按规定设置外，应做好防水处理

D. 高层建筑金属脚手架的拉杆，可以使用铅丝攀拉

E. 吊运机械允许搭设在脚手架上，不一定另立设置

5. 模板工程安全技术交底包括（　　）。

A. 不得在脚手架上堆放大批模板等材料

B. 禁止使用2×4木料作顶撑

C. 支撑、牵杠等不得搭在门窗框和脚手架上

D. 支模过程中，如需中途停歇应将支撑、搭头、柱头板等钉牢，拆模间歇时应将已活动的弹板、牵杠、支撑等运走或妥善堆放，防止因踏空、扶空而坠落

E. 通路中间的斜撑、拉杆等应设在1m高以上

6. 班组安全生产教育由班组长主持，进行本工种岗位安全操作及班组安全制度、安全纪律教育的主要内容有（　　）。

A. 本班组作业特点及安全操作规程

B. 本岗位易发生事故的不安全因素及其防范对策

C. 本岗位的作业环境及使用的机械设备、工具安全要求

D. 爱护和正确使用安全防护装置（设施）及个人劳动防护用品

E. 高处作业、机械设备、电气安全基础知识

7. 下列属于安全生产须知内容的是（　　）。

A. 进入施工现场，必须戴好安全帽、扣好帽带

B. 建筑材料和构件要堆放整齐稳妥，不要过高

C. 危险区域要有明显标志，要采取防护措施，夜间要设红灯示警

D. 手推车装运物料时，应注意平稳，掌握重心，不得猛跑或撒把溜放

E. 工具用好后要随时装入工具袋

8. 施工安全工作中的信息主要有（　　）。

A. 文件信息　　　　　　　　B. 标准信息

C. 管理信息　　　　　　　　D. 技术信息

E. 安全施工状况信息

9. 施工安全技术保证由（　　）类别构成。

A. 专项工程　　　　　　　　B. 专项技术

C. 专项管理　　　　　　　　D. 专项治理

E. 专项人员

10. 安全检查的主要内容有（   ）。
    A. 查思想 B. 查组织
    C. 查管理 D. 查隐患
    E. 查整改
11. 工程项目施工安全技术保证由（   ）4种类别构成。
    A. 专项工程 B. 专项工程
    C. 专项技术 D. 专项管理
    E. 专项治理
12. 我国安全生产发展的"三项建设"是指（   ）建设。
    A. 文明工地 B. 安全生产法制体制机制
    C. 安全保障能力 D. 安全监管监察队伍
    E. 标化工地
13. 安全生产管理的三大基本措施是（   ）。
    A. 安全技术措施 B. 安全检查措施
    C. 安全防护措施 D. 安全管理措施
    E. 安全教育措施
14. 建筑施工机械设备是指（   ）。
    A. 起重机械、混凝土机械、桩工机械、土石方机械、掘进机械等机械设备
    B. 模板
    C. 附着式升降脚手架
    D. 高处作业吊篮
    E. 脚手架钢管、扣件等施工机具
15. （   ）等实行分包的，其专项方案可由专业承包单位组织编制。
    A. 起重机械安装工程 B. 起重机械拆卸工程
    C. 建设工程主体工程 D. 附着式升降脚手架搭设
    E. 深基坑工程
16. 专项方案编制应当包括（   ）等内容。
    A. 工程概况 B. 编制依据
    C. 施工计划 D. 施工安全保证措施
    E. 劳动力计划
17. 所谓安全生产就是指生产经营活动中，（   ）而采取的一系列措施和行动的总称。
    A. 为保证人身健康与生命安全 B. 保证财产不受损失
    C. 确保生产经营活动得以顺利进行 D. 促进社会经济发展
    E. 促进社会稳定和进步

三、判断题（正确写 A，错误写 B）

1. 按规定设置拉撑点，剪刀撑用钢管，接头搭接不小于50cm。（   ）
2. 单项工程、单位工程均有安全技术措施，分部分项工程有安全技术具体措施，施

工前由项目经理向参加施工的有关人员进行安全技术交底，并应逐级和保存"安全交底任务单"。（　）

3. 对大中型项目工程、结构复杂的重点工程除了必须在施工组织总体设计中编制施工安全技术措施外，还应编制单位工程或分部分项工程安全技术措施。（　）

4. 拆立杆时，先抱住立杆再拆开后两个扣；拆除大横杆、斜撑、剪刀撑时，应先拆中间扣，然后托住中间，再解端头扣。（　）

5. 在房屋高差较大或荷载差异较大的情况下，当未留设沉降缝时，容易在交接部位产生较大的不均匀沉降裂缝。（　）

6. 位于车辆行驶道路旁的洞口、深沟、管道、坑、槽等，所加盖板应能承受不小于当地额定卡车后轮有效承载力的1.5倍的荷载。（　）

7. "U"螺栓应在钢丝绳的尾端（短绳一侧），不得正反交错。绳卡初次固定后，应待钢丝绳受力后再度紧固，并宜拧紧到使两绳直径的高度压扁1/2。（　）

8. 平网网面不宜绷得过紧，平网与下方物体表面的最小距离应不小于3m。（　）

9. 被刨木料厚度30mm，长度400mm时，不得用手直接压木料，应采用压板操作。（　）

10. 上脚手架或工作平台施工时，设备设施必须先经过领导同意和检查验收合格后方可施工。（　）

11. 同时设计、同时施工、同时投入使用是建筑安全管理的"三同时"原则。（　）

12. 凡高度在4m以上建筑物施工的必须支搭安全水平网，网底距地不小于3m。（　）

13. 在没有防护设施的2m高处、悬崖或陡坡施工作业必须系好安全带，安全带要高挂低施工。（　）

14. 塔机在满足接地要求后可不再安装避雷装置。（　）

15. 施工现场是指在建设行政主管部门批准范围内的从事施工项目建造活动场所，包括作业区、办公区和员工生活区。（　）

16. 将外径48mm与51mm钢管混合使用做立杆搭设时应事先设计方案。（　）

17. 脚手架搭设完再搭设连墙件，以确保脚手架的稳定性。（　）

18. 建筑施工专项方案实施前，专职安全生产管理人员应当向现场管理人员和作业人员进行安全技术交底。（　）

19. 安全生产责任制度应体现全员性。（　）

20. 建筑施工专项方案实施前，专职安全生产管理人员应当向现场管理人员和作业人员进行安全技术交底。（　）

参 考 答 案

第 1 章 吊 顶 工 程

一、单项选择题

1. C；2. A；3. D；4. D；5. A；6. A；7. A；8. D；9. B；10. C；11. B；12. A；13. B；14. B；15. D；16. D；17. B；18. B；19. A；20. B；21. C；22. C；23. A；24. A；25. C；26. C；27. C；28. D；29. B；30. C；31. A；32. B；33. B；34. D；35. B；36. B；37. C；38. D；39. D；40. D；41. B；42. B；43. C；44. C；45. D；46. A

二、多项选择题

1. ABCD；2. ABCDE；3. BE；4. ACD；5. ABCDE；6. ABC；7. ABCD；8. ABCDE；9. ACD；10. ABCDE；11. ABCDE；12. ABC；13. ABCE；14. BCDE；15. BCD；16. ADE；17. ABD；18. BE；19. ABCDE；20. BCDE；21. AB；22. ABD；23. ABCDE；24. ABCDE；25. AD；26. AB

三、判断题

1. A；2. A；3. B；4. B；5. A；6. B；7. A；8. B；9. B；10. A；11. A；12. A；13. A；14. A；15. A；16. A；17. B；18. B；19. A；20. A；21. A；22. A；23. B；24. A；25. A；26. A；27. A；28. B；29. A

第 2 章 轻质隔墙工程

一、单项选择题

1. A；2. D；3. D；4. D；5. D；6. C；7. D；8. B；9. D；10. D；11. A；12. B；13. A；14. C；15. D；16. D；17. D；18. D；19. B；20. C；21. A；22. D；23. A；24. A；25. C；26. B；27. D；28. B；29. C；30. C

二、多项选择题

1. ABCE；2. ABCD；3. ABCD；4. ABDE；5. AC；6. ABCE；7. BCDE；8. ABDE；9. AC；10. ABDE；11. ABC

三、判断题

1. A；2. B；3. B；4. A；5. A；6. A；7. A；8. B；9. A；10. A；11. B；12. B；13. A；14. B；15. B；16. B；17. A；18. B；19. A；20. A；21. A；22. B；23. A；24. A

第3章 抹灰工程

一、单项选择题

1. A；2. D；3. A；4. D；5. D；6. B；7. A；8. C；9. D；10. A；11. D；12. C；13. A；14. B；15. D；16. D；17. D

二、多项选择题

1. CDE；2. ABCE；3. CDE；4. ABCD；5. BCDE；6. ABDE；7. DE；8. BCDE；9. ABDE；10. ABCD；11. AD；12. ABCD

三、判断题

1. B；2. A；3. A；4. B；5. A；6. A；7. A；8. A

第4章 墙柱饰面工程

一、单项选择题

1. D；2. A；3. B；4. C；5. D；6. C；7. A；8. D；9. A；10. D；11. A；12. C；13. D；14. D；15. A；16. D；17. B；18. D

二、多项选择题

1. ABDE；2. ABCD；3. AC；4. BCDE；5. ACDE；6. ABCE；7. AE

三、判断题

1. A；2. B；3. A；4. A

第5章 裱糊、软硬包及涂饰工程

一、单项选择题

1. C；2. B；3. A；4. D；5. C；6. B；7. A

二、多项选择题

1. BCDE；2. AC；3. C；4. ABCDEF；5. ABCD

三、判断题

1. B；2. A；3. A；4. A；5. A；6. A；7. B；8. A；9. A；10. A

第6章 楼地面工程

一、单项选择题

1. A；2. C；3. A；4. A；5. B；6. B；7. B；8. A；9. A；10. B；11. A；12. A；13. C；14. A；15. A；16. A；17. A；18. D；19. B；20. A；21. A；22. B；23. A；24. A；25. A；26. D；27. B；28. A；29. B；30. D；31. A；32. C；33. A；34. A；35. C；36. A；37. B；38. D；39. D；40. A；41. B；42. D；43. B；44. C；45. A；46. A；47. A；48. C；49. A；50. A；51. A；52. C；53. B；54. D；55. B；56. C；57. C；58. B；59. C；60. A；61. C；62. B

二、多项选择题

1. ABCDEF；2. ABE；3. ABCDE；4. AD；5. ACD；6. CD；7. CD；8. CD；9. ABCD；10. BCD；11. ABC；12. AB；13. AB；14. ABDE；15. ABC；16. ABDE；17. ABCDE；18. AB；19. ACD；20. ABC；21. ABCDEF；22. ABE；23. ACD；24. BCDE；25. BDF；26. ABC；27. ABCD

三、判断题

1. A；2. A；3. B；4. A；5. A；6. B；7. A；8. B；9. A；10. B；11. A；12. B；13. A；14. B；15. A；16. B；17. A；18. A；19. B；20. B；21. B；22. B；23. A；24. A；25. A；26. B；27. A；28. A；29. A；30. A；31. A

第7章 细部工程

一、单项选择题

1. A；2. A；3. B；4. C；5. B；6. A；7. A；8. C；9. B；10. B；11. A；12. D；13. B；14. D；15. A；16. D；17. D；18. C；19. D；20. B；21. B；22. B；23. A；24. C；25. A；26. A；27. B；28. B；29. D；30. B；31. C；32. B；33. B；34. B；35. B；36. A；37. B；38. A；39. B；40. D；41. D；42. C；43. C；44. B；45. C；46. D；47. C；48. A；49. B；50. D；51. A；52. A

二、多项选择题

1. BC; 2. BD; 3. AE; 4. BC; 5. ABCE; 6. ABCDE; 7. ABCD; 8. ABCDE; 9. ABCDEF; 10. ACD; 11. ABC; 12. BCDEF; 13. ABCD; 14. ABCE; 15. BCD; 16. ABCD; 17. BCDE; 18. ABCE; 19. BCD; 20. ABCD; 21. CDE; 22. CDE; 23. ABE; 24. BCD; 25. ABCD

三、判断题

1. A; 2. A; 3. B; 4. A; 5. B; 6. A; 7. B; 8. A; 9. B; 10. A; 11. A; 12. A; 13. B; 14. B; 15. A; 16. A; 17. B; 18. A; 19. B; 20. A; 21. A; 22. A; 23. A; 24. A; 25. B

第8章 防水工程

一、单项选择题

1. B; 2. C; 3. A; 4. A; 5. D; 6. C; 7. C; 8. D; 9. D; 10. A; 11. B; 12. A; 13. B; 14. C; 15. B; 16. C; 17. B; 18. A; 19. C; 20. A; 21. B; 22. C; 23. C; 24. D; 25. D; 26. B; 27. A; 28. C; 29. A; 30. A; 31. C; 32. D; 33. B

二、多项选择题

1. ABCDE; 2. AC; 3. ABC; 4. ABCD; 5. ABCDE; 6. ABC; 7. ABCDE; 8. ABCDE; 9. ABCDE; 10. BC; 11. ABCE; 12. ABCDE; 13. ABCD; 14. ABCDE; 15. ABC

三、判断题

1. B; 2. A; 3. A; 4. A; 5. B; 6. B; 7. A; 8. A; 9. A; 10. B; 11. A; 12. A; 13. B; 14. B; 15. A; 16. B; 17. A; 18. B; 19. B

第9章 幕墙工程

一、单项选择题

1. B; 2. C; 3. D; 4. B; 5. A; 6. C; 7. B; 8. D; 9. A; 10. D; 11. A; 12. A; 13. D; 14. A; 15. C; 16. B; 17. A; 18. B; 19. C; 20. B; 21. A; 22. B; 23. B; 24. C; 25. D; 26. B; 27. A; 28. B; 29. C; 30. A; 31. D; 32. C; 33. C; 34. A; 35. C

二、多项选择题

1. ABCE; 2. ACDE; 3. AC; 4. AE; 5. ABCD; 6. ABE; 7. ABE; 8. ACD;

9. AE; 10. AB; 11. ABCDE; 12. AE; 13. BC; 14. ABCD; 15. BDE; 16. ABCDE; 17. ABE; 18. ABCDE; 19. ABCE; 20. ADE; 21. ABCD; 22. ABCE; 23. ABDE; 24. ABDE; 25. BDE; 26. ABE; 27. ACE; 28. ABD; 29. BCDE; 30. ABE; 31. ABCE; 32. ABCDE; 33. ABCDE; 34. ABCD; 35. ABCDE; 36. ABDE; 37. ACE; 38. ABCDE

三、判断题

1. A; 2. B; 3. A; 4. B; 5. A; 6. B; 7. A; 8. B; 9. B; 10. B; 11. A; 12. A; 13. B; 14. A; 15. B; 16. B; 17. A; 18. A; 19. A; 20. B; 21. A; 22. A; 23. A; 24. B; 25. A; 26. A; 27. B; 28. A; 29. B; 30. A; 31. B; 32. B; 33. A; 34. A; 35. A; 36. A; 37. A; 38. A; 39. B; 40. B; 41. B; 42. B; 43. B; 44. A; 45. A; 46. A; 47. B; 48. A; 49. B; 50. A; 51. A; 52. A; 53. A; 54. A; 55. B; 56. B; 57. A; 58. B; 59. A; 60. B; 61. B; 62. A; 63. B; 64. A; 65. B; 66. A; 67. A; 68. B; 69. A; 70. A; 71. B; 72. B; 73. A; 74. A; 75. B; 76. A; 77. B; 78. B; 79. A; 80. B; 81. A; 82. B; 83. A; 84. B; 85. A; 86. B; 87. A; 87. A; 89. B; 90. A; 91. A; 92. A; 93. B; 94. A; 95. B; 96. B; 97. A; 98. B; 99. B; 100. A

第10章 门窗工程

一、单项选择题

1. D; 2. D; 3. A; 4. A; 5. B; 6. C; 7. A; 8. B; 9. C; 10. A; 11. A; 12. B; 13. C; 14. D; 15. C; 16. A; 17. D; 18. A; 19. B; 20. D; 21. C; 22. B; 23. A; 24. B; 25. B; 26. C; 27. C; 28. B; 29. C; 30. A; 31. D; 32. C; 33. B; 34. B; 35. B; 36. D; 37. D; 38. B; 39. D; 40. A; 41. A; 42. D

二、多项选择题

1. ABCE; 2. ABCD; 3. ABDE; 4. AC; 5. BD; 6. ABDE; 7. ABCE; 8. CDE; 9. ABCD; 10. BCDE; 11. ABC; 12. ABD; 13. ABC; 14. ABCD; 15. ABC; 16. BE; 17. ABCD; 18. ABC; 19. ABCE; 20. BCD

三、判断题

1. A; 2. A; 3. B; 4. A; 5. A; 6. B; 7. B; 8. A; 9. A; 10. A; 11. A; 12. B; 13. A; 14. B; 15. A; 16. B; 17. A; 18. A; 19. B; 20. A; 21. A; 22. A; 23. B; 24. A; 25. A; 26. B; 27. A; 28. B

第11章 建筑安装工程

一、单项选择题

1. A; 2. A; 3. A; 4. D; 5. B; 6. D; 7. D; 8. D; 9. B; 10. A; 11. A; 12. D;

13. C; 14. A; 15. C; 16. B; 17. A; 18. B; 19. A; 20. A; 21. B; 22. A; 23. B;
24. D; 25. B; 26. D; 27. D; 28. A; 29. C; 30. D; 31. D; 32. C; 33. C; 34. D;
35. B; 36. D; 37. C; 38. D; 39. A; 40. A; 41. B; 42. B; 43. A; 44. D; 45. C;
46. A; 47. C; 48. D; 49. B; 50. C; 51. B; 52. B

二、多项选择题

1. ABCDE; 2. ABCD; 3. ABCD; 4. ABCD; 5. ABCDE; 6. ABCDE; 7. ABCDE;
8. ABCDE; 9. ABCDE; 10. ABCD; 11. ABCDE; 12. ABCD; 13. ABCDE; 14. ACDE;
15. ABCDE; 16. ABCDE; 17. ABD; 18. ABDE; 19. BCD; 20. BDE; 21. ABDE;
22. ABCE; 23. ABCE; 24. ABCE; 25. ABCD; 26. ABCD; 27. ABCD; 28. ABC;
29. ABC; 30. ABC; 31. ABC; 32. AB; 33. ABCD; 34. ABCD; 35. ABCD; 36. ABC;
37. ABCD; 38. ABC; 39. AB; 40. ABCE; 41. ABC;

三、判断题

1. B; 2. A; 3. A; 4. B; 5. A; 6. A; 7. B; 8. B; 9. A; 10. B; 11. A; 12. A;
13. A; 14. B; 15. A; 16. B; 17. B; 18. A; 19. A; 20. B; 21. A; 22. A; 23. B;
24. A; 25. B; 26. A; 27. A; 28. A; 29. B; 30. B; 31. B; 32. B; 33. A; 34. B

第12章 软装配饰工程

一、单项选择题

1. A; 2. D; 3. C; 4. C; 5. C; 6. C; 7. A; 8. B; 9. A; 10. C; 11. C

二、多项选择题

1. ACD; 2. BCD; 3. ACDE; 4. AC; 5. ABC; 6. AB; 7. BCD; 8. ABCD;
9. ABC; 10. AD

三、判断题

1. A; 2. A; 3. B; 4. A; 5. A; 6. A; 7. B; 8. A; 9. B; 10. A

第13章 施工项目管理概论

一、单项选择题

1. C; 2. C; 3. A; 4. A; 5. B; 6. B; 7. C; 8. A; 9. C; 10. C; 11. B; 12. D;
13. B; 14. D; 15. A

二、多项选择题

1. ABD; 2. ABCD; 3. CD; 4. ABD; 5. ABCD; 6. ABCE; 7. ABDE

三、判断题

1. B；2. B；3. B；4. A；5. A；6. B；7. A；8. A

第14章 施工项目质量管理

一、单项选择题

1. A；2. C；3. B；4. B；5. C；6. B；7. A；8. A；9. A；10. C；11. C；12. D；13. D；14. A；15. C；16. A；17. D；18. B；19. A；20. A；21. C；22. C；23. D；24. D；25. D；26. C；27. D；28. A；29. A；30. A；31. C

二、多项选择题

1. ACDE；2. BD；3. ABC；4. BE；5. AD；6. ABD；7. BCDE；8. ABDE；9. ABCD；10. DE；11. AD；12. ABCD；13. ABCD；14. CD；15. AB；16. BDE；17. BCDE；18. ACDE；19. ABDE；20. BCDE；21. ACDE；22. ABE；23. ABCE

三、判断题

1. A；2. B；3. B；4. A；5. A；6. B；7. B；8. A；9. A；10. B；11. B；12. A；13. B；14. B；15. B；16. B

第15章 施工项目进度管理

一、单项选择题

1. A；2. C；3. A；4. B；5. A；6. A；7. A；8. D；9. D；10. D；11. D；12. D；13. C；14. C；15. B；16. B；17. C；18. C；19. C；20. B；21. B；22. B；23. D；24. B；25. D；26. B；27. B；28. B；29. B；30. C

二、多项选择题

1. ABCE；2. ABCD；3. ABCD；4. ABCE；5. BCDE；6. BC；7. ABD；8. BCDE；9. ACD；10. BC；11. ABE；12. AC；13. ABDE；14. ACE

三、判断题

1. A；2. B；3. B；4. B；5. B；6. B；7. A；8. B；9. B；10. B；11. A；12. B；13. A；14. A；15. A；16. A

第16章 施工项目成本管理

一、单项选择题

1. C；2. D；3. D；4. A；5. C；6. D；7. C；8. A；9. C；10. A；11. D；12. B；

13. A；14. C；15. C；16. D；17. C；18. A；19. C；20. A；21. D；22. C；23. B；24. D；25. D；26. D；27. B；28. A；29. D；30. B

二、多项选择题

1. ACD；2. ABE；3. ABCDE；4. AD；5. BCD；6. ABC；7. ABC；8. BE；9. BCDE；10. BCD；11. ABC；12. AD；13. ABCD

三、判断题

1. A；2. B；3. A；4. B；5. A；6. A

第17章 施工项目安全管理与职业健康

一、单项选择题

1. B；2. B；3. D；4. D；5. D；6. C；7. C；8. D；9. D；10. B；11. A；12. A；13. D；14. D；15. D；16. D；17. D；18. B；19. C；20. A；21. C；22. B；23. C；24. B；25. D；26. D；27. C；28. A；29. D；30. B

二、多项选择题

1. ABCDE；2. BCDE；3. ABCDE；4. ABC；5. ABCD；6. ABCDE；7. ABCDE；8. ABCDE；9. ABCD；10. ACDE；11. ABCD；12. BCD；13. ADE；14. ABCDE；15. ABDE；16. ABCDE；17. ABCDE

三、判断题

1. A；2. B；3. A；4. B；5. A；6. B；7. B；8. A；9. A；10. B；11. A；12. A；13. A；14. B；15. A；16. B；17. B；18. B；19. A；20. B

第三部分

模 拟 试 卷

模 拟 试 卷

第一部分 专业基础知识（共 60 分）

一、单项选择题（以下各题的备选答案中都只有一个是最符合题意的，请将其选出，并在答题卡上将对应题号后的相应字母涂黑。每题 0.5 分，共 24 分。）

1. 投影分为中心投影和（　　）。
   A. 正投影　　　　B. 平行投影　　　　C. 透视投影　　　　D. 镜像投影
2. 图形上标注的尺寸数字表示（　　）。
   A. 物体的实际尺寸　　　　　　　　　B. 画图的尺寸
   C. 随比例变化的尺寸　　　　　　　　D. 图线的长度尺寸
3. 横向定位轴线编号用阿拉伯数字，（　　）依次编号。
   A. 从右向左　　B. 从中间向两侧　　C. 从左至右　　D. 从前向后
4. 以下选项中，识图方法错误的有（　　）。
   A. 以平面布置图、吊顶平面图这两张图为基础，分别对应其立面图，熟悉其主要造型及装饰材料
   B. 需要从整体（多张图纸）到局部（局部图纸）、从局部到整体看，找出其规律及联系
   C. 平面、立面图看完一到两遍后再看详图
   D. 开始看图时对于装饰造型或尺寸出现无法对应时，可先用铅笔标识出来不做处理。待对相关的装饰材料进行下单加工时再设法解决
5. 建筑工程各个专业的图纸中，（　　）图纸是基础。
   A. 平面布置　　B. 吊顶综合　　C. 建筑　　D. 结构
6. 卫生间的轻质隔墙底部应做 C20 混凝土导墙，其高度不应小于（　　）。
   A. 100mm　　B. 150mm　　C. 300mm　　D. 200mm
7. 《民用建筑设计通则》GB 50352—2005 规定，大于（　　）m 者为高层建筑。
   A. 18m　　B. 24m　　C. 28m　　D. 32m
8. 建筑结构的安全性、适应性和耐久性，总称为结构的（　　）。
   A. 抗震性　　B. 坚固性　　C. 可靠性　　D. 稳定性
9. 直接施加在结构上的各种力，习惯上称为（　　）。
   A. 压力　　B. 剪力　　C. 动荷载　　D. 荷载
10. 装修时，不得自行拆除任何（　　）在装修施工中，不允许在原有承重结构构件

上开洞凿孔，降低结构构件的承载能力。

A. 承重构件　　　B. 建筑构件　　　C. 附属设施　　　D. 二次结构

11. 在装修施工时，应注意建筑（　　）的维护，（　　）间的模板和杂物应该清除干净，（　　）的构造必须满足结构单元的自由变形，以防结构破坏。

A. 沉降缝　　　B. 伸缩缝　　　C. 抗震缝　　　D. 变形缝

12. 钢结构建筑的最大优点是（　　），钢结构建筑的自重只相当于同样钢筋混凝土建筑自重的三分之一。

A. 耐腐蚀　　　B. 耐火　　　C. 自重轻　　　D. 抗震性好

13. 民用建筑（非高层建筑）的耐火等级分为一、二、三、四级，分别以（　　）及围护构件的燃烧性能、耐火极限来划分的。

A. 建筑结构类型　　　B. 建筑用途　　　C. 主要承重构件　　　D. 建筑区域

14. 装饰放线时，基准点（线）不包括（　　）。

A. 主控线　　　B. 轴线　　　C. 正负 0.000 线　　　D. 吊顶标高线

15. 在装饰放线时，组织放线验线主要负责人是（　　）。

A. 项目经理　　　B. 施工员　　　C. 辅助放线员　　　D. 监理

16. 装饰放线中，以下哪些属于墙面基层完成面线（　　）。

A. 吊顶标高线　　　B. 石材钢架线　　　C. 排版分割线　　　D. 细部结构线

17. 在装饰施工中，绘制综合点位深化布置图由（　　）完成。

A. 深化设计师　　　B. 方案设计师　　　C. 项目经理　　　D. 家具深化设计师

18. 水准仪的精确测量功能包括（　　）。

A. 待定点的高程　　　　　　　　B. 测量两点间的高差
C. 垂直度高程　　　　　　　　　D. 两点间的水平距离

19. 一把标注为 30m 的钢卷尺，实际是 30.005m，每量一整尺会有 5mm 误差，此误差称为（　　）。

A. 系统误差　　　B. 偶然误差　　　C. 中误差　　　D. 相对误差

20. 测量工作的主要任务是：（　　）、角度测量和距离测量，这三项也称为测量的三项基本工作。

A. 地形测量　　　B. 工程测量　　　C. 控制测量　　　D. 高程测量

21. 幕墙放线阶段进行水平分割，每次分割须复检：按原来的分割方式复尺，按相反方向复尺，并按总长、分长复核闭合差，误差大于（　　）须重新分割。

A. 2mm　　　B. 2cm　　　C. 3mm　　　D. 1cm

22. 在混合砂浆中掺入适当比例的石膏，其目的是（　　）。

A. 提高砂浆强度　　　　　　　　B. 改善砂浆的和易性
C. 降低成本　　　　　　　　　　D. 增加粘性

23. 下列哪一个不是木材所具备的性质（　　）。

A. 孔隙率大　　　B. 体积密度小　　　C. 导热性能好　　　D. 吸湿性强

24. 经常被用作室内的壁板、门板、家具及复合地板的纤维板是（　　）。

A. 硬质纤维板　　　B. 半硬质纤维板　　　C. 软质纤维板　　　D. 超软质纤维板

25. 天然石材表现密度的大小与其矿物组成和孔隙率有关。密实度较好的天然大理石、花岗石等，其表现密度约为（　　）。
   A. 小于1800kg/m³   B. 2550~3100kg/m³
   C. 大于1800kg/m³   D. 大于3100kg/m³
26. 下列哪一项不属于玻化砖的特点（　　）。
   A. 密实度好   B. 吸水率低   C. 强度高   D. 耐磨性一般
27. 具有辐射系数低，传热系数小特点的玻璃是下列哪一种（　　）。
   A. 热反射玻璃   B. 低辐射玻璃   C. 选择吸收玻璃   D. 防紫外线玻璃
28. 环氧树脂在建筑装饰施工中经常用到，通常用来作为（　　）。
   A. 制作广告牌   B. 加工成玻璃钢
   C. 用作粘胶剂   D. 代替木材加工成各种家具
29. 现行建设工程费用由（　　）构成。
   A. 分部分项工程费、措施项目费、其他项目费
   B. 分部分项工程费、措施项目费、其他项目费、规费
   C. 分部分项工程费、措施项目费、其他项目费、税金
   D. 分部分项工程费、措施项目费、其他项目费、规费和税金
30. 不属于人工预算单价内容的是（　　）。
   A. 生产工具用具使用费   B. 生产工人基本工资
   C. 生产工人基本工资性补贴   D. 生产工人辅助工资
31. 下列不属于工程量计算依据的是（　　）。
   A. 工程量计算规则   B. 施工设计图纸及其说明
   C. 施工组织设计或施工方案   D. 施工定额
32. 下列各项定额中，不属于按定额的编制程序和用途性质分类的是（　　）。
   A. 概算定额   B. 预算定额   C. 材料消耗定额   D. 工期定额
33. 某抹灰班13名工人，抹某住宅楼白灰砂浆墙面，施工25天完成抹灰任务，个人产量定额为10.2m²/工日，则该抹灰班应完成的抹灰面积为（　　）。
   A. 255m²   B. 19.6m²   C. 3315m²   D. 133m²
34. 一个关于工程量清单说法不正确的是（　　）。
   A. 工程量清单是招标文件的组成部分   B. 工程量清单应采用工料单价计价
   C. 工程量清单可由招标人编制   D. 工程量清单是由招标人提供的文件
35. 地砖规格为200mm×200mm，灰缝1mm，其损耗率为1.5%，则100m²地面地砖消耗量为（　　）。
   A. 2475块   B. 2513块   C. 2500块   D. 2462.5块
36. 下列哪一项不是施工单位难以索赔的原因（　　）。
   A. 对施工单位不平等的合同条款
   B. 建设单位不出具任何书面资料，口头要求施工
   C. 施工单位自身管理混乱
   D. 政府部门的强制性措施
37. 会议纪要中明确要求竣工日期，此份会议纪要属于（　　）。
   A. 本证   B. 反证   C. 直接证据   D. 间接证据

38. （　　）是确定工程造价的主要依据，也是进行工程建设计划、统计、施工组织和物资供应的参考依据。

　　A. 工程量的确认　　　　　　　　　B. 工程单价的确认
　　C. 材料单价的确认　　　　　　　　D. 材料用量的确认

39. 工程建设过程中，工期的最大干扰因素为（　　）。

　　A. 资金因素　　　　　　　　　　　B. 人为因素
　　C. 设备、材料及构配件因素　　　　D. 自然环境因素

40. 建设工程未经竣工验收，发包方擅自使用的，竣工日期应为（　　）。

　　A. 以转移占有建设工程之日　　　　B. 以交付钥匙之日
　　C. 以甲方书面通知之日　　　　　　D. 合同约定的竣工日期

41. 因施工人的原因致使建设工程质量不符合约定的，发包人有权要求施工人在合理期限内无偿修理或者（　　）。

　　A. 返工、改建　　B. 返工　　C. 改建　　D. 退还全部价款

42. 下列哪一项行为不属于建设单位进行责令改正，处20万元以上50万元以下的罚款：（　　）。

　　A. 迫使承包方以低于成本的价格竞标的
　　B. 任意压缩合理工期的
　　C. 未按照国家规定办理工程质量监督手续的
　　D. 以上三项均不属于

43. 以下描述正确的是（　　）。

　　A. AutoCAD是办公自动化软件　　　B. Microsoft Project是多媒体软件
　　C. Windows XP是操作系统　　　　 D. Word是电子表格软件

44. AutoCAD计算机辅助设计软件是一款功能非常强大的软件，除了常用的图形绘制、编辑等功能，还有很多其他作用，不过下列（　　）是他不能做到的。

　　A. 进行文字处理　　　　　　　　　B. 绘制表格
　　C. 数值计算　　　　　　　　　　　D. 复杂图片编辑

45. 建筑装饰施工员是指在项目经理的领导下，在工程师的指导下，在施工全过程中组织和管理施工现场的基层技术人员。以下（　　）不属于施工员的职业道德标准。

　　A. 坚持质量第一　　　　　　　　　B. 信守合同，维护企业信誉
　　C. 安全生产，文明施工　　　　　　D. 勤俭节约，精打细算

46. 职业道德与社会公德的关系有（　　）。

　　A. 相对对立，关系不大　　　　　　B. 互相转换，唇亡齿寒
　　C. 互相影响，互相渗透　　　　　　D. 根本不同，没有关系

47. 下列不属于施工员岗位职责的有（　　）。

　　A. 认真熟悉施工图纸、编制施工组织设计方案
　　B. 合理安排、科学引导、顺利完成本工程的各项施工任务
　　C. 对材料进行检验、保管
　　D. 编制工程总进度计划表和月进度计划表及各施工班组的月进度计划表

48. 下列选项中，（　　）不属于是施工员在施工前的准备工作。

A. 搭建好生产和生活等的临时设施

B. 施工机械进场按照施工平面图的布置安装就位，并试运转和检查安全装置

C. 做好施工日记

D. 确定工种间的搭接次序、搭接时间和搭接部位

二、多项选择题（以下各题的备选答案中都有两个或两个以上是最符合题意的，请将它们选出，并在答题卡上将对应题号后的相应字母涂黑。多选、少选、选错均不得分。每题1分，共24分。）

1. 下列关于标高描述正确的是（   ）。

A. 标高是用来标注建筑各部分竖向高程的一种符号

B. 标高分绝对标高和相对标高，通常以米（m）为单位

C. 建筑上一般把建筑室外地面的高程定为相对标高的基准点

D. 绝对标高以我国青岛附近黄海海平面的平均高度为基准点

E. 零点标高可标注为±0.000，正数标高数字一律不加正号

2. 建筑装饰设计施工平面图主要表达以下几个方面的内容（   ）。

A. 设施与家具安放位置及尺寸关系

B. 装饰布局及结构及尺寸关系

C. 不同地面材料的范围界线及定位尺寸、分格尺寸

D. 建筑结构及尺寸

E. 墙体构造及定位尺寸

3. 变更设计图，通常包括（   ）等几方面内容。

A. 变更立面图 B. 变更位置

C. 变更原因 D. 施工单位变更理由

E. 变更内容

4. 工业与民用建筑，通常由基础（   ）、楼梯（或电梯）、屋顶等六个主要部分组成。

A. 墙体结构 B. 主体结构

C. 门窗 D. 楼地面

E. 框架结构

5. 按《建筑抗震设计规范》GB 50011—2011，抗震设防要做到（   ）。

A. 小震不坏 B. 中震不坏

C. 中震可修 D. 大震不倒

E. 大震可修

6. 建筑内部装修工程的防火施工与验收。按照装修材料种类分为（   ）及其他材料几类。这几类装修材料中，需对其B1、B2级材料（其中木质材料为B1级）需进行进场见证取样，并对其现场进行阻燃处理所使用的阻燃剂及防火涂料进行进场见证取样。

A. 墙纸材料 B. 纺织织物

C. 木质材料 D. 高分子合成材料、复合材料

E. 软装材料

7. 在装饰施工中，放线过程中常用的仪器工具有（   ）。

A. 激光投线仪　　　　　　　　　　B. 卷尺
C. 水准仪　　　　　　　　　　　　D. 卡尺
E. 经纬仪

8. 激光投线仪使用功能包括（　　）。
A. 放线　　　　　　　　　　　　　B. 检测平整度
C. 检测垂直度　　　　　　　　　　D. 检测距离
E. 检测方正度

9. 在装饰放线时，放线过程中应该注意的要点有（　　）。
A. 测量仪器校验　　　　　　　　　B. 基准点（线）移交
C. 基准点线复核　　　　　　　　　D. 机电点位的控制
E. 图纸审阅

10. 幕墙放线控制点原理中，激光经纬仪可用于（　　）。
A. 确定等高线　　　　　　　　　　B. 确定垂直线
C. 校核空间交叉点　　　　　　　　D. 确定顶面控制线
E. 确定水平线

11. 人造石材就所用胶凝材料和生产工艺的不同分为（　　）等。
A. 水泥型人造石材　　　　　　　　B. 树脂型人造石材
C. 复合型人造石材　　　　　　　　D. 烧结型人造石材
E. 微晶玻璃型人造石材

12. 常见的安全玻璃有（　　）等种类。
A. 钢化玻璃　　　　　　　　　　　B. 夹丝平板玻璃
C. 夹层玻璃　　　　　　　　　　　D. 防盗玻璃
E. 防火玻璃

13. 吊顶龙骨是吊顶装饰的骨架材料，轻金属龙骨是轻钢龙骨和铝合金龙骨的总称。按其作用可分为（　　）。
A. 主龙骨　　　　　　　　　　　　B. 中龙骨
C. 小龙骨　　　　　　　　　　　　D. 上人龙骨
E. 不上人龙骨

14. 建筑涂料的一般性能要求有（　　）。
A. 遮盖力　　　　　　　　　　　　B. 涂膜附着力
C. 透水性　　　　　　　　　　　　D. 黏度
E. 细度

15. 工程量计算是施工图预算编制的重要环节，一个单位工程预算造价是否正确，主要取决于（　　）等因素。
A. 工程量　　　　　　　　　　　　B. 设计图纸
C. 措施项目清单费用　　　　　　　D. 分部分项工程量清单费用
E. 施工方案

16. 运用统筹法计算工程量时，应采用"三线一面"作为基数，"三线一面"是指（　　）。

A. 外墙内长线 B. 外墙中心线
C. 外墙外边线 D. 内墙净长线
E. 底层建筑面积

17. 工程量清单计价的特点有（　　）几种。
A. 强制性 B. 实用性
C. 竞争性 D. 通用性
E. 并存性

18. 下列关于黑白合同的表述正确的是（　　）。
A. 是当事人就用一建设工程签订的两份或两份以上的合同
B. 是当事人就不同的建设工程签订两份或两份以上的合同
C. 黑白合同的实质性内容存在差异
D. 白合同是指经过招投标流程并经备案的合同；黑合同是实际履行并对白合同实质性内容进行重大变更的合同
E. 黑白合同是承发包双方责任、利益对等的合同

19. 工程量签证的法律性质（　　）。
A. 协议 B. 补充合同
C. 对工程量的确认 D. 确认后可进行撤销
E. 索赔

20. 下列表述正确的有（　　）。
A. 建筑工程总承包单位按照总承包合同的约定对建设单位负责
B. 分包单位按照分包合同的约定对总承包单位负责
C. 总承包单位和分包单位就分包工程对建设单位承担连带责任
D. 分包单位按照分包合同直接向建设单位负责
E. 分包单位按照分包合同直接向监理单位负责

21. 施工单位施工为合格的工程，需按照以下哪些项标准施工（　　）。
A. 设计图纸标准 B. 业主要求
C. 国家统一验收规范 D. 监理要求
E. 企业标准

22. Microsoft Project 可以（　　）。
A. 快速、准确地创建项目计划
B. 帮助项目经理实现项目进度、成本的控制、分析
C. 使项目工期大大缩短
D. 资源得到有效利用
E. 提高经济效益

23. 不同的行业和不同的职业，有不同的职业道德标准，且表现形式灵活，涉及范围广泛。职业道德的表现形式总是从本职业的交流活动实际出发，采用（　　）等方式来加以体现。
A. 制度 B. 守则
C. 公约 D. 承诺

E. 誓言

24. 建筑装饰施工员在施工中的具体指导和检查工作包括（　　）。
A. 检查测量、抄平、放线准备工作是否符合要求
B. 施工班组能否按交底要求进行施工
C. 关键部位是否符合要求，有问题及时向施工班组提出改正
D. 经常提醒施工班组在安全、质量和现场场容管理中的倾向性问题
E. 根据工程进度及时进行隐蔽工程预检和交接检查，配合质量检查人员做好分部分项工程的质量检查与验收

三、判断题（判断下列各题对错，并在答题卡上将对应题号后的相应字母涂黑。正确的涂A，错误的涂B；每题0.5分，共12分。）

1. 在工程图中，图中可见轮廓线的线型为细实线。（　　）
2. 现场深化设计时，如图纸没有表示定位轴线，一般要把建筑平面的轴线绘制出，并重新进行编号。（　　）
3. 建筑室内装饰装修设计的标高应标注该设计空间的相对标高，通常以本层的楼地面装饰完成面为±0.000。（　　）
4. 普通建筑和构筑物的设计使用年限为60年。（　　）
5. 装修时不能自行改变原来的建筑使用功能。如需要改变时，应该取得现场深化设计人员的认可。（　　）
6. 防火门的表面加装贴面材料或其他装修时，不得减小门框和门的规格尺寸，不得降低防火门的耐火性能，所用贴面材料的燃烧性能等级不应低于B2级。（　　）
7. 在装饰施工中，施工员必须对1m装饰线进行复核。（　　）
8. 在装饰施工中，综合布点图要让有关安装单位签字，以保证按图施工。（　　）
9. 幕墙放线在进行水平分割时，每次分割须复检：按原来的分割方式复尺，按逆时针方向复尺，并按总长、分长复核闭合差，误差大于2mm须重新分割。（　　）
10. 气硬性无机凝胶材料只能在空气中凝结、无机凝胶材料只能在空气中凝结、硬化、产生硬度，并继续发展和保持其强度，如石灰、石膏、水玻璃等。（　　）
11. 水泥在硬化过程中体积变化是否均匀的性质我们称之为体积安定性，体积安定性不合格的水泥应作为次品处理，可以用在要求不高的工程上。（　　）
12. 大理石的硬度明显高于天然花岗石。用刀具或玻璃做刻划试验，找出石材的一个较平滑的表面，用刀若能划出明显的划痕则为花岗石，否则为大理石。（　　）
13. 我们日常所说的在建筑装饰中所使用的"金粉"和"金箔"其实是铜合金。（　　）
14. 建设工程工程量清单计价活动应遵守的原则是：工程量清单计价活动应遵守《计价规范》1.0.3条规定。（　　）
15. 计价表规定吊筋的面积应扣除窗帘盒的面积。（　　）
16. 工程结算是指在竣工验收阶段，建设单位编制的从筹建到竣工验收、交付使用全过程实际支付的建设费用的经济文件。（　　）

17. 建设工程的发包单位与承包单位应当依法订立书面合同，明确双方的权利义务。
（　）
18. 影响建设工程质量中物的影响因素即为材料的因素。（　）
19. 如果违约金约定过高，违约方可请求酌情降低违约金数额。（　）
20. 在正常使用条件下，屋面防水工程、有防水要求的卫生间、房间和外墙面的防渗漏，最高保修期限为 5 年。（　）
21. AutoCAD 提供了多种图形图像数据交换格式及相应命令。（　）
22. 遵守法纪是遵守道德的最高要求。（　）
23. 应有一定的组织和管理能力。能有效地组织、指挥人力、物力和财力进行科学施工，取得最佳的经济效益；能编制施工预算、进行工程统计、劳务管理和现场经济活动分析。
24. 社会公德、职业道德和家庭美德三者没有必然联系。（　）

第二部分　专业管理实务（共 90 分）

一、单项选择题（以下各题的备选答案中都只有一个是最符合题意的，请将其选出，并在答题卡上将对应题号后的相应字母涂黑。每题 1 分，共 38 分）。

1. 施工项目管理的目标是（　　）。
A. 施工的效率目标、施工的环境目标和施工的质量目标
B. 施工的成本目标、施工的进度目标和施工的质量目标
C. 施工的成本目标、施工的速度目标和施工的质量目标
D. 施工的成本目标、施工的进度目标和施工的利润目标

2. 为使施工单位熟悉有关的设计图纸，充分了解拟建项目的特点、设计意图和工艺与质量要求，减少图纸的差错，消灭图纸中的质量隐患，要做好（　　）的工作。
A. 设计交底、图纸整理　　　　B. 设计修改、图纸审核
C. 设计交底、图纸审核　　　　D. 设计修改、图纸整理

3. 建设工程施工质量验收时，对涉及结构安全和使用功能的重要分部工程，应进行（　　）检测。
A. 安全　　　　B. 功能性　　　　C. 抽样　　　　D. 试验

4. 依次施工的缺点是（　　）。
A. 由于同一工种工人无法连续施工造成窝工，从而使得施工工期较长
B. 由于工作面拥挤，同时投入的人力、物力过多而造成组织困难和资源浪费
C. 一种工人要对多个工序施工，使得熟练程度较低
D. 容易在施工中遗漏某道工序

5. 下列说法错误的是（　　）。
A. 横道图上所能表达的信息量较少，不能表示活动的重要性
B. 横道图不能确定计划的关键工作、关键路线与时差
C. 横道图适用于手工编制计划

D. 横道图能清楚表达工序（工作）之间的逻辑关系

6. 下列哪项资料属于施工成本计划的编制依据（　　）。
   A. 设计概算　　　B. 投资估算　　　C. 合同报价书　　　D. 竣工决算

7. （　　）对建设工程项目的安全施工负责。
   A. 专职安全管理人员　　　　　　　B. 施工单位负责人
   C. 项目负责人　　　　　　　　　　D. 项目技术负责人

8. 施工专项方案经论证后，专家组应当提交论证报告，对论证的内容提出明确的意见，并在论证报告上签字。该报告作为（　　）。
   A. 专项方案实施的最终依据
   B. 专项方案修改的结论，不得擅自改动
   C. 专项方案补充措施，以附件形式附在方案后面作参考
   D. 专项方案修改完善的指导意见

9. 吊顶工程应对（　　）进行复验。
   A. 人造木板的甲醛含量　　　　　　B. 石膏板的放射性
   C. 使用胶粘剂的有害物质　　　　　D. 玻璃面板的强度

10. 吊顶吊杆长度大于（　　）m时，应设置反支撑。
    A. 1.0　　　B. 1.2　　　C. 1.5　　　D. 2.0

11. 安装双层石膏板时，面层板与基层板的接缝应错开不小于（　　）m，并不在同一根龙骨上接缝。
    A. 100　　　B. 200　　　C. 300　　　D. 400

12. 下列吊顶中吸音效果最好的是（　　）。
    A. 轻钢龙骨石膏吊顶　　　　　　　B. 塑料扣板吊顶
    C. 铝扣板吊　　　　　　　　　　　D. 矿棉板吊顶

13. 玻璃吊顶应选用安全玻璃，并应符合现行业标注《建筑玻璃应用技术规程》JGJ 113—2009 的相关规范，当玻璃吊顶距离地面大于3m时，必须使用（　　）。
    A. 平板玻璃　　　　　　　　　　　B. 夹胶玻璃
    C. 钢化玻璃　　　　　　　　　　　D. 防火玻璃

14. 直滑式活动隔墙的安装顺序是：①安装轨道，②弹线，③安装滑轮，④隔扇制作。（　　）。
    A. ①②③④　　　B. ②④①③　　　C. ④③②①　　　D. ①④②③

15. 当大面积玻璃隔墙采用吊挂式安装时，则应在主体结构的楼板或梁下安装吊挂玻璃的支撑架和上框。超过（　　）m的玻璃应吊挂安装。
    A. 2　　　B. 5　　　C. 2.5　　　D. 4

16. 石材出厂或安装前要做好（　　）面背涂防护，火烧板等毛面石材污染渗透后不易清理。
    A. 4　　　B. 3　　　C. 2　　　D. 6

17. 一般抹灰工程的水泥砂浆不得抹在（　　）上。
    A. 钢丝网　　　B. 泰柏板　　　C. 空心砖墙　　　D. 石灰砂浆层

18. 裱糊前应用（　　）涂刷基层。

A. 素水泥浆　　　　　B. 防水涂料　　　　　C. 封闭底胶　　　　　D. 防火涂料

19. 建筑地面面层的含义（　　）。

A. 是能直接承受各种物理和化学作用的建筑地面表面层

B. 是承受地面荷载的构造层

C. 人可以在上面活动的面层

D. 地面最上面的一层

20. 梯段相邻踏步高差应不大于10mm，每踏步两端宽度差不大于（　　）mm。

A. 10　　　　　B. 12　　　　　C. 15　　　　　D. 20

21. 冬期施工期限以外，当日最低气温低于（　　）℃时，也应执行冬期施工的有关规定。

A. −10　　　　　B. −5　　　　　C. −3　　　　　D. −2

22. 大理石或花岗岩铺地面用干法施工时，结合层采用（　　）。

A. 干铺1：2.5水泥砂　　　　　B. 干铺1：2石灰砂

C. 干铺1：3：9混合砂　　　　　D. 干铺1：3水泥加108胶水

23. 有隔声要求的填充层，隔声垫上部应设置保护层，设计无要求时，混凝土保护层的厚度不应小于（　　）mm。

A. 30　　　　　B. 50　　　　　C. 70　　　　　D. 100

24. 木踢脚线接缝处应做榫接或斜坡盖接，转角处应做成斜角对接，对接角度（　　）。

A. 45°　　　　　B. 30°　　　　　C. 60°　　　　　D. 90°

25. 全玻式玻璃栏板应符合设计要求，嵌固应牢固，下部嵌固深度应大于（　　）mm。

A. 100　　　　　B. 30～50　　　　　C. 60　　　　　D. 80

26. 不锈钢线条安装，一般以（　　）作为衬底。

A. 水泥基层　　　　　B. 木基层　　　　　C. 石膏基层　　　　　D. 混合砂浆

27. 木花格的拼装应以（　　）为主。

A. 钉接　　　　　B. 胶接　　　　　C. 焊接　　　　　D. 榫接

28. 在找平施工时，地漏的周围应做成略低于地面的洼坑，找平层的坡度以（　　）为宜。

A. 2%　　　　　B. 1%　　　　　C. 3%　　　　　D. 0.2%

29. JS聚合物防水涂料施工顺序原则上是（　　）。

A. 先易后难　先内后外　　　　　B. 先难后易　先内后外

C. 先易后难　先外后内　　　　　D. 先难后易　先外后内

30. 幕墙是一种悬挂在建筑结构框架外侧的外墙围护构件，它的自重和所承受的风荷载、地震作用等通过锚接点以点传递方式传至（　　）。

A. 地基基础　　　　　B. 建筑物主框架　　　　　C. 横杆系统　　　　　D. 立杆系统

31. 为了保证幕墙构架与主体结构连接，设置预埋件的混凝土强度不宜低于（　　）。

A. C15　　　　　B. C25　　　　　C. C30　　　　　D. C35

32. 短槽式安装的石板加工，两短槽边距离石板两端部的距离不应小于石板厚度的（　　）倍且不应小于（　　）mm，也不应大于（　　）mm。
   A. 2　85　180　　　B. 3　60　200　　　C. 2　85　200　　　D. 3　85　180

33. 根据《建筑装饰装修工程质量验收规范》GB 50210 的规定，木门窗工程中，胶合板门横楞和上下冒头应分别钻透气孔，数量为（　　）。
   A. 各钻一个　　　B. 各钻二个　　　C. 各钻二个以上　　　D. 不限制

34. 铝合金窗玻璃面积在（　　）时，必须使用安全玻璃。
   A. $\geq 1m^2$　　　B. $\geq 1.2m^2$　　　C. $\geq 1.5m^2$　　　D. $\geq 2m^2$

35. 装饰木门合页安装的常规缺陷不包括（　　）。
   A. 螺丝松动、斜向
   B. 数量不足
   C. 合页槽深浅不一
   D. 螺丝十字图案不在同一方向

36. 在连接 2 个及 2 个以上大便器或 3 个及 3 个以上卫生器具的污水横管上应设置（　　）。
   A. 检修口　　　B. P 弯　　　C. 存水弯　　　D. 清扫口

37. 综合布线系统是一种集成化通用传输系统，利用（　　）或光缆来传输智能化建筑物内的信息。
   A. 同轴电缆　　　B. 电话线　　　C. 视频线　　　D. 双绞线

38. 装饰性陈设：（　　）、工艺品、纪念品、观赏动、植物。
   A. 饰品　　　B. 窗帘　　　C. 艺术品　　　D. 工艺品

二、多项选择题（以下各题的备选答案中都有两个或两个以上是最符合题意的，请将它们选出，并在答题卡上将对应题号后的相应字母涂黑。多选、少选、选错均不得分。每题 2 分，共 36 分。）

1. 施工质量的事前预控途径包括（　　）。
   A. 施工图纸会审和设计交底
   B. 工程测量定位和标高基准点的控制
   C. 施工技术复核
   D. 施工分包单位的选择和资质的审查
   E. 施工机械设备及工器具的配置与性能控制

2. 关于施工总进度计划的作用，下列说法中正确的有（　　）。
   A. 确定总进度目标
   B. 确定单位工程的工期和进度
   C. 确定里程碑事件的进度目标
   D. 作为编制资源进度计划的基础
   E. 形成建设工程项目的进度计划系统

3. 以下属施工成本管理任务的是（　　）。
   A. 施工成本策划
   B. 成本预测
   C. 施工成本计划
   D. 施工成本控制
   E. 施工成本核算与分析

4. 安全检查的主要内容有（　　）。
   A. 查思想
   B. 查组织
   C. 查管理
   D. 查隐患
   E. 查整改

5. 建筑装饰装修吊顶工程，下列施工方法正确的有（   ）。

   A. 主龙骨应平行房间短向布置

   B. 吊杆距主龙骨端部距离不得大于 300mm

   C. 纸面石膏板应在自由状态下进行固定，固定时应从板的四周向中间固定

   D. 纸面石膏板的长边应平行于主龙骨安装，短边平行搭接在次龙骨上

   E. 吊杆长度大于 1500mm 时，应设置反向支撑

6. 规定顶棚装饰装修材料的燃烧性能必须达到（   ），未经防火处理的木质材料的燃烧型能达不到这个要求。

   A. A 级   B. B1 级

   C. B2 级   D. B3 级

   E. C 级

7. 骨架隔墙大多为轻钢龙骨或木龙骨，饰面板有（   ）等。

   A. 石膏板   B. 埃特板

   C. 胶合板   D. 玻璃岩棉

   E. GRC 板

8. 以下保温板铺设中错误的是（   ）。

   A. 将保温板四周均匀涂抹一层粘结聚合物胶浆，涂抹宽度为 50mm，厚度 10mm

   B. 在板的一边留出 50mm 宽的排气孔

   C. 中间部分采用点粘，直径为 100mm，厚度 10mm，中心距 200mm

   D. 对于 1200mm×600mm 的标准板，中间涂 4 个点

   E. 对于非标准板，则应使保温板粘贴后，涂抹胶浆的面积不小于板总面积的 10%。板的侧边不得涂胶

9. 关于木饰面的挂件安装方法中合理的是（   ）。

   A. 木挂件的材料应为实木或优质多层板，厚度一般为 12mm，中纤板和刨花板不可作挂件。

   B. 木质、金属质等的挂扣件的安装挡距应不大于 1000mm

   C. 钢、不锈钢、铝合金、复合高强型塑料等挂件、扣件的壁厚和强度等应符合所安装饰面重量的受力要求，并有一定的安全系数

   D. 所有木质、金属质地的挂件、扣件的一些受力方面的数据均需经过计算和确认，并应做相关的剥离试验和先期的样板安装试验。在取得可靠安全的安装方案后大面积施工

   E. 木质、金属质等的挂扣件的安装挡距应不大于 400mm

10. 按照楼地面工程分类整体面层包括（   ）。

    A. 水泥混凝土面层   B. 水磨石面层

    C. 大理石面层   D. 花岗石面层

    E. 涂料面层

11. 铺设地毯，有的要用刷胶贴剂，选用的胶贴剂应具备完整的条件（   ）。

    A. 无毒   B. 不霉

    C. 无味   D. 快干

    E. 价格便宜

12. 装饰线条，按使用部位分有（   ）。
    A. 挂镜线、门窗套线   B. 阴阳角线、收边收口线
    C. 踢脚线   D. 木装饰线、金属装饰线
    E. 吊顶线
13. 室内装饰花格按功能分主要有（   ）。
    A. 回纹花格   B. 花格隔断
    C. 花格墙   D. 花格门窗
    E. 混凝土花格
14. 聚氨酯涂膜防水材料是双组分化学反应固化形成的高弹性防水涂料，施工时的优点有哪些（   ）。
    A. 成膜快   B. 粘结强度高
    C. 延伸性能好   D. 抗渗性能好
    E. 质感较硬
15. 国家标准《建筑幕墙》GB/T 21086—2007 对建筑幕墙的分类，建筑幕墙可分为（   ）。
    A. 构件式幕墙   B. 全玻璃幕墙
    C. 点支撑幕墙   D. 木结构幕墙
    E. 采光顶
16. 单元式幕墙具有（   ）的特点。
    A. 易实现工业化生产，降低人工费用，控制单元质量
    B. 适应主体结构位移能力强，能有效吸收地震作用、温度变化、层间位移
    C. 工期易控制
    D. 单元式幕墙较适用于超高层建筑和纯钢结构高层建筑，尤其适用于有剪力墙和窗间墙的主体结构
    E. 施工时有严格的施工顺序，必须按对插的次序进行安装
17. 当门窗与墙体固定时，先固定上框，然后固定边框，固定方法正确的是（   ）。
    A. 混凝土墙洞口应采用射钉或塑料膨胀螺丝固定
    B. 砖墙洞口采用塑料膨胀螺钉或金属膨胀螺丝固定，并不得固定在砖缝处
    C. 加气混凝土小型砌体洞口，采用射钉或塑料膨胀螺丝固定
    D. 设有预埋铁件的洞口采用焊接的方法固定，也可先在预埋件上按紧固件规格打基孔，然后用紧固件固定
    E. 下框与墙体的固定：窗盘下应采用防水砂浆粉刷
18. 开关、插座施工质量控制点正确的有（   ）。
    A. 单相两孔插座，面对插座的右孔或上孔与相线联接，左孔或下孔与零线联接。单相三孔插座，面对插座的右孔与相线联接，左孔与零线联接
    B. 接地（PE）或接零（PEN）线在插座间可以串联联接
    C. 单相三孔、三相四孔及三相五孔插座接地（PE）或接零（PEN）线接在上孔。插座的接地端子不与零线端子联接
    D. 同一场所的三相插座，接线的相序应一致

E. 相同型号并列安装及同一室内开关安装高度应一致，且应控制有序，不错位

三、判断题（判断下列各题对错，并在答题卡上将对应题号后的相应字母涂黑。正确的涂 A，错误的涂 B；每题 1 分，共 16 分。）

1. 项目前期策划主要包括：装饰项目质量管理的策划、进度与资源配置的策划、成本管理的策划、职业健康安全与环境管理的策划。（　　）
2. 严重影响使用功能或工程结构安全，存在重大质量隐患的质量事故属于重大质量事故。（　　）
3. 在进度控制中，分析项目实施过程中，各项工作环节之间的关系及确定关键路线等，都是十分重要的技术措施。（　　）
4. 项目的账表和管理台账不仅可以用于项目成本的核算，还可以用于对项目成本管理工作的分析、评价和考核。（　　）
5. 凡高度在 4m 以上建筑物施工的必须支搭安全水平网，网底距地不小于 3m。（　　）
6. 调平龙骨时应考虑吊顶中间部分起拱，一般为短跨的 1/200。（　　）
7. 顶面石膏板封板，板缝必须为"V"形口，上板前预先刨好；板材应在自由状态下进行安装，固定时应从板的中间向板的四周固定。（　　）
8. 沿地、沿顶龙骨固定好后，按两者间的净距离切割竖龙骨，竖向龙骨的切割应保持通贯龙骨的穿孔在同一水平标高（在竖龙骨的同一头切割）并将切割好的竖向龙骨依次推入沿地和沿顶龙骨之间。（　　）
9. 在基层板上安装成品木饰面，有吸声要求的微孔吸声板安装不可用基层板，只可直接安装在调平整的龙骨基层上。（　　）
10. 有防水要求的建筑地面子分部工程的分项工程施工质量，每检验批抽查数量应按其房间总数随机检验不应少于 4 间，不足 4 间应全数检查。（　　）
11. 长条木地板铺贴排版原则之一，是"走道顺行、房间顺光"。（　　）
12. 造型饰面施工关键在于饰面。（　　）
13. 花饰的安装方法有粘结法、木螺丝固定法、螺栓固定法三种。（　　）
14. 符合施工要求后方可进行第一次蓄水试验，水深 30～40mm，最浅处不低于 30mm，蓄水试验 24h 后无渗漏时为合格。（　　）
15. 预埋件应牢固，位置准确，预埋件的位置误差应按设计要求进行复查。当设计无明确要求时，预埋件位置差不应大于 30mm。（　　）
16. 甲级防火门耐火隔热性、耐火完整性为 2h。（　　）